钱广荣伦理学著作集　第八卷

学科范式论

XUEKE FANSHI LUN

钱广荣　著

·芜湖·

图书在版编目(CIP)数据

学科范式论 / 钱广荣著. — 芜湖:安徽师范大学出版社,2023.1(2023.5重印)
(钱广荣伦理学著作集;第八卷)
ISBN 978-7-5676-5796-0

Ⅰ.①学… Ⅱ.①钱… Ⅲ.①伦理学—文集 Ⅳ.①B82-53

中国版本图书馆CIP数据核字(2022)第217851号

学科范式论　　　　钱广荣◎著

责任编辑:陈贻云　　　　责任校对:谢晓博
装帧设计:张德宝　姚　远　　　责任印制:桑国磊
出版发行:安徽师范大学出版社
　　　　　芜湖市北京东路1号安徽师范大学赭山校区
网　　址:http://www.ahnupress.com/
发 行 部:0553-3883578　5910327　5910310(传真)
印　　刷:江苏凤凰数码印务有限公司
版　　次:2023年1月第1版
印　　次:2023年5月第2次印刷
规　　格:700 mm × 1000 mm　1/16
印　　张:25.25　　　插　页:2
字　　数:392千字
书　　号:ISBN 978-7-5676-5796-0
定　　价:158.00元

凡发现图书有质量问题,请与我社联系(联系电话:0553-5910315)

不列颠简明百科全书
不列颠简明百科全书
辞海
辞海

出版前言

钱广荣，生于1945年，安徽巢湖人，安徽师范大学马克思主义学院教授、博士生导师，"全国百名优秀德育工作者"，国家级精品课程"马克思主义伦理学"课程负责人。在安徽师范大学曾先后任政教系辅导员、德育教研部主任、经济法政学院院长、安徽省高校人文社会科学重点研究基地安徽师范大学马克思主义研究中心主任。出版学术专著《中国道德国情论纲》《中国道德建设通论》《中国伦理学引论》《道德悖论现象研究》《思想政治教育学科建设论丛》等8部，主编通用教材12部，在《哲学研究》《道德与文明》等刊物发表学术论文200余篇。

钱广荣先生是国内知名的伦理学研究专家。为了系统整理、全面展现钱先生在伦理学和思想政治教育领域的主要学术成果，我社在安徽师范大学及马克思主义学院的大力支持下，将钱先生的著作、论文合成《钱广荣伦理学著作集》。钱先生的这些学术成果在学界均具有广泛而持久的影响，本次结集出版，对促进我国伦理学和思想政治教育学科建设与人才培养具有重要意义。

《钱广荣伦理学著作集》共十卷本：第一卷《伦理学原理》，第二卷《伦理应用论》，第三卷《道德国情论》，第四卷《道德矛盾论》，第五卷《道德智慧论》，第六卷《道德建设论》，第七卷《道德教育论》，第八卷《学科范式论》，第九卷《伦理沉思录 上》，第十卷《伦理沉思录 下》。这次结集出版，年事已高的钱先生对部分内容又作了修订。

由于本次收录的著作、论文大多已经公开出版或者发表，在编辑过程中，我们尽量遵从作品原貌，这也是对在学术田野上辛勤劳作近五十年的钱先生的尊重。由于编辑学养等方面的原因，文集难免有文字讹错之处，敬请方家批评指出，以便今后修订重印时改正。

安徽师范大学出版社

二〇二二年十月

总 序

一

第一次见到钱老师，是在我大学二年级的人生哲理课上。老师说，从这一年开始，他将在他的教学班推选一名课代表。这个想法说出来之后，几乎所有的学生都把头低了下去，教室里鸦雀无声。我偷偷地抬起头来，看到大家这样的状态，心里有些窃喜，因为我真的很想当这个课代表，只是不好意思一开始就主动说出来，于是我小声地跟坐在身边的班长说："我想当课代表。"没想到班长仿佛抓到了救命稻草一样，迅速站起来，指着我大声地说："他想当课代表！"课间休息时，我找到老师，一股脑儿把自己内心长期以来积累的思想上的小障碍"倾倒"给老师，期望他一下子能帮助我解决所有的问题，而这正是我主动要当课代表的初衷。老师和蔼地说："你的问题确实不少，可这不是一下子能解决的。这样吧，我有一个资料室，课后你跟我一起过去看看，我给你一项特权，每次可以从资料室借两本书带回去看，看完后再来换。你一边看书，我们一边交流，渐渐地你的这些问题就会解决了。"从此，我跟着老师的脚步，一步一步地走进了思想政治教育的领域，毕业后幸运地留在了老师的身边，成为思想政治教育战线上的一员。

转眼之间，我已经工作了三十年，从一个充满活力的青年小伙变成了一个头发灰白的小老头，本可以继续享用老师的恩泽，在思想政治教育领域徜徉，不料老师却在一次外出讲学时罹患脑梗，聆听老师充满激情的教诲的机会戛然而止，我们这些弟子义不容辞地承担起老师手头正在整理文稿的工作。

老师说："你把序言写一下吧，就你写合适。"我看着老师鼓励的眼神，掂量着自己的分量，尤其想到多年来，在思想政治教育领域学习、实践、深造，每一步都得益于老师的指点和影响，尽管我自己觉得，像文集这样的巨著，我来作序是不合适的，但从一个弟子的视角来表达对老师的尊重和挚爱，归纳自己对老师学术贡献的理解，不也有特殊的价值吗？更何况，这些年，我也确实见证了老师在学术领域走出的坚实步伐，留下的清晰印迹。于是，我坚定地点点头说："好，老师，我试一试。"

二

老师生于1945年的巢湖农村，"文革"前考入当时的合肥师范学院，毕业后在安徽师范大学工作。老师开始时从事行政管理工作，先后做过辅导员、团总支书记。1982年，学校在校党委宣传部下设立了思想政治教育教研室，老师是这个教研室最早的成员之一。后来随着教研室的调整升级，老师担任德育教研部主任。从原来的科级单位建制，3个成员，到处级建制的德育教研部，成员最多时达到13人，在老师的带领下，德育教研部成为一个和谐、快乐的战斗集体，为全校学生教授"大学生思想道德修养""人生哲理""法律基础""教师伦理学"四门公共课。老师一直是全省高校《大学生思想道德修养》教材的主编，在教师伦理学领域同样颇有建树，是当时安徽省伦理学学会第五届、第六届副会长。

受当时大环境的影响，老师从事科研工作是比较晚的，但是因为深知思想政治教育教学的不易，所以老师要求每一位来到德育教研部的新教师"首先要站稳讲台"。我清晰地记得，当我去德育教研部向老师报到的时候，老师就很和蔼地告诉我，为了讲好课，我得先到中文系去做辅导员。

我当时并不理解，自己是来当教师的，为什么要去做辅导员工作呢？老师说：“如果你想讲好思想政治理论课，就必须去一线做一次辅导员，因为只有这样才能深入了解和认识教育对象。”老师亲自将我送回我毕业的中文系，中文系时任副书记胡亏生老师安排我担任93级汉语言文学专业60名学生的辅导员。正是因为有了这样的经历，我从此与学生结下了不解之缘，这不仅涵养了我的师生情怀，还培育了我的师德和师魂。

用老师自己的话说，他是逐步意识到科研对于教学的价值的。我最初看到的老师的作品是1991年发表在《道德与文明》第1期上的《“私”辨——兼谈“自私”不是人的本性》这篇文章。后来读到的早期作品印象比较深刻的是老师主编的《德育主体论》和独著的《学会自尊》，现在都通过整理收录在文集中。和所有的学者一样，老师从事科研也是慢慢起步的，后来的不断拓展和丰富都源于多年的教学实践。教学实践中遇到的问题逐步启发了老师的问题意识，从而铸就了他“崇尚‘问题教学’和‘问题研究’的心志和信仰”。与一般学者不同的是，老师从事科研后就没有停下过脚步，做科研不是为了职称评审而敷衍了事，而是为了把工作做得更好，不断深入和拓展研究的领域，直至不得不停下手中的笔。老师的收官之作是发表在国内一流期刊《思想理论教育导刊》2019年第2期上的《“以学生为本”还是“以育人为本”——澄明新时代高校思想政治教育的学理基础》这篇文章。前后两百多篇著述，为了学生，围绕学生，也诠释了老师潜心科研的心路历程。因为他发现，“能够令学子信服和接受的道德知识和理论其实多不在书本结论，而在科学的方法论，引导学子学会科学认识和把握道德现象世界的真实问题，才是伦理学教学和道德教育的真谛所在。”也正是这个发现，成为老师一生勤耕的动力，坚实的脚步完美注解了“全国百名优秀德育工作者”的荣誉称号。

三

一个人在学术领域站住脚并产生一定的学术影响力，大约需要多长时问，没有人专门地研究过。但就我的老师而言，我却是真切地感受到老师在学术之路跋涉的艰辛。如今将所有的科研成果集结整理出版十卷本，三百多万字，内容主要涉及伦理学和思想政治教育两个领域，主要包括伦理学、思想政治理论、思想政治理论教育教学、辅导员工作四个方面，如此丰厚的著述令人钦佩！其中艰辛探索所积累的经验值得我们认真地总结和借鉴。总起来说，有两个研究的路向是我们可以从老师的研究历程中梳理出来的。

一是以教学中遇到的现实问题为导向，深入思考，认真研究，逐个解决。

对于一个初学者来说，科研之路从哪里开始呢？“我们不知道该写什么”这样的问题几乎所有的初学者都曾遇到过。从遇到的现实问题入手，这是我的老师首先选择的路。

从老师公开发表的论文中，我们可以清晰地看到老师在教学过程中不断思考的足迹。就老师长期教授的“大学生思想道德修养”课程来说，主要内容包括适应教育、理想教育、爱国主义教育、人生观教育、价值观教育和道德观教育六个部分。从老师公开发表的论文看，可以比较清晰地看出老师在教学过程中的相应思考。老师在1997年《中国高教研究》第1期发表《大学新生适应教育研究》一文，从大学生到校后遇到的生活、学习、交往、心理四个方面的问题入手，提出针对性的对策，回应教学中面对的大学新生适应教育问题。针对大学生的理想教育，老师在1998年《安徽师大学报》（哲学社会科学版）第1期发表《社会主义初级阶段要重视共同理想教育》一文，直接回应高校对大学生开展理想教育应注意的核心问题。爱国主义教育如何开展？老师早在1994年就在《安徽师大学报》（哲学社会科学版）第4期发表《陶行知的爱国思想述论》一文，通过讨论陶行知先生的爱国思想为课堂教学中的爱国主义教育提供参考。而关于道德教育，老师的思考不仅深入而且全面，这也是老师能够在国内伦理学界占有一席之地的基础。对学生进行道德教育是“大学生思想道德修养”这门课程的主要内容之一，也是伦理学的主要话题。教材用宏大叙事的方式，简约而宏阔地将中华民族几千年的道德样态描述出来，从理论的角度对道德的原则和要求进行了粗略的论述，而这些与大学生的现实需要有较大距离。为了把课讲好，老师就结合实际经验，逐步进行理论思考。从1987年开始，先后发表了《我国古代德智思想概观》（《上饶师专学报》社会科学版1987年第3期）、《略论坚持物质利益原则与提倡道德原则的统一》（《淮北煤师院学报》社会科学版1987年第3期）、《"私"辨——兼谈"自私"不是人的本性》（《道德与文明》1991年第1期）、《中国早期的公私观念》（《甘肃社会科学》1996年第4期）、《论反对个人主义》（《江淮论坛》1996年第6期）、《怎样看"中国集体主义"？——与陈桐生先生商榷》（《现代哲学》2000年第4期）、《关于坚持集体主义的几个基本理论认识问题》（《当代世界与社会主义》2004年第5期）。这七篇论文的发表，为老师讲好道德问题奠定了厚实的基础。正如老师在他的《"做学问"要有问题意识——兼谈高校辅导员的人生成长》（《高校辅导员学刊》2010年第1期）一文中所说的那样："带着问题意识，在认识问题中提升自己的思维品质，丰富自己的知识宝库，在解决问题中培育自己的实践智慧，提升自己的实践能力，是一切民族（社会）和人成长与成功的实际轨迹，也是人类不断走向文明进步的基本经验（包括人生经验）。"正是因为这种强烈的问题意识，成就了老师在伦理学和思想政治教育两个领域的地位，也给予所有学人一条宝贵经验——工作从哪里开始，科研就从哪里起步。

二是以生活中遇到的社会问题为导向，整体谋划，潜心研究，逐步展开。

管理学之父彼得·德鲁克说："人们都是根据自己设定的目标和要求成长起来的，知识工作者更是如此。"根据德鲁克的认识指向，目前高校的教师群体大致可以划分为三类：一类是主动设定人生奋斗目标的人，他们大多年纪轻轻就能在自己从事的学科领域崭露头角建树不凡；一类是在前进中逐步设定目标的人，他们虽然起步慢，但一直在跋涉，多见于大器晚成者；还有一类是基本没有什么目标，总是跟随大家一道前进的人。从人生奋斗的轨迹看，我的老师应该属于第二类人群。从他公开发表的科研成果的时间看，这一点毋庸置疑。从科研成果所涉及的研究领域看，这一点也是十分明显的。这种逐步设定人生目标的奋斗历程，对于普通大众来说具有可借鉴性，对于后学者而言更具有学习价值。

老师在逐步解决教学实际问题的过程中，渐渐地开始着迷于社会道德问题研究。20世纪末，我国正处于改革开放初期，东西方文明交融互鉴的过程中，在没有现成经验的条件下，难免会出现一些“失范”现象。当时的道德建设在社会主义市场经济建设的大背景下到底是处于“爬坡”还是“滑坡”的状态，处在象牙塔中的高校学子该如何面对社会道德变化的现实，诸如此类的问题，都成为老师在教学过程中主动思考的内容，并且逐步形成了自己独特的科研方向和领域。这一点，我们可以通过老师先后完成的三项国家社科基金项目来识读老师科研取得成功的清晰路径。

其一，中国道德国情研究。社会主义市场经济建设新时期如何进行道德建设？老师积极参与了当时的大讨论。他认为，我国当前道德生活中存在着不少问题，其原因是中华民族传统道德与“新”道德观念的融合与冲突同时存在，纠葛难辨。存在这些问题是社会转型时期的必然现象，是由道德的历史继承性特征及中国的国情决定的。《论我国当前道德建设面临的问题》（《北京大学学报》哲学社会科学版1997年第6期）一文明确提出：解决问题的根本途径是建设有中国特色的社会主义道德体系。《国民道德建设简论》（《安庆师院社会科学学报》1998年第4期）一文进一步提出：国民道德建设当前应着重抓好儿童和青少年的学业道德的养成教育，克服夸夸其谈之弊；抓紧职业道德建设，尤其是以“做官”为业的干部道德教育；抓紧伦理制度建设，建立道德准则的检查与监督制度。接着，《五种公私观与社会主义初级阶段的道德建设》（《安徽师范大学学报》人文社会科学版1999年第1期）一文提出：当前的道德建设应当把倡导先公后私、公私兼顾作为常抓不懈的中心任务。做了这些之后，老师还觉得不够，认为这条路径最终可能会导致“公说公有理，婆说婆有理”，并不能为当时的道德建设提供有益的参考。受毛泽东思想的深刻影响，他认为只有通过调查研究，实事求是，一切从实际出发，才能找到合适的道德建设的路径。于是，他在已经获得的研究成果的基础上，提出了中国道德国情研究的思路，并深刻指出，我们只有像党的领袖当年指导革命战争和在新时期指导社会主义现代化建设那样，从研究中国道德国情的实际出发，才能把握中国道德的整体状况，提出当代中国道德建设的基本方案。几乎就是从这里开始，老师的科研成果呈现出一个新特点，不再是以前那样一篇一篇地写，一个问题一个问题地提出和解决，而是以"问题束"的形式出现，就像老师日常告诉我们的那样，"一发就是一梭子"。这"第一梭子"，"发射"在世纪之交的2000年，老师一口气发表了《"道德中心主义"之我见——兼与易杰雄教授商榷》（《阜阳师范学院学报》社会科学版2000年第1期）、《道德国情论纲》（《安徽师范大学学报》人文社会科学版2000年第1期）、《中国传统道德的双重价值结构》（《安徽大学学报》哲学社会科学版2000年第2期）、《关于中国法治的几个认识问题》（《淮北煤师院学报》哲学社会科学版2000年第2期）、《中国传统道德的制度化特质及其意义》（《安徽农业大学学报》社会科学版2000年第2期）、《偏差究竟在哪里？——与夏业良先生商榷》（《淮南工业学院学报》社会科学版2000年第3期）、《"德治"平议》（《道德与文明》2000年第6期）七篇科研论文。紧接着在后面的五年，老师又先后公开发表近20篇相关的研究论文，从不同角度讨论新时期道德建设问题。

其二，道德悖论现象研究。老师笔耕不辍，在享受这种乐趣的同时，也很快找到了第二个重要的"问题束"的线索——道德悖论。以《道德选择的价值判断与逻辑判断》《关于伦理道德与智慧》两篇文章为起点，老师正式开启了道德悖论现象的研究之路。有了第一次获批国家社科基金项目的经验，这一次，老师不再是一个人单干，而是带着一个团队一起干。他将身边的同仁和自己的研究生聚集起来，相互交流切磋，相互砥砺奋进，从道德悖论现象的基本理论、中国伦理思想史上的道德悖论问题、西方伦理思想史上的道德悖论问题、应用伦理学视野内的道德悖论问题四个方向或层面展开，各个成员争相努力，研究成果陆续问世，一度出现"井喷”态势。到项目结项时，围绕道德悖论现象，团队成员公开发表论文四十多篇，现在部分被收录在文集第四卷中。

这一次，老师也不再是“摸着石头过河”，而是直面问题：“悖论是一种特殊的矛盾，道德悖论是悖论的一个特殊领域。所谓道德悖论，就是这样的一种自相矛盾，它反映的是一个道德行为选择和道德价值实现的结果同时出现善与恶两种截然不同的特殊情况。”他明确地指出，自古以来，中国人对道德悖论普遍存在的事实及道德进步其实是社会和人走出道德悖论的结果这一客观规律，缺乏理性自觉，没有形成关于道德悖论的普遍意识和认知系统，伦理思维和道德建设的话语系统中缺乏道德悖论的概念，社会至今没有建立起分析和排解道德悖论的机制。因此，研究和阐明道德悖论的一些基本问题，对于认清当代中国社会道德失范的真实状况，促进社会和个人的道德建设，是很有必要的。老师自信满满地说：“道德悖论问题的提出及其研究的兴起，是当代中国社会改革与发展的实践对伦理思维发出的深层呼唤……是立足于真实的‘生活世界’的发现，表达了当代中国知识分子运用唯物史观审思国家和民族振兴之途所遇挑战和机遇的伦理情怀。”

从道德悖论问题的提出到现在编纂集结，已经过去十几个年头，道德悖论现象研究这一引人入胜的当代学术话题，到底研究到了什么程度呢？老师不无遗憾地说，至今还处在“提出问题”的阶段。不仅一些重要的问题只是浅尝辄止，而且还有不少处女地尚未开发。但是，老师依然充满信心，因为正如爱因斯坦所说，提出一个问题往往比解决一个问题更重要，解决一个问题也许是一个数学上的或实验上的技能而已，而提出新的问题，从新的角度去看旧的问题，却需要创造性的想象力，它标志着科学的真正进步。因此，要真正解决它，尚需有志的后学者们积极跟进，坚持不懈，不断拓展和深入。

其三，道德领域突出问题及应对研究。通过主持道德国情研究和道德悖论研究两个国家社科基金项目，老师不仅获得了丰富的科研经验，而且积累了更为厚实的学术基础。深厚的学养没有使老师感到轻松，相反，更增加了他的使命感。道德领域以及其他不同领域突出存在的道德问题，都成为老师关注的焦点。于是，通过深入的思考和打磨，“道德领域突出问题及应对”研究应运而生，并于2013年获得国家社科基金重点项目的立项。

与道德悖论问题的研究不同，“道德领域突出问题及应对”研究不仅涉及道德领域的突出问题，而且关涉不同领域存在的道德问题，所涉及的面远比道德悖论问题面广量多，单靠老师一个人来研究，显然是不能完成的。从某种程度上来说，老师是用自己敏锐的洞察力探得了一个“富矿”，并号召和带领一群有识之士来共同完成这个“富矿”的开采。因此，老师把主要精力用在了理论剖析上，先后发表了《道德领域及其突出问题的学理分析》（《成都理工大学学报》社会科学版2014年第2期）、《道德领域突出问题应对与道德哲学研究的实践转向》（《安徽师范大学学报》人文社会科学版2014年第1期）、《“基础”课应对当前道德领域突出问题的若干思考》（《思想理论教育导刊》2014年第4期）、《应对当前道德领域突出问题的唯物史观研究》（《桂海论丛》2015年第1期）四篇论文。在上述论文中，老师深刻指出：道德领域之所以会出现突出问题，首先是社会上层建筑包括观念的上层建筑还不能适应变革着的经济关系，难以在社会管理的层面为道德领域的优化和进步提供中枢环节意义的支撑；其次，在社会变革期间，新旧道德观念的矛盾和冲突使得社会道德心理变得极为复杂，在道德评价和舆论环境领域出现令人困惑的“说不清道不明”的复杂情况。正因为如此，社会道德要求和道德活动因为整个上层建筑建设的滞后而处于缺失甚至缺位的状态。老师认为，当前我国道德领域存在的突出问题大体上可以梳理为：道德调节领域，存在以诚信缺失为主要表征的行为失范的突出问题；道德建设领域，存在状态疲软和功能弱化的突出问题；道德认知领域，存在信念淡化和信心缺失的突出问题；道德理论研究领域，存在脱离中国道德国情与道德实践的突出问题。对此必须高度重视，采取视而不见或避重就轻的态度是错误的，采用“次要”或“支流”的套语加以搪塞的方法也是不可取的。

事实上，老师对存在突出问题的四类道德领域的划分，也是对整个研究项目的整体设计和谋划。相关方面的研究则由老师指导，弟子和课题组其他成员共同努力，从不同侧面对不同领域应对道德突出问题深入地加以研究。相关的理论和成果都被整理收录在文集中，展示了道德领域突出问题及应对研究对于道德建设、道德教育、道德智慧等方面的潜在贡献。

四

回过头来看，从道德国情到道德悖论，再到道德领域的突出问题及应对，三项国家社科基金项目的确立和结项，不仅彰显了老师厚实的科研功底，更是全面地呈现出老师作为一名教育工作者所具有的深厚学养。如果我们把老师所有的教科研项目比作群山，那么，三项国家社科基金项目则是群山中的三座高山，道德领域突出问题及应对研究无疑是群山中的最高峰。如此恢弘的科研成果，如此丰富的科研经验，对于后学者来说，值得认真学习和借鉴。

从选题的方向看，要有准确的立足点并坚持如一。老师一直关注现实的社会道德问题，即使是偶尔涉及一些其他方面的问题，也都是从道德建设、道德教育或道德智慧的视角来审视它们。这一稳定的立足点，既给自己的研究奠定了基础，也为研究的拓展指明了方向。老师确立了道德研究的方向，就仿佛有了自己从事科研的“定海神针”，从此坚持不懈，即使是退休也没有停下来。因为方向在前，便风雨兼程，终成巨著。正如荀子曰：“蚓无爪牙之利，筋骨之强，上食埃土，下饮黄泉，用心一也。”

从选题的方法看，从基础工作开始再逐步拓展，做好整体谋划。如果说道德国情研究是对当时国家道德状况的整体了解，那么，道德悖论研究则是抓住一个点，通过“解剖麻雀”的方式来认识道德的现状并提出应对策略。而“道德领域突出问题及应对”研究，则是从道德悖论的一点拓展到道德领域所有突出的问题。这种从面到点再到面的研究路径，清晰地呈现出老师在研究之初的精心策划、顶层设计。这种整体设计的方略对于科研选题具有很高的借鉴价值：不是“打洞”式地寻找目标，而是通过对某一个领域进行整体把握——道德国情研究不仅帮助老师了解了当时的社会道德样态，也为他后面的选择指明了方向；然后再找到突破口——道德悖论研究从道德领域的一个看似不起眼却与每个人都十分熟悉的生活体验入手，通过认真细致的分析、深入肌理的讨论，极好地训练了团队成员科研的功力；再进行深入的拓展式研究——“道德领域突出问题及应对”研究，从整体谋划顶层设计的高度探得道德领域研究的富矿，在培养团队成员、襄助后学方面，呈现出极好的训练方式。这种做法对于一个初学者来说值得借鉴，对于一个正在科研路上的人来说也值得参考。

或许是因为自己如今也已经年过半百，我时常回忆起大二时与老师相识的场景，觉得人生的相识可能就是某种缘分使然。如果当初没有老师的引领，我现在大概在某所农村中学从事语文教学工作，无论如何也不可能成为一名高校思想政治教育工作者。而每一次回望，我都会看到老师的身影，常常有“仰之弥高，钻之弥坚，瞻之在前，忽焉在后”之感。越是努力追赶，越是觉得自己心力不济，唯有孜孜不辍，永不停步，可能才会成就一二，诚惶诚恐地站在老师所确立的群峰之旁，栽下几株嫩绿，留下一片阴凉。

万语千言，言不尽意，衷心祝福我的老师。

是为序。

路丙辉

二〇二二年八月于芜湖

目　录

第一编　思想政治教育学科范式通论

第二编　思想政治教育学科现状反思与构建

附　录

第一编 思想政治教育学科范式通论

范式作为学科建设与发展的结构模型*

范式属于科学学范畴。科学学（Science of Science）指的是主要以实证科学方法对科学进行整体研究的综合性学科，研究科学知识体系的形成过程及其结构、科学发展的内部因素和外部因素、科学发展的内在规律性和社会历史规定性，以及科学社会建制的结构、职能、演变及与其他社会建制的相互关系、阐明科学的社会历史地位及社会功能。简言之，科学学就是研究现代科学的自身结构和发展规律，为科学活动提供最佳决策和管理的科学。

在科学学研究中，科学与学科是两个相互关联的最重要的基本概念。科学，与愚昧相对立，作为名词泛指知识和理论，亦指具体科目和类别的知识和理论体系，与学科的含义相通，一门学科也就是一门科学。两者不同之处在于，学科是按照一定学理和学术对科学进行分类的形式，一门科学可以划分为多种不同的学科，一门学科又可以划分为低一层级的多种不同学科。

科学发展史表明，每一门学科在其建设和发展的过程中，都会形成区别于其他学科的结构模型。当代美国学者托马斯·库恩在其《科学革命的结构》中，称这种结构为范式，并立足于科学史过程指出，一门具体学科

* 本文为张耀灿、钱广荣等:《思想政治教育学科范式简论》第一章，芜湖:安徽师范大学出版社2018年版。

在其建设和发展过程中面临“科学革命”时会发生结构性的变化，由此而提出实行“范式转换”的要求。世界科学学普遍认为，托马斯·库恩的范式理论是20世纪科学学的一个重要发现，因为它揭示了科学研究的一种普遍规律和基本准则，而这种科学史事实却长期被从事科学研究的人们忽视，没有在理论上给予科学学说明。托马斯·库恩的贡献在于，使得理解和把握范式成为推进学科建设和发展、设计和实行“科学革命”的学理前提和入门向导。

21世纪初，随着《科学革命的结构》被译成中文本，托马斯·库恩的范式理论随之在中国学界迅速传播开来，并渐而渗透到思想政治教育基本理论研究领域，使得“范式”一度成为一个使用率很高的时新术语。这种洋为中用的引进，对于促进思想政治教育研究和学科建设的重要意义是毋庸置疑的。然而，如同在其他学科领域一样，由于人们对“什么是范式”或“范式是什么”的理解并不一样，因而对诸如“思想政治教育范式所指应当是什么”“思想政治教育是否有必要引进范式”之类基本问题的看法也不一样。在这种情况下，阐述托马斯·库恩范式的基本理论，并据此揭示思想政治教育学科范式的结构模型，运用范式理论从整体上把握思想政治教育学科建设和发展的基本规律、应当遵循的基本规则和基本要求等，是十分必要的。

一、范式的本义、本质与特征

范式的本义、本质与特征，是托马斯·库恩范式理论的三个基本学理问题，对三者加以考察和说明，是探讨学科范式包括思想政治教育学科范式的基本理论前提。

（一）范式的本义

在《科学革命的结构》中，托马斯·库恩开篇便简要地叙述了他发现范式并最终决计将此发布于世的过程，却始终没有对“范式是什么”给出一个明确的定义。但是，他的叙述却给了人们一种深刻的启示，能够帮助人们理解“范式是什么”或“什么是范式”。

托马斯·库恩说《科学革命的结构》的问世与其做博士论文有关。他的博士论文本是他在20世纪50年代想正式出版的一份研究报告。那期间，他是理论物理学的研究生，他因要为非理科学生开设物理学而不得不接触科学史。这种经历使得他“从根本上破除了关于科学的本质和它所以特别成功之理由的许多基本观念”。因为不论这些观念在教学上如何有用，也不论它们抽象说来如何言之成理，这些观念都与历史研究所展示出来的视野完全不符。这使他感到“非常惊讶”，促使他的“职业计划发生了剧烈的改变”，对科学史和科学哲学发生兴趣，并确立了贯通两者之间逻辑关联的研究志趣。《科学革命的结构》就是要“力图向我自己及我的朋友们解释我最初是怎样从科学转向科学史的”①。

在这种转变的过程中，他获得机会宣讲他的发现，包括一些“随意性的探索”，这使他逐渐认识到，他的发现“可能需要在科学共同体的社会学中，才能被确立起来”。在托马斯·库恩看来，范式是一个十分复杂的科学史和科学学的问题，《科学革命的结构》限于篇幅，不可能尽述其所见，包括“科学史中前范式与后范式时期之间的区别”“竞争着的每个学派早期都受极类似于范式的某种东西所指导”的“类范式”等重要问题②。

总的来看，托马斯·库恩在《科学革命的结构》中将范式描述为科学研究的一种模式及其发展史的轨迹，却未对范式下过严格的定义，也未作过专门的阐述。为什么会这样？中国学界对此并未给予应有的关注。这不应当是托马斯·库恩的疏忽，因为这个问题其实本来就不重要。英国学者J.D.贝尔纳认为，刻意追求一个概念的严格定义是不必要的。他在《科学的社会功能》中开篇借用中国老子的话“道，可道；非常道。名，可名；

① [美]托马斯·库恩：《科学革命的结构》（第四版），金吾伦、胡新和译，北京：北京大学出版社2012年版，序第1页。

② [美]托马斯·库恩：《科学革命的结构》（第四版），金吾伦、胡新和译，北京：北京大学出版社2012年版，序第3—6页。

非常名”，指出“过于刻板的定义有使精神实质被阉割的危险”[①]。他强调，重要的是要弄清概念内涵的本义。

贝尔纳的这个见解对于人文社会科学包括思想政治教育学科范式的研究，是具有很重要的启发意义的。人文社会科学研究的发展史表明，许多学科的概念，甚至一些基本概念，一直处于“不可道”或“说不清道不明”的知性状态，但这并没有影响人们对概念之对象的理解和运用概念开展科学研究活动，因而并没有妨碍科学研究的发展和进步，影响学科的建设和发展。相反的情况是，当我们热衷于“什么是什么”的争论时却往往会错失把握和运用“什么是什么”以推动学科建设和发展的良机，使得此类争论成为不必要的文字游戏。人文社会科学发展史中的一些概念本来就具有“说不清道不明”的特性，人们对它们的理解和把握只能是“模糊”的，甚至只能是“心照不宣”或“心领神会”的。自古以来，人文社会科学的科学研究一直存在这样的情况：当人们若真的可以对某个概念作出“什么是什么”的界定的时候，那个关于“什么是什么”的概念已经被人们在学科建设和发展的实际过程中把握和运用自如了。这是因由人文社会科学研究的特点使然。这样说，当然并不是主张可以轻视对范式概念内涵本义的理解和把握。

托马斯·库恩发现和初步说明范式的本义是要告诉人们，一门学科在其建设和发展的过程中会存在一种结构模型，当它相逢“科学革命”时，会发生变化即所谓“转换”。托马斯·库恩的范式是在研究自然科学发展史的过程中被发现的，应属于自然科学史或科学学的范畴。人们认识范式需要一个过程，今天还处在一个初级的阶段，可能才刚刚开始。但不能因此而低估这一发现在科学研究史上的重要意义。

爱因斯坦在谈到光的速度可测量时曾以“伽利略提出了决定光速的问题，但是却没有解决它”为例，指出提出一个问题往往比解决一个问题更重要，因为解决一个问题也许仅是一个数学上的或实验上的技能而已。而

---

① [英]J.D.贝尔纳：《科学的社会功能》，陈体芳译，张今校，桂林：广西师范大学出版社2003年版，第1页。

提出新的问题，新的可能性，从新的角度去看旧的问题，却需要有创造性的想象力，而且标志着科学的真正进步。托马斯·库恩的贡献在于发现并提出范式问题，虽然他其实并没有在基本学理上阐明范式的相关理论问题，但是，却为人文社会科学特别是思想政治教育学科建设和发展的研究领域，留下了大有作为的广阔前景。

（二）范式的本质

托马斯·库恩在《科学革命的结构》中运用诸如“模式”和“方式”等一系列学术语言说他所发现的范式，却又明确指出他所发现的范式其实不是人们通常所说的模式和方式。那么，范式究竟是什么？托马斯·库恩没有明确回答。这与他的思考和叙述方式遵循的是西方的形而上学传统是直接相关的。

形而上学与辩证法是对立的两种认识方法和认识路线，既属于方法论范畴，也属于认识论范畴。形而上学崇尚孤立、静止、片面看世界的思维方式，所以难以用清晰的语言表达感知到的事物的整体存在及其本质。海德格尔在其《形而上学导论》中，围绕“形而上学的基本问题”，对“为什么在者在而无反倒不在”所展开的分析，试图要说明的就是这个道理[①]。海德格尔因如此深刻地“责难”形而上学，而曾受到同道者的批评。

在唯物辩证法的视野里来理解托马斯·库恩的范式，我们就不难发现，他提出范式理论的立足点是科学发展史的客观过程，旨在从整体上揭示和说明学科建设和发展普遍存在的一种结构模型。也就是说，范式反映的是科学发展进步的一种普遍现象和规律。这就是范式的本质所在，也是范式研究的理论意义和实践价值所在。

纵观托马斯·库恩的分析和叙述的意见，我们不难看出，范式作为科学学的一个特定概念，指的就是特定学科在其建设和发展过程中所呈现的

① [德]海德格尔:《形而上学导论》,熊伟、王庆节译,北京:商务印书馆1996年版,第3—52页。

结构模型[①]。托马斯·库恩之所以没有在本体论或本质论的意义上给出“什么是范式”的结论性意见，其实也是合乎科学发展史规律的。历史地看，许多学科领域的一些重大发现，一开始也只是提出问题，引发思考。因此，我们不必纠结于“范式究竟是什么”。重要的是，沿着托马斯·库恩发现并提出的范式问题往前走，运用范式理解和把握学科的建设和发展，并在这种过程中拓展和深化范式问题的研究。

范式作为学科特有的结构模型，也是贯通科学研究之认识（知识）、实验（试验）和运用（转化）等环节的基本规律、规则的一般方法论原则。在学科建设和发展中，它反映科学共同体从事科学研究的实践逻辑观和科学理念与信念。一般说来，科学研究立足点和出发点总是反映整个社会实践的客观要求，关联着社会生产与交换、社会管理与建设的各种活动。在这种意义上，可以视学科建设和发展中的科学研究为整个社会实践过程的一个逻辑环节，将其归于实践范畴。据此来确立一门学科的科学研究之理念和信念是十分必要的。因为，它在根本上决定从事科学研究的人们如何探究、采用和优化什么样的范式来发展自己的科学事业，推动学科的建设和发展。

中国学界对范式存在误读、误解和误用的情况，其典型表现除了将范式等同于所谓“方法论模型”以外，就是把范式仅仅当成科研方法或手段、科研成果样式或样态。这样来理解和运用范式，固然使得“说不清道不明”的范式变得“一目了然”，然而其学理性弊端却也随之凸显起来。这就是简略了范式丰富而又复杂的结构及其本质特性，因而也就遮蔽了范式作为学科建设和发展的结构模型的本质特性及其巨大的科学价值。

---

① 张耀灿和钱广荣曾用“思想政治教育范式或研究范式”表达思想政治教育学科范式，将思想政治教育学科范式归结为一种研究方法的“方法论模型”。（参见张耀灿、钱广荣：《思想政治教育研究范式论纲——思想政治教育研究方法的基本问题》，《思想教育研究》2014年第7期）如此理解范式可能偏离了托马斯·库恩的本义，也有悖作者提出思想政治教育范式问题这一学术话题的初衷。此处是对过去表述的一种调整和纠正。

（三）范式的特征

范式作为学科建设和发展特有的结构模型，有着内在的逻辑关系，表现出一些明显的特征。

一是共同性与个别性相统一。可以从两个角度来理解共同性与个别性：一是所有学科范式都具备的共同特征和相互区别的个别特征，二是同一学科范式结构内部各个层面共同拥有的特征和相互区别的个别特征。作为学科建设和发展的结构模型、反映科学进步规律的范式，共同性是绝对的，个别性是相对的，两者相统一构成范式最重要的特征。不过，范式的这种统一性特征在不同的学科有所不同，甚至有重要的不同。一般说来，工科范式的共同性特征会明显一些，理科和文科范式的个别性会明显一些。当然，对此也不可一概而论。有些文科范式，如法学、教育学、心理学、思想政治教育学的范式，由于共同拥有的要求比较严格，因而其范式的共同性特征会显得突出一些。同时也应看到，就科学共同体而言，有些学科范式的个别性或个性特征，特别是科学共同体成员的个性特征，对学科的建设和发展往往会起到至关重要的开启和推动的作用。这种特性，我们可以从孔子"述而不作"的《论语》看出，也可以从亚里士多德、康德、黑格尔构建他们的哲学体系中看得很清楚。马克思和恩格斯创建马克思主义理论学科体系的过程，中国共产党一代代领导集体创立中国化马克思主义理论学科的过程，将范式的这一个别性特征展现得淋漓尽致。思想政治教育学科的创立，与这门学科的一些开拓者所具备的勇于和乐于改革创新的独特个性，也是分不开的。其所以如此，是因为他们的个性富含共性的特质，他们独具个性的创造，离不开前人积累的学科基础和知识背景，离不开当代的人们特别是学科自身创造的科学资源，即对于范式共同性特点的整体性的感悟和把握。因此，当我们强调范式个别性特征时，不可割裂其与共同性的逻辑关系。

二是整体性与相关性相统一。马克思主义哲学认为，物质决定意识，社会存在决定社会意识，任何事物的存在都是其内部各要素之间普遍联系的整体，世界也是不同事物普遍联系的整体。恩格斯说："当我们通过思维来考察自然界或人类历史或我们自己的精神活动的时候，首先呈现在我们眼前的，是一幅由种种联系和相互作用无穷无尽地交织起来的画面。"[①]由此看来，整体性及与整体的相关性是一切事物存在的重要特征。一切事物在结构上都具有整体与部分相统一的特征，范式自然也不例外。认识这个特征，有助于人们把握范式的整体结构的模型。范式作为学科建设和发展的结构模型，就是相关的"结构"层次依照一定的逻辑程式建构的整体性的"模型"。

人们的认识和实践包括科学研究活动总是在具体的微观环境中展开的，对于自己认识和实践所处的宏观环境往往缺乏自觉理解和把握的意识。正因如此，人们常用"全局意识"和"全局观念"提醒自己注意纠正认识和实践上可能会出现的偏差。所谓"全局意识"和"全局观念"，也就是实行整体性与相关性相统一的意识和观念。理解和把握一门学科的范式，同样需要这种意识和观念，防止和纠正可能出现的割裂整体与部分之间逻辑联系的偏差。在这种意义上可以说，把握整体性与相关性相统一这一特征，是理解学科范式的入门向导。

一门学科的建设和发展总是要依靠其范式整体结构的效应，而整体效应又是通过部分的有效性展现出来的。范式整体结构的效应，虽然可以用数学的实证方式给予说明，但它不是数字相加和积累之"和"。作为学科建设和发展的整体性的结构模型，范式的效应本质上是整合其部分的有效性的结果。这是因为，范式的整体与其部分之间的结构关系是遵循一种共同的逻辑建构的。当然，不同类型的学科对这种逻辑建构要求并不完全一样，甚至有着根本的不同。比如，自然科学学科与人文社会科学学科、一些理论学科和实验学科，它们的范式整体与部分及其相统一的方式就有诸多明显的不同。开展范式问题研究的意义，由此也可见一斑。

三是实在性与模糊性相统一。范式作为学科建设和发展特有的结构模型，不论是整体还是部分都是真实的存在。在学科建设和发展的过程中，

①《马克思恩格斯文集》第9卷，北京：人民出版社2009年版，第23页。

从事某种具体科学工作的人，一般都能感觉到范式的真实性存在，却往往就事论事，缺乏关于学科整体的理性自觉，这就是范式模糊特性使然。范式的模糊特征，让“身在此山中”的人们往往“不识庐山真面目”。真实与模糊相统一这一特征同样证明，从事科学工作的人们确立关于学科建设和发展的“全局观念”是十分必要的。

一般说来，在学科建设和发展中从事某项具体科学工作的人们，多用伦理的思维方式和道德语言如“同心同德”“齐心协力”“步调一致”等，来表达他们对自己执业岗位重要性的认识，从而自觉或不自觉地表达对范式的实在性与模糊性相统一的理解，却难能用关于范式这一特征的科学学术语来把握。

四是闭锁性与开放性相统一。每一门学科都有自己区别于其他学科特有的范式，这使得范式具有闭锁性的特征。一方面，因为闭锁而“以邻为壑”，注重内部建修，不断完善自己的内在结构。闭锁性，往往使得从事某项科学工作的人们，会带着“门户之见”看待别的学科，文科与理科之间的这种“门户之见”尤其突出。一般说来这是正常的，但如果带有学科偏见就不正常了。在当代中国，这种偏见在有的学科已到了违背常识的地步，则更是需要引起注意的。如思想政治教育作为社会精神文明建设和人才培养的社会工程，其学科的科学性本是毋庸置疑的，但其他一些学科尤其是理科的一些人却不愿承认它的科学性，甚至视其为“异类”。有些颇有影响的教育类杂志，看到来稿上有“思想政治教育”字样，就随手扔到一边。

一门学科范式的形成，一般都要经历由“前范式”向“后范式”的演变过程。这样的过程不可能是自我封闭的，而是要向外“开放”的。在“开放”中吸收其他学科范式要素的营养，由此而出现范式结构变形和变化。近现代以来，随着科学技术的高速发展，不同学科之间相互渗透的情况表现得越来越明显，由此而加快了范式的这种发展变化，以至会出现托马斯·库恩所说的“科学革命”和“范式转换”现象，涌现交叉学科和新型学科。范式的这种“革命”和“转换”，多发生在理工科，文科相对来说弱一些。在这种意义上可以说，交叉学科和新型学科的诞生，一般就是此前某种“母体学科”实行“范式转换”的结果。

学科范式的上述四个特征，有着内在的逻辑关联。其中，整体拥有和个别独具的特征是主导方面。因为共同拥有而具有整体、模糊、闭锁的特征，因为个别独具而具有相关、实在和开放的特征。所以，理解范式特征，关键是要抓住其共同拥有的特性。

二、范式的类型、结构与功能

不难理解，范式作为学科建设和发展的结构模型会因学科的不同而呈现不同的类型。这些不同类型的范式又会因为有大体相同或相近的结构，发挥着促进学科建设和发展的功能。

（一）范式的类型

面对复杂的现象世界，人们为了避免发生将不同类型的事物混为一谈的错误，一般都要对认识对象进行分类，这是认识不同事物的基本方法。分类的认识方法，需要持有一定的依据或标准。认识不同科学体系或同一科学体系的范式，需要对范式进行分类。分类的基本依据或标准，是不同科学和学科的对象、范围、任务、内容和方法。

范式类型，大而言之有理、工、农、医、文科的类型差别。这些大类型的范式，可称其为母体范式。在一个母体范式中，人们又可以根据其分支学科的不同对象、范围、任务、内容和方法，划分为不同的具体的学科范式，即“子范式”。托马斯·库恩在《科学革命的结构》中所叙述的范式，就是这样的“子范式”。一个这样的“子范式”还可以根据分支学科的再分类，呈现低一个层次的范式，如此等等。总之，在学科分类建设和发展的问题上，有多少种学科就相应地有多少种反映学科建设和发展之结构模型的不同范式。在一门具体的科学研究中，人们关注的范式一般也应是这样的范式。

任何一种类型的范式，都会保留其母体范式的共同特征，同时又具有不同于母体范式及母体范式体系中其他“子范式”的个性特征。所以，理解和把握一种范式，应当首先注意其母体范式，从认知其母体范式的特有结构及其与母体范式中其他范式的区别开始。比如：理解和把握思想政治教育学科的范式，需要关注的是其母体学科马克思主义理论一级学科的范式与其他一级学科如哲学、政治学、社会学等一级学科的范式的区别，次之是与马克思主义理论学科体系中其他二级学科即马克思主义原理、马克思主义发展史、国外马克思主义研究、马克思主义中国化研究、中国近现代史基本问题研究等学科范式的区别。如此，才可能真正理解和把握思想政治教育的学科范式。

不同类型范式，有着不同的结构模型，彼此之间存在明显的差别。结构最复杂的是工科和医科范式，它们实践层面上的一个部门往往需要一门或几个学科的支撑。相比较而言，文科和理科的范式结构特别是文科的范式结构就显得简单一些。在同一个母体范式中，不同类型学科的范式在结构上往往也是有所不同甚至存在重要差别的。比如，在人文社会科学的学科体系中，哲学、法学、社会学、思想政治教育等学科的范式就不一样。因此，认识和把握学科不同类型的范式，需要具体情况具体对待，不可一概而论。

这里有必要强调指出的是，不同类型的学科范式具有整体与部分、实在与模糊、闭锁与开放相统一的共同特征。

（二）范式的结构

不同类型的范式有着大体相同的结构。分析这种大体相同的结构，有助于深入理解范式的本质、特征及类型，进而把握范式的功能。

托马斯·库恩在《科学革命的结构》中，将学科范式的结构大体上分解为五个基本层次，即科学共同体及其共同拥有的学科背景、理论框架、研究方法和范畴体系。历史地看，这种分析意见反映了学科建设和发展之结构模型的基本事实，故而得到中国学者的认同[①]。其实，学科范式除了这五个结构层次以外还有实验基地这一需要引起关注的结构要素。概括起来看，范式的结构大体上有六种要素。

其一，科学共同体。指的是从事同一学科建设，遵守同一科学规范的科学工作者群体，是科学学或科学社会学研究最为重要的范畴。在学科建设和发展的过程中，科学共同体成员在同一科学规范的约束和自我认同下，围绕共同的目标从事各自的科学工作。

科学共同体的核心成员是科学家，或专家学者。除此之外，就是数量众多的一般科学工作者。相关学界过去都未曾将一般科学工作者纳入科学共同体范畴，这其实是不正确的。任何一个学科的建设和发展，其科学共同体都是全体参与者共同拥有和同心协力的结果。

就组织形式来看，科学共同体有两种。一是有规范组织的科学共同体，二是无组织的松散共同体。理科和工科范式的科学共同体，多有规范的组织形式，且也多相应地有较为严密的纪律加以约束。文科则不同，虽然也有一些“学会”那样的组织形式，但其“共同性”和功能是有限的，更多的还是处于非组织状态的共同体。文科范式的科学共同体成员，其实多因“共同”的旨趣及共同拥有的学科背景、理论框架、研究方法和范畴体系等其他范式要素，而“走到”一起来的。这是一切人文社会科学学科范式之共同体最为显著的特点，它既是学科建设和发展的优势所在，因为它可以借助特定历史时代所有相关人员的力量；也是它的劣势所在，因为它的共同体毕竟因没有严格的组织形式而缺乏内在的凝聚力。

科学共同体的成员结构，理工科和文科有着重要的不同。前者多为“金字塔”里的人，后者则不一定，其中有些甚至离“金字塔”很远，但他们却可能会因独特的思维方式和价值观而成为共同体的成员，以至还可能会对学科建设和发展产生重要的影响。

其二，科学背景。指的是一门学科在其建设和发展过程中共同体凭借的本学科和其他相关学科的科学史资源，以及一定社会现实条件下各门学

① 张耀灿：《推进思想政治教育研究范式的人学转换》，《思想教育研究》2010年第7期。

科可利用的知识和理论。这就注定学科范式所要求的科学背景，既有“门内”的也有“门外”的；其内涵既具有“科学史”的原始特性，也具有博采众家之长的当代风貌。不论是“源远流长”的传统学科，还是“方兴未艾”的新兴学科，其科学背景都具有这样的品质。这也是一门学科被称为一种科学的基本根据所在。

因此，立足于历史和现实的经纬度整合科学背景，是每一门学科（乃至具体科研选题）开展科学研究的常规性准备工作，并且都运用“学术史梳理”和“现状综述”的思维方式把握其内在逻辑。由此看来，新型学科如果重视吸收传统学科“源远流长”的历史资源，又能够博采相关学科之长，就会使得自己的科学背景变得厚实充盈，获得建设和发展的后发优势，加速自己的建设和发展。

其三，理论框架。一般说来，科学研究中的理论框架可以分为视角理论框架、假设理论框架、解释理论框架和发现理论框架几种基本类型。学科范式结构的理论框架属于视角理论框架，指的是描述学科对象的理论体系，包括有关的概念界定、分类及特征方面的论述，属于学科的基本学理范畴。它是关于学科对象的基本原理式的理论，在逻辑基础和起点的意义上对学科整体的建设和发展起着说明和指导的作用。因此，范式结构的理论框架不能是假设的理论，也不能只是用来做具体解释的理论，不可与文化社会学或大众传播学的“框架理论”相提并论，后者是可以用假设的方法建构的，并可以用作解释的价值尺度。

在学科范式的结构中，理论框架一般是指特定学科的基本知识与理论体系的构架，通过特有的“原理”或“学”的样式或样态表达出来。从科学史的实际情况看，有些学科建设和发展的范式结构会存在若干理论框架，呈现一种理论框架群或体系，需要在学理上将它们区分开来。如在思想政治教育学科建设和发展的过程中，就存在“思想政治工作学”“思想政治教育学”或“思想政治教育学原理”等理论框架，以及“思想政治教育学科建设概论”。后者作为思想政治教育学科整体性建设与发展的“原理”尚待创建，却因易被混同于“思想政治教育学原理”而易被人们置之不顾，从而使得思想政治教育学科的理论框架成为有待开垦的荒地。

范式结构中的理论框架，是从学科对象、目标、任务和方法等基本学理层面区分不同学科的主要标志。不同学科有不同的理论框架，在框架内从事科学研究活动是最基本的学术规范要求。这样说，并不是主张理论框架是一成不变、不可改变的，所谓“原理”不应被理解为“原封不动”的理论。科学发展史表明，任何一门学科的理论框架都会随着学科的建设与发展而不断丰富其内涵，以至成为推动“科学革命”的内在动因。

其四，实验基地。实验或试验基地，是理工科特别是农、林、医等学科开展科学研究和学科建设的必备环节，因而也是这些学科之范式不可或缺的重要结构。一些实践性较强的传统文科，如艺术学、心理学、社会学等学科的范式，也多需要有这样的结构。一些新兴文科如传媒和思想政治教育等学科，其范式是否也应设置实验（试验）基地，或者将其实践环节同时作为实验（试验）基地，目前尚处在探讨之中，没有形成相对一致的认识。立足于学科建设和发展的范式结构分析视界来看，思想政治教育日常实务既是思想政治教育学科建设和发展的价值目标和实践基础，也应是思想政治教育学科范式的实验（试验）基地。从范式结构的科学性要求来看，思想政治教育实务的通行原则是否合乎思想政治教育科学化的要求，诸如“思想政治工作学”“思想政治教育学”或“思想政治教育学原理”等理论，包括“思想政治教育学科建设概论”的理论的科学性究竟如何，不能没有可供检测的标准，也不能由一个或几个专家说了算，唯有经受实验基地的检测之后做出的结论才是可靠的。

其五，方法系统。每一门学科的建设和发展都有自己的方法系统，它属于思维方式和行动技术层面的范式要素。在现代社会，一门学科的研究方法往往涉及多种思维活动和行动技术，从而形成一种需要廓清和理顺的研究方法系统，其间必有一种或多种“看家本领”。这种情况，在人文社会科学的一些研究领域同样存在。廓清和理顺的目的在于把握方法系统中的“看家本领”，因为它在方法系统中居于主导地位，犹如过河之舟与桥决定着学科建设和发展的方向和水准。有些文科范式的这种“看家本领”，在生死存亡的意义上决定着学科建设和发展的前途与命运，如辩证唯物主义和历史唯物主义之于马克思主义理论学科建设和发展的意义，就属于这种情况。

其六，话语体系。每一门学科都有自己独特的话语体系。它是特定学科开展科学研究的思维和交流工具，也是区分不同学科的一种语言标识。这就使得任何一门学科的建设和发展都会遵循“一家人不说两家话”的话语原则，恪守自己学科科研话语的“主旋律”，一般不会允许有“弦外之音”，也不认同“跑调”。否则，业内人士就会“听不懂”或“看不明白”，而业外人士也会因“不知所云”或难得其解而采取怀疑、规避甚至诋毁的态度。因此，将一门学科的研究工具和符号直接用于别个学科的科学研究，会造成学科概念的混乱，在话语标志上导致学科范式的错位。诚然，在学科建设和发展过程中提出新的概念和范畴是必要的，但这种创新必须遵循学科独特个性的话语原则。

理解和把握范式的上述六种结构要素，应聚焦于“科学共同体”及其“共同拥有”的特性这个核心，抓住这个核心也就抓住了范式结构的“牛鼻子”。

（三）科学共同体的结构要素

托马斯·库恩在《科学革命的结构》中并未就科学共同体给出明确的界说，也没有用相当的文字给予必要的说明。他在《科学革命的结构》的“序”中曾提及，一位叫弗朗西斯·萨顿（FrancisX. Sutton）的青年学者曾就他的思想发表过评论，他的学生对他的课给予充分肯定，这些“合作”使他意识到他所发现的范式，实则是一种“科学共同体力量”在起作用①。这说明，所谓科学共同体，在托马斯·库恩的范式理论中并不是一个严格的概念，人们完全可以沿着他在《科学革命的结构》中考察和分析范式的思维向度和纬度，对科学共同体及其结构要素做出合乎学科建设和发展之

① [美]托马斯·库恩：《科学革命的结构》（第四版），金吾伦、胡新和译，北京：北京大学出版社2012年版，序第3页。

规律的拓展和解读[1]。

第一，科学史要素。一门学科的形成和发展本是一种历史过程，因此其科学共同体是历史范畴，要用史学观念来理解和把握其结构要素。如此看来，一门学科的科学共同体成员，应由两部分人组成。一是学科当下的科学团队，包括学科整体的各个环节和岗位的执业人员。不论他们是否自觉到这一点，事实上他们是为了学科建设和发展的一个共同目标走到了一起。二是为学科建设和发展作过贡献的历史人物。一个学科确立这种科学史要素的共同体观念是十分重要的，因为没有他们的贡献也就没有学科的今天，没有当下的科学团队。长江后浪推前浪，后人总会比前人聪明，但这不应成为后人轻视以至忽视前人的理由。因此，科学共同体若是存在不尊重甚至嘲弄历史的现象，那是绝对不能被允许的。在科学共同体建设问题上，应当特别注意培育共同体成员的科学史观念，视共同体的形成为一种“自然历史过程”。这是学科建设和发展的内在要求，也是范式结构走向成熟的重要标志。

第二，国情要素。任何一门学科的科学共同体成员，在其接受教育和逐步成长为专门的科学人才的过程中，都会具体地受到其所在国的国情尤其是道德教育国情的深刻影响，形成特定的伦理道德观和人生价值观，由此而以特有的“亲和力”方式即人们通常所说的“团队精神”，成为科学共同体的结构要素。在一些人文社会科学学科的共同体中，这种国情要素甚至还会直接影响到学科的理论和学术研究的思维方式及其产品样式。由此看来，在某些学科中，将科学共同体建设作为一种国情范畴来看待，促使共同体成员确立相应的国情观念是十分必要的。

第三，科学观要素。所谓科学观，指的是科学共同体成员所具备的科学精神和价值观，它们作为科学共同体的结构要素之必要性和重要性是显而易见的。参与任何一项科学研究的共同体成员，都应当遵循科学发展的

---

① 如此看待，其实也是学科建设和发展史上一种普遍存在的现象，它正是科学在特定情势下发生“革命”即范式（“结构”）“转换”的内在动力。任何一门学科的科学研究提出的问题都是课题，属于过程范畴，永远没有终结，因而检测其真理性的标准都应被置于过程之中。对范式作为学科建设和发展的结构的研究，也应当作如是观。

规律、遵守科学研究的法则，同时具备运用科学为人类造福的科学价值观和人生价值观。这就要求科学共同体成员要具备相应的事业心，把自己的科学当作崇高的科学事业来追求，而不仅仅是为了让自己成名成家，更不能仅仅当作自己谋生或发财致富的手段。在人文社会科学，如思想政治教育学、政治学、法学等学科建设和发展的过程中，这种共同的科学理念和价值观一般都会受到社会历史观的深刻影响，在根本上决定着学科的属性和使命，制约着学科建设和发展的科学方向。因此，在这些学科的建设和发展过程中，应始终把促使科学共同体成员确立科学的社会历史观放在共同体建设的首位。

在一门学科范式中，科学共同体成员是否具有热爱科学事业、坚持真理和乐于创新的精神，善于捕捉“创新元素”即与他者的“不同之处”①，以及诚实守信和善于协作的科学品质，是至关重要的。

科学之所以会成为“双刃剑”，根本原因在于科学共同体成员不同的科学理念和科学价值观。如果违背了科学发展的规律和从事科学研究一定遵循的法则，或者持有错误的科学价值观如利用科学达到一己之私利，包括小集团之私利，科学的负面作用就会显露出来。科学功能的“双刃剑”现象，在人文社会科学领域同样存在，在有些学科表现得尤具明显。这主要是因为，人文社会科学的学科多具有意识形态的属性，其建设和发展本来就存在需要把科学性与意识形态属性统一起来的内在要求，而一些共同体成员不能做到这一点，不能做到的原因又与他们的科学理念或科学价值观存在偏差有关。由此看来，人文社会科学的共同体建设，尤其应当注意重视培育共同体成员的科学观。

（四）范式的功能

范式在学科建设和发展中形成，又反过来深刻影响学科建设和发展，这种客观辩证法的演绎过程是被科学发展史反复证明了的真理。它就是在

① ［英］马丁·丹斯考姆：《做好社会研究的10个关键》，杨子江译，北京：北京大学出版社2007年版，第77—88页。

科学共同体的主导下，由范式各要素整合而成的科研机制、整体效应与逻辑力量的范式功能。这种功能是任何其他科研条件不能替代的。诚然，学科的建设和发展需要一定的人力、物力、财力的支撑，包括相关的政策保障等，但决定性的根本条件还是作为维护和促进学科建设与发展之结构模型之范式的功能。

第一，汇聚与整合的功能。在学科建设和发展中，范式能够依据其特有的结构模型整合各种有利的资源与条件，充分发挥各种科学要素的作用。正因如此，也就能够规避一些不利条件，弥补一些缺陷。这种功能发挥的程度如何，直接取决于学科建设的管理者包括科学共同体的范式意识和把握范式的能力。

第二，培育与造就的功能。任何一门学科的范式都能够为科学人才的成长和发展提供合适的机制和平台。科学人才的成长固然离不开相关专业的教育，但其成功多是在一定的学科范式中实现的。这并不取决于他们自觉意识到范式存在这种功能。科学史大量事实表明，从事学科建设的人们如果有此自觉，注意充分利用范式这种培育和造就的功能，就能够实现他们的人生理想，成为学科领域里的行家里手，为人类的科学事业作出突出贡献。托马斯·库恩发现范式的经历本身也证明了这一点，他是在其从事科学研究的特定范式中发现范式的。关于这一点，我们可以从他在《科学革命的结构》中的相关叙述中看得很清楚。总之，从事什么样的科学研究就会形成什么样的范式，运用什么样的范式就会培育什么样的科学人才，科学人才的差别归根到底是理解和把握学科范式的差异。

第三，传承与创生的功能。成熟或较为成熟的范式，多具有传承学科优良传统并推动自身发展的功能，遇上“科学革命”的契机，还会因“结构”得到优化而创生新的范式，发生即所谓“范式转换”。思想政治教育这门综合学科及其应有范式的创生，就是一个明证。它是传统的思想政治工作因适应改革开放而需要实现“科学革命”，促使伦理学和教育学等学科实行“范式转换”的结果。

一国一民族之中，范式作为学科建设和发展的结构模型，一种科学信念和逻辑观念，从一个特别的视角反映科学文化国情之整体风貌，体现民族性格和综合国力。范式研究应当成为一种特殊的科学领域，发展成为一门独特的科学学学说，成为一门科学（学科）体系的有机成分，成为一国一民族整个科学体系的有机组成部分。

从事科学研究的人一般只是专注于他的科学对象而不关注他的研究活动本身，不研究“从事科学研究的人”，这是“只缘身在庐山中”使然。因此，理解和运用范式的功能，需要确立“范式自觉”的意识，培育把握范式的能力。

一切学科科学研究的范式，都会随着科学本身的发展进步不断得到优化。这种优化有两个主要的方向。一是范式结构各要素的科学性，包括学科背景、实验基地、方法系统、话语体系等各要素之间的结构是否合理，其共同拥有的“共同性”如何。二是科学共同体成员的素养是否适应其核心地位和主导作用的要求。这是范式优化的关键指标。

三、建构思想政治教育学科范式的必要性与优势条件

思想政治教育既是一门科学，也是一门学科，两者都是历史范畴。它作为一门科学既古老又年轻，而作为一门学科却很年轻。

历史地看，思想政治教育作为一门科学是与高等教育同步诞生的，人类最早的高等教育其实就是思想政治教育，或者说是与思想政治教育直接相关的高等教育。世界上最早的高等教育，在我国若以“大学”之名为标志始于夏商，以稷下学宫及孔子创私学为标志始于春秋战国，以机构和教学为依据则始于西汉；在外国，可以追溯到古埃及的海立欧普立斯大寺、古印度的塔克撒西拉大学、古希腊经久不衰的“学园”等。从这些最早的高等教育的培养目标、教育教学内容和方法看，都极富追求思想政治教育之“科学性”的特性。高等教育在此后历史发展进程中，长期保持着重视思想政治教育科学性的原始品质。我国古代记述这方面的经典文本如《论语》《孟子》《荀子》《礼记》等，多阐发过必须高度重视思想道德和政治

教育的学说主张，如《礼记·大学》开篇便道："大学之道，在明明德，在亲民，在止于至善。"然而，历史上的思想道德和政治教育却长期没有独立的思想政治教育学科给予支撑。这种情况，在重视学科分类的西方高等教育史上，同样存在。

思想政治教育作为一门独特的学科问世，是20世纪末中国人对传统思想政治教育实行"范式转换"的一大发现和发明。在此之前，思想政治教育在其他国度和地区不论以何种名称出现，也不论其以何种理念和方式追求科学化，都不是立足于学科的视野，没有独特的学科给予支撑。因此，其建设和发展的范式也不是学科意义上的，不应与当今中国思想政治教育学科范式相提并论。思想政治教育学科的设立，是当代中国共产党人和知识分子一个了不起的创举，体现了社会主义国家精神文明建设和人才培养工程发展进步的应有方向。因此，不论创建者们当初是否已经具备了学科范式的理论自觉，他们的辛劳和智慧都十分值得今人传承，必须加以发扬光大，认真仔细地研究其范式建构的有益经验。

（一）思想政治教育学科范式的基本特性

毫无疑问，思想政治教育学科范式具有一般范式的结构与特点，同时也具有不同于其他学科范式的结构内涵和特点。

其一，科学共同体成员的身份和执业要求特殊。思想政治教育学科的特殊属性和使命，决定了其共同体成员不是任何人都可以担当的。他们是专门从事思想政治教育实际工作及其理论研究工作的专业人员，其执业姿态和水准维系着中国共产党、社会主义的中国和中华民族的前途与命运，因此必须具备拥护和自觉接受中国共产党的领导、信仰马克思主义和社会主义的科学理念和价值观，具备能够识别和自觉地抵制形形色色的非马克思主义、非社会主义的错误思潮的学科意识和科研能力。

其二，理论框架特殊。按照中国目前的学科分类方法，一门一级学科会下设多个二级学科，有的甚至还设有三级学科，因而其范式的理论框架一般也相应地有几个。思想政治教育作为马克思主义理论下设的一门二级学科，目前却不存在这种情况。因此，需要创建一种理论框架，在“基本原理”的意义上说明其内在各个层面的逻辑关系。如面向大学生和新生代的“学校思想政治教育学”的理论体系，以及面向全社会各行各业“中心环境”和“生命线”的“宏观思想政治教育学”的理论设想，都不能替代作为思想政治教育学科范式的理论框架。这种不可或缺的理论框架尚待人们在探索中建构。

其三，实验基地特殊。思想政治教育的对象是人，因此其学科的实验基础也是人，并且应当以青少年和国家公务人员为重点，这在根本上决定了思想政治教育学科的实验基地是其他学科无法比拟的。不仅如此，其他学科的建设对象与其实验基地一般是分开的，而思想政治教育学科建设的对象和实验基地却应是高度一致的，既因面向青少年特别是大学生而面向高等学校，也因其具有服务于“中心环节”和“生命线”的功能而必须面向全社会，以各行各业为“大课堂”。没有哪一种学科范式的对象和实验基地会像思想政治教育学科范式涉及这么宽广。这种特点，对于思想政治教育学科建设和发展来说既是优势也是劣势。作为优势可以让人们感到天地广阔、大有作为，作为劣势则易于让人们感到无所适从而不知所措。

其四，主流话语特殊。思想政治教育学科范式有着一套严格区别于其他学科的主流话语，如“思想政治教育”“中国共产党领导”“中国特色社会主义制度”“马克思主义”“意识形态”等。其他学科，包括哲学、文学、社会学、心理学等人文社会科学学科，一般并不需要这样的主流话语。这就要求，思想政治教育学科共同体成员不应羞于运用本学科特有的主流话语，那种刻意回避使用主流话语的现象更是不能被允许存在的。从目前的实际情况看，提倡奉行主流话语的“行话”，应是建构和优化思想政治教育学科范式一个需要引起重视的问题。

总之，思想政治教育作为一门综合性很强的人文社会科学学科，其范式有着不同于其他学科的结构内涵和特点，对此必须给予足够的重视。

（二）建构思想政治教育学科范式的必要性

改革开放以来，思想政治教育作为中国共产党执政的政治优势和优良传统，已经发展成为马克思主义理论学科体系整体的一门独特学科，一种有条件可以面向全社会拓展的精神文明建设和人才培养工程，需要对其正在形成的学科范式实行自觉的建构和优化。

1984年，党和国家决定设立思想政治教育学科。2004年，党中央决定实施马克思主义理论研究和建设工程，将高校思想政治理论课建设置于研究和建设工程之中，朝着思想政治教育学科整体性迈出重要一步。2005年，国务院学位委员会和教育部颁发《关于调整增设马克思主义理论一级学科及所属二级学科的通知》文件，正式将思想政治教育作为二级学科置于马克思主义理论学科体系之中，明确规定了思想政治教育学科整体性的性质和使命。党和国家这些重大的创新举措，激发和鞭策着有志者积极开展思想政治教育的理论研究和实践探索，思想政治教育学科建设和发展的结构模型已见端倪。

但是从范式即学科整体的理论上给予梳理和说明的工作尚未跟上，不少业内人士尚缺乏从整体上理解和把握思想政治教育学科整体性的学科自觉，有些人甚至还缺乏从整体上理解和把握思想政治教育这门新型学科的意识。教育部思想政治工作司组织编写的《思想政治教育学科30年发展研究报告》（光明日报出版社2014年版）和《思想政治教育学科设立30周年：高校思想政治教育创新发展研究》（中国书籍出版社2015年版），从理论研究、课程教学、日常实务、专业设置和人才培养等方面作了梳理和总结。但其立足点并不是思想政治教育学科范式的整体性视野。

思想政治教育学科设立以来，有不少“思想政治教育学”之类的专著相继问世，它们从思想政治教育实务之基本原理的角度，为思想政治教育学科的设立、建设和发展，提供了有力的理论支持，但却一直缺乏用范式统摄整个学科的整体性理论视野。

思想政治教育学科基本理论建设上存在的这一根本性的缺陷，已经逐渐引起学界的关注。一些年来，关于思想政治教育学科整体性建设的研究论文时而可见于专业期刊，其中，关于“思想政治教育整体性”“宏观思想政治教育学”等学术话题不乏一些真知灼见，但是相对于建构思想政治教育学科范式的理论来看显然还只是杯水车薪，更何况这些有意义的积极探讨并没有明确提出建构思想政治教育学科范式理论的学术话题。相应的理论建树虽然呼之欲出却还没有正式登场。

科学史上，任何一门学科的建设和发展都是以一种特有的整体性的结构模型展开的，范式就是从整体上说明和把握这种结构模型的科学学范畴。思想政治教育学科的正式设立，就意味着需要同时用整体性的方法来说明思想政治教育实务、思想政治理论课教学、思想政治教育专业人才培养、专业理论研究、社会主义精神文明建设等诸多领域之间的内在逻辑关联，而要如此，除了运用学科范式理论别无选择。思想政治教育学科内至今依然存在的各行其是的“N张皮”状况也在警示人们，创建统摄思想政治教育学科各个领域的范式理论势在必行。不然，就违背了思想政治教育学科的内在逻辑，长期下去势必就会使其形同虚设，失去其作为学科存在的科学意义和价值。

（三）建构思想政治教育学科范式的优势条件

思想政治教育作为一门新型的综合性学科，有着很多其他学科不可比拟的优势条件。其范式建构应当在遵循中国特色社会主义基本国情、坚持运用辩证唯物主义和历史唯物主义、弘扬理论联系实际的科学风尚、创造性地借用托马斯·库恩的范式理论的基本原则的前提下，给予厘清，充分发挥其优势。

首先，厘清和利用思想政治教育学科科学背景的优势。思想政治教育学科在当代中国创立绝非偶然，它是中国传统思想道德和精神文明长期发展的必然结果。中国的思想政治教育，作为精神文明建设和人才培养的社会工程可以追溯到先秦时期，具有真正源远流长的科学传统。中国共产党在领导中国人民追求翻身解放和武装夺取政权的革命与战争年代，将思想政治教育视为一切工作的“生命线”和“中心环节”，形成了高度重视思想政治教育的历史经验和优良传统。中华人民共和国成立后，这些历史经验和优良传统一度受到“左”的思潮的干扰和破坏，但其作为思想政治教育学科科学背景的资源并没有遭到灭顶之灾，在今天仍然可以作为背景资源加以传承。实行改革开放以来，为适应社会和人发展进步的客观要求，中国哲学和伦理学、教育学、心理学等人文社会科学发展很快，引进西方文明有益成分的步伐也在加快，这些成果丰富和充实着思想政治教育学科的科学背景。

思想政治教育是马克思主义理论一级学科下设的一门二级学科，这决定了它在学科范式建构方面具备了马克思主义科学世界观和方法论这一根本性的科学背景优势。虽然一些思想政治教育学科人对此尚没有形成这种理论自觉，但是这种优势科学背景存在的客观事实是毋庸置疑的，应当通过相关的理论学习和宣传，培育这方面的科学背景自觉。思想政治教育学科作为一门综合性很强的新型学科，厘清和发挥其科学背景优势自然要关涉哲学、伦理学、政治学、法学、教育学、社会学、心理学等学科的知识和方法，还应注意不可因此而干扰和缺损思想政治教育学科作为马克思主义理论学科一门二级学科的属性和使命。

思想政治教育学科建设和发展以人为对象，自然要以人为本，其科学背景不可避免地要涉及人学和人性论。但不能因此而将思想政治教育学科的理论基础定位在人学和人性论上面。关涉思想政治教育的基本理论究竟是以人为本还是以社会为本的分野，本是阶级对立的社会的产物。在人民当家作主的社会主义社会，不应当再有这种理论分野，因为两者并不存在本质的差别。不这样来看问题，就会模糊思想政治教育学科归属马克思主义理论学科的科学背景。

其次，厘清和利用思想政治教育学科的人才队伍优势。思想政治教育学科人才分布在各个领域、各个层次，真可谓人才济济。在当代中国的哲学和人文社会科学的学科体系中，没有哪一个学科具有这样的人才队伍优势。人多力量大，人多也可能力量弱，关键要看如何组织和整合。从思想政治教育学科建设和发展的客观要求来看，如何用科学共同体的范式观念给以整体性厘清，加以整合，真正发挥其人才优势，是思想政治教育学科范式建构面临的一大理论课题和实践任务。在高等学校，思想政治理论课教学、日常思想政治实务、思想政治教育专业包括高校辅导员培训和研修基地三支队伍，高校思想政治教育与社会上思想政治工作队伍包括专门从事宣传教育的队伍等，如何按照范式的结构模型要求实行整体性建构，使之成为一种实际存在的学科优势，都是有着极为重要的实践价值的理论课题。

从目前的态势看，思想政治教育学科范式建构上普遍缺乏这种范式意识，其各个领域和层面的人才尚处在各自为阵、各行其是的状态，没有在整体上形成学科建设和发展所需要的人才队伍的整体合力和正能量。纠正和弥补这种偏差与不足，需要从按照范式建构的规范性要求、确立一个共同的目标理念做起。一个学科的科学共同体，其共同之处首先就是为了学科建设和发展的共同目标走到了一起。虽然在学科内部有分工的不同，但是目标是一样的，因此学科人才应当有这种目标理念。在高校思想政治教育实务中，人们一直提倡“三育人”即“教书育人”“管理育人”和“服务育人”，就充分体现了“育人”这种共同目标的理念。要厘清和发挥思想政治教育学科的人才队伍优势，需要用“一切为了思想政治教育”的共同目标理念，来统摄这个学科各个领域、各个层面的人才。

再次，厘清和利用思想政治教育学科实验基地的优势。在自然科学研究和学科建设中，科学实验是一个必备的重要环节。以教育人和培养人为使命的思想政治教育学科是实践性很强的学科，其建设和发展不能没有实验基地。思想政治教育的理论是否科学、实践的设计和安排是否合乎科学，都需要通过实验加以证明。思想政治教育范式建构应当遵循的基本原则是否可行和行之有效，是否符合教育人和培养人的规律和科学化的要求，也需要通过科学实验来加以说明。可以从两种角度来理解和把握思想政治教育学科实验基地的优势条件：一是立足于“宏观思想政治教育学”视野，将所有的思想政治教育实务和工作场所作为实验基地，所有参与者和对象作为实验者或被实验者，进行实证性的研究，以验证和把握思想政治教育学科建设和发展的全局；二是选择思想政治教育学科范式特定的结构要素，如一种理论或学说主张、一个学校或单位，进行质性的研究，旨在总结典型经验以指导全局。

就思想政治教育学科建设和发展的实际需要看，发挥其实验基地的优势条件建设可以在三个层面展开。一是思想政治教育学理论联系思想政治教育实务的实验，在理论联系实际的方法指导下建立思想政治教育研究的理论与实际工作之间的逻辑关系，这方面的实验可以在高校和全社会两个领域同时展开。二是立足于长期存在的“两张皮”问题，开展建构高校思想政治理论课程建设与大学生思想政治教育实务之间逻辑关系的实验，包含如何促使理论教学与实际工作相关联和两支队伍一体化两个方向。三是思想政治教育专业人才培养工程的实验，重在把思想政治教育高层次人才培养与社会上从事“中心环节”和“生命线”工作的专职干部队伍建设贯通起来。

推进思想政治教育学科建设和发展的实验基地建设，需要有组织地进行，应作为建构和优化思想政治教育学科范式的一项重要工程，在顶层设计上给予谋划和安排。

最后，厘清和发挥思想政治教育学科的领导管理体制优势。思想政治教育学科的领导管理体制，目前是一种从中央到地方的完整体系，这是思想政治教育学科范式建构的又一大优势，没有哪一门人文社会科学学科具有这样的优势。厘清和充分发挥这种优势，可视其为思想政治教育学科范式建构的题中之义。

为了厘清和发挥这种优势条件，应创建一种新的领导管理体制和机制体系，对思想政治教育这门特殊的学科实行统一的领导和管理。在这种体制和机制中，中央一级的领导管理机构主要负责顶层设计，实现政令一致，推动政令畅达，不允许地方各守其道、各行其是。如思想政治教育研究会，本是推动思想政治教育学科建设和发展之科学共同体的一种重要组织形式，应当尽可能吸收专职从事思想政治教育学科建设的专家学者参加，并充当其中的骨干力量，发挥主导作用。这样的科学理念和统一要求，应当在顶层设计做出指令性安排。

总之，思想政治教育学科范式建构要注意厘清和充分发挥优势条件，促使这门学科尽快完善和优化其建设和发展的结构。

四、结语

范式作为学科建设和发展的结构模型，其理论意义和实践价值越来越受到中国学界的关注。人们已经认识到，它是立足于科学学，从全局和整体上理解和把握学科建设和发展带有根本性的方法论原则。将范式的观念和思维方式引进思想政治教育学科建设的理论研究，关涉这门新型学科的发展前途和命运，大有必要，大有作为。

思想政治教育研究如何借用范式*

——范式的本义与本质及方法论阈限之考查

讨论思想政治教育研究如何借用范式的问题，首先要正确理解托马斯·库恩发现和描述的范式之本义、本质及其方法论阈限。

范式的本义是指自然科学研究的共同体的成员所共同拥有的研究传统、理论框架、研究方式、话语体系，本质上反映的是自然科学研究发展的自然历史过程，属于科学学和科学史的范畴。思想政治教育研究“借用”范式是可能的，也是必要的，但需要认清范式对于思想政治教育研究的方法论阈限，厘清思想政治教育样式与研究范式的学理边界，在唯物史观的指导下开展思想政治教育研究范式的逻辑结构及历史发展等诸项研究课题。

思想政治教育研究范式这一命题的提出，是我国思想政治教育研究坚持30多年方法创新的产物，表明思想政治教育研究的视界正在拓展和深入，预示着我国思想政治教育研究和学科建设将会出现新的繁荣和进步。然而，由于范式作为一种方法论原则是“舶来品”，思想政治教育学界很多人目前对它还缺乏切实的了解，在理解和运用“思想政治教育研究范式”这一命题，特别是在此命题下提出的“思想政治教育研究范式转换”的主张时，容易产生误解和误用，故而考查范式的本义与本质及其方法论阈限，是必要的。笔者通过研读托马斯·库恩《科学革命的结构》及其他

* 原载《思想政治教育研究》2012年第1期。

相关著述发现，讨论范式之本义、本质及其方法论阈限的问题，首先需要明确两个逻辑前提。

第一个逻辑前提：明确范式的对象本是人类（准确地说是西方人）自然科学研究史，亦即自然科学研究历史发展的规律与轨迹，是人们用批判的眼光对科学在社会中的功能进行审查的产物，属于狭义科学学的对象范畴[①]。在我国一些有重要影响的学者看来，“科学学是把科学技术的研究作为人类社会活动来研究的”（钱学森语），其使命在于“研究当代科学技术对社会经济、政治、文化、思想所发生的作用，研究它对世界历史发展的意义”（于光远语）[②]。第二个逻辑前提：明确自然科学研究发展史有别于自然科学发展史的界限。自然科学研究史是“关于自然科学的科学”的发展史；自然科学发展史，所指则是具体门类的自然科学亦即托马斯·库恩在《科学革命的结构》中论说的“常规科学”或“成熟科学”的发展史。就是说，范式虽然广泛涉猎自然科学发展史，但并不是自然科学本身。因此，若是按照语义学要求，范式的完整语形应为“自然科学研究范式”。在托马斯·库恩之前，自然科学家们关注的主要是其在场的门类科学即“常规科学”的发展史，一般并不关注科学研究发展史，范式被发现填补了这项空白，它是库恩在20世纪对科学史和科学学研究作出的重大贡献。

20世纪末，托马斯·库恩提出的“自然科学研究范式”随同科学学传进我国，很快广泛出现在自然科学和科学学之外的社会科学研究领域，成为一个使用率很高的新概念和新方法。然而，不少人对范式的学科属性却不予应有的关注，以至思想政治教育研究在可否和当如何“借用”范式、实行“范式转换”这种带有根本性的问题上，也因搁置唯物史观方法论原理而处于“说不清、道不明”却又振振有词、各行其道的状况。由此观之，将范式置于唯物史观方法论视野之内进行原典性的考查和分析，进而

① 关于科学学的对象，研究科学学的人目前的意见大体有两种。一种是“整体科学”或“科学的整体”，包括自然科学之外的哲学社会科学的所有门类。另一种专指自然科学。范式是库恩在考察自然科学研究方法史的过程中发现的，故而笔者将其归为狭义科学学范畴。

② 陈士俊：《科学学：对象解析、学科属性与研究方法——关于科学学若干基本问题的思考》，《科学学与科学技术管理》2010年第5期。

提出思想政治教育“借用”范式的基本理路，无疑就是每一位思想政治教育研究之“共同体的成员”所“共同拥有”的历史使命和职业责任[①]。

一、从范式发现看范式的本义

什么是范式？回答这个“定义”性的问题，需要从范式发现说起。发现范式，缘于托马斯·库恩对自然科学史的精到考察与缜密思考。这可以从库恩以“历史的作用”为题安排《科学革命的结构》一书的绪论（第一章）看得很清楚。在该书第二章“通向常规科学之路”中，托马斯·库恩说他在对自然科学发展的历史考察中，发现自然科学的进步得益于一次次的“科学革命”，“科学革命”就是科学家的“共有范式”或“一个基本单位”。他在考察光学研究发展史后指出：“物理光学范式的这些转变，就是科学革命，而一种范式通过‘革命’向另外一种范式的过渡，便是成熟科学通常的发展模式。”[②]不难看出，库恩在这里把范式的形成和他的范式发现归结于他对“科学革命”之意义的历史考察。

托马斯·库恩在为《科学革命的结构》作的自序（1962年6月）中，具体叙述了他发现范式的机缘和过程。他十五年前做理论物理学研究生的博士论文期间，“有幸参加了一实验性的大学课程，这是为非理科学生开设的物理学，由此而使我第一次接触到科学史。使我非常惊讶的是，接触了过时的科学理论和实践，竟使我从根本上破除了关于科学的本质和它所以特别成功之理由的许多基本观念”，包括需要把一些拥有“无人知晓”的作品的年轻人“置于科学共同体”的观念。在阐发这一观念时，库恩特别述及一些年轻人对他成功发现范式所给予的帮助，他称这种帮助是年轻

① 当代中国正处于社会转型期，强调唯物史观在人文社会科学特别是思想政治教育科学研究方法创新中的主导地位和作用，是否也是一种带有“科学革命”性质的亟待梳理和澄明的“研究范式”呢？回答应当是肯定的。

② [美]托马斯·库恩：《科学革命的结构》，金吾伦、胡新和译，北京：北京大学出版社2003年版，第11页。

人的“恩惠”[①]。在此笔者顺便指出：从科学史来看，托马斯·库恩对年轻人所持的这种谦恭态度，不仅是一种尊重后学的美德，也是一种崇尚科学的智慧，应当被视为任何研究范式结构“共同拥有”的一种“传统”。

范式发现的内在逻辑和学理基础，如库恩所说的，是“常规科学”或“成熟科学”在科学发展史上呈现的两面性。库恩发现，科学史上任何“成熟”的“常规科学”的巨大成就都具有鲜明的两面性特征。一方面，因科学的巨大成就而“空前吸引一批坚定的维护者”，维护和巩固科学“成熟”的内在特质；另一方面，又因科学的巨大成绩而“无限制地为重新组成的一批实践者留下有待解决的种种问题”，为科学“革命”和创新提供了历史课题。库恩告诉人们：“凡是共有这两个特征的成就，我此后便称之为‘范式’。”由此可见，在库恩看来，科学发展对于自身的两面性功能就是科学研究范式形成的内在逻辑和学理基础，所谓范式并不神秘，不过是“一个与‘常规科学’密切有关的术语”而已[②]。只要视范式为“对研究科学发展的学者来说是一个基本单位”，那么“常规科学与范式这两个相关概念就将会得到澄清”[③]。

通览《科学革命的结构》，库恩关于“什么是范式”所给出的“定义”不过如此，既似清晰又很模糊。实际上，仅从范式发现的角度来给范式下义一个定义性的界说是很困难的，托马斯·库恩在《科学革命的结构》中也并没有给出“什么是范式”的严格定义。这并不是托马斯·库恩的疏漏，而是合乎科学学和科学史研究者惯用的定义研究之“范式”的。科学学奠基者之一的J.D.贝尔纳认为，给一概念下“什么是什么”的定义是很“刻板的”事情，“有使精神实质被阉割的危险”。他在《科学的社会功能》中借用中国老子著名的“道，可道；非常道。名，可名；非常名”的哲学

① [美]托马斯·库恩：《科学革命的结构》，金吾伦、胡新和译，北京：北京大学出版社2003年版，第1页。

② [美]托马斯·库恩：《科学革命的结构》，金吾伦、胡新和译，北京：北京大学出版社2003年版，第9页。

③ [美]托马斯·库恩：《科学革命的结构》，金吾伦、胡新和译，北京：北京大学出版社2003年版，第10页。

命题，开宗明义地指出："对于科学或科学学，我们也无需下一个严格的定义"[①]。贝尔纳推崇的这种关于"定义"的方法见解，是适用对范式本义的界说的。

从本义看，托马斯·库恩发现和描述的范式不同于方式、模式和模型。库恩说：为了避免"可能误导读者"，不能以为"一个范式就是一个公认的模型或模式（Pattern）"；他有些无奈地说："在一定意义上，在我找不出更好的词汇的情况下，使用'Paradigm'（范式）一词似颇合适。"同时他又明确指出，用"Paradigm"（范式）一词也不能"完全表达"他的"范式"通常包含的意义[②]。

库恩作这样的区分和申明是必要的。他的范式不是人们常说的方式，方式是具体的，多具可操作性，并且多是可以事先设定和安排的。他的范式也不同于模型或模式，模型、模式都是清晰的、确定的，一般是可以用语言描述和表达的，甚至是可以用线形（直线或曲线）图示的，用衡器来度量和测试的。而范式却总是模糊的、宽泛的、不确定的，一般只能"意会"它的真实存在而难以言表它的确切形态，所呈现的是一种经由人工作用促成的不确定的方式，一种经由人工作用却又是"自然形成"的不确定的因而是开放、动态的模型或模式。正因如此，如今的科学学、科学技术哲学将范式作为形上范畴纳入自己的体系。

概言之，范式作为描述自然科学研究发展史的方法论，推崇的是"科学共同体的成员所共同拥有的研究传统、理论框架、研究方式、话语体系"[③]之诸要素"结构"状态的真实存在及其重要性。范式本义关注的不是其"结构"要素的固定模式和一致性，不是强调唯有经由"科学革命"实现"范式转换"才能赢得"常规科学"的常态发展。这是范式的本义及其真谛所在。

---

① [英]J.D.贝尔纳：《科学的社会功能》，陈体芳译，张今校，桂林：广西师范大学出版社2003年版，第1页。

② [美]托马斯·库恩：《科学革命的结构》，金吾伦、胡新和译，北京：北京大学出版社2003年版，第21页。

③ 张耀灿：《推进思想政治教育研究范式的人学转换》，《思想教育研究》2010年第7期。

二、范式的本质与范式“转换”

如上所述，要给范式本义下一个严格的定义也许是必要的，但这几乎是不可能的。因为范式本质上反映和描述的是自然科学研究发展真实存在的“自然历史过程”，一种由史而来并由当下而去的永不终结的“自然历史过程”。

在唯物史观视野里，社会历史发展总体上是一种“自然历史过程”。恩格斯在给约瑟夫·布洛赫的信（1890年9月21—22日）中描述社会历史发展总体上的这种“自然历史过程”时指出：“我们自己创造着我们的历史，但是第一，我们是在十分确定的前提和条件下创造的。”这个“十分确定的前提和条件”就是一定的经济制度及“竖立其上”的政治等上层建筑。“第二，历史是这样创造的：最终的结果总是从许多单个的意志的相互冲突中产生出来的，而其中每一个意志，又是由于许多特殊的生活条件，才成为它所成为的那样。这样就有无数互相交错的力量，有无数个力的平行四边形，由此就产生出一个合力，即历史结果，而这个结果又可以看做一个作为整体的、不自觉地和不自主地起着作用的力量的产物。……所以到目前为止的历史总是像一种自然过程一样地进行，而且实质上也是服从于同一运动规律的。”①

恩格斯在这里基于唯物史观描述的“自然历史过程”，是我们科学认识和把握人类社会历史发展的总规律和主轨迹的最高“范式”，无疑具有普遍的方法论意义，适用于我们科学认识和把握一切科学研究发展史的规律与轨迹。

库恩范式所描述的自然科学研究史，既不是关于自然科学知识和技术的文本记述史，也不是与文本记述史相关联的科学研究活动史，而是这两种“史”及与此相关的各种社会历史因素交汇、整合而呈现的关于自然科学研究发展的“自然历史过程”。这就是范式的本质。

①《马克思恩格斯文集》第10卷，北京：人民出版社2009年版，第592—593页。

在这种意义上理解和把握范式的本质，一要看特定的社会所能给予科学研究的“前提和条件”及社会已经提出的“社会功能”要求；二要看科学研究的范式传统是否存在面临“科学革命”而需要适时地给予调整、重组乃至转型或转向的必要，如果存在这种必要，那也不可轻率地倡导“转换”，而应当因势利导、凭借其“共同体的成员”形成的“合力”，顺乎“自然”地去实现。不然，就可能会违反科学研究发展的规律，违背“科学共同体”的集体意志，以及范式传统维护和遵循的共同的“理论框架”“研究方式”“话语体系”等。一句话，背离了库恩发现、描述和贡献范式的旨趣。对社会科学尤其是思想政治教育科学的研究范式的理解和把握，更应当作如是观。

作为一种“自然历史过程”，范式可以为人所认知和把握，因而可以“顺其自然”地促使其丰富和发展，但一般不可以“人为”地“转换”。托马斯·库恩在科学学和科学史的意义上探讨过范式转换的问题，他在这个问题上所持的学术态度是积极又审慎的。在他看来，“科学共同体取得一个范式就是有了一个选择问题的标准，当范式被视为理所当然时，这些选择的问题被认为是有解的问题。在很大程度上，只有对这些问题，科学共同体才承认是科学的问题，才会鼓励它的成员去研究它们”。与此同时，对“其他科学关心的问题”或本学科暂时感到“太成问题而不值得花费时间去研究的问题”，加以“拒斥”[①]。库恩对范式“转换”问题所持的这种科学态度，是合乎事物发展的客观规律的。

用唯物辩证法的认识论观点来看，范式所反映的“科学革命”是由量变到质变的过程，正如J.D.贝尔纳“在通向科学学的道路上”所指出的那样：“某些因素的数量变化，导致不同质的问题的产生。当我们开始认识科学发展的某种模式时，科学却又向前迈进了。”[②]

如前所说，范式的形成得益于“科学革命”，每当这样的“革命”发

① [美]托马斯·库恩：《科学革命的结构》，金吾伦、胡新和译，北京：北京大学出版社2003年版，第34页。

② [英]J.D.贝尔纳：《科学的社会功能》，陈体芳译，张今校，桂林：广西师范大学出版社2003年版，第4页。

生时范式就面临“转换”。但是，库恩并不轻言“转换”，更不刻意鼓动“转换”，范式“转换”不是他著述“科学革命的结构”的主要目的。

库恩在《科学革命的结构》第四章“常规科学即是解谜”中甚至强调，任何科学研究的结果都是有意义的，科学家在“扩大范式所能应用的范围和精确性”的问题上，应当持“热情和专注”的科学态度，不可随意“转换”范式。窃以为，这种主张本身就应属于范式“结构”的一个要素[①]。

这是因为，“范式转换”的命题容易产生误解。从范式的本质来看，“转换”不过是范式发展演变的“自然历史过程”的一种表现，是其“自然历史过程”因由“科学革命”而需要调整方向和改变轨迹，实则是“转向”或“转型”。而从实际情况看，“借用”范式的人们对“范式转换”则多不这样看，他们所言说的“转换”是要“换药”而不仅仅是“换汤”。

从逻辑上来分析，视社会事物的发展变化为“自然历史过程”的转向或转型，是尊重社会事物发展规律的表现，而“转换”却是主观给定的“思想过程”，不一定合乎社会事物发展的自身规律。“转换”在“换”了事物外在的形状和发展方向的同时，也就可能会“换”了事物的内在结构和本质特性[②]。

由此看来，在正确理解和把握范式本质的前提下，如果说范式“转换”是必要的，那么慎言范式“转换”就显得更为重要了。

三、范式的功能与方法论阈限

如果说，发现和描述的“自然科学研究范式”，在自然科学研究领域具有普遍的功能和“放之四海而皆准”的方法论意义，那么在社会科学研究特别是在思想政治教育领域则不然。这就是范式的功能和方法论阈限

① [美]托马斯·库恩:《科学革命的结构》,金吾伦、胡新和译,北京:北京大学出版社2003年版,第33页。

② 这个道理如同理解和把握中国特色社会主义现代化建设之“自然历史过程”,只能顺乎其发展规律和方向推动“社会转型”而不可强行“社会转换”。

问题。

自然科学研究范式基于适应“科学革命”的“转换”，反映的是社会发展进步对科学技术提出的丰富“社会功能”和优化组织方式的要求，其学说和主张显然也不应生搬硬套到社会科学研究特别是思想政治教育研究的科学领域。

范式的功能在于揭示和描述隐藏在自然科学研究发展史之中的规律，进而提出科学家共同体成员应遵循的共同理念和规则，实现规则与规律的统一。任何规律都是一般与个别的统一，因而反映规律的规则也都具有普遍的认知和实践意义。范式所揭示的自然科学研究发展的规律，在一般性的意义上是否适应于我们揭示和描述社会科学研究发展的规律？回答应当是肯定的。

但须知，揭示与描述自然科学研究发展的和社会科学研究发展的规律的范式是不一样的，也不可能是一样的。这主要是因为，社会科学研究受社会有效因素的影响与力度同自然科学研究的情况不一样，不可能一样，也不可以一样。如果说，自然科学研究范式的形成和“转换”较多地受社会需求包括体现社会需求的国家意志（政策和策略）的影响和制约，那么，社会科学研究尤其是关涉经济、政治、法律乃至文化基本制度的研究，就更不可避免地会受到国家意志和社会意识形态的干预和指导，其范式不能成为一种“科学共同体”或“学术权威共同体”的“利益集团”，即使这样的“共同体”是以“百家争鸣”的方式存在的。

由此看来，我们在理解和把握社会科学研究尤其诸如思想政治教育之类学科的研究范式的问题上，不应当在一般意义上抽象地借用托马斯·库恩提出的范式和范式转换的问题。

在库恩那里，范式转换就是科学革命，我国社会科学研究尤其是思想政治教育研究领域是否亟待实行这样的“科学革命”，以至在遮蔽和搁置马克思主义基本原理的情势下实行这样的“科学革命”，是需要持极为慎重的态度的。因为人可以认识和把握规律，创建和运用反映规律的规则，以发展和造福自身，却不可以创造和“转换”规律。社会科学研究的规律与自然科学研究的规律有相通之处，但并不相同，反映两种研究规律的范式也不应相同。这也和自然有生态，社会有生态，但不可将社会生态与自然生态相提并论、混为一谈的道理一样。

厘清范式的功能与方法论阈限，应是广义科学学（将所有科学作为自己对象）之研究范式的一种基本要求。但从目前的情况看，广义科学学对此似乎还没有给予更多的关注。

四、思想政治教育研究“借用”范式的基本理路

范式作为自然科学研究一种方法论的理论和认知原则，是否适应于社会科学特别是思想政治教育科学的研究？库恩在《科学革命的结构》中已经多次涉论这个问题，但多为发现和描述范式之“一带而过”的过渡语。

据托马斯·库恩自己介绍，1958—1959年间他应邀在行为科学高级研究中心做研究，“在主要由社会科学家所组成的团体中度过的”，使他感到“震惊的是，社会科学家关于正当的科学问题与方法的本质，在看法上具有明显的差异”，这是他“未曾预料过的”①。在科学研究范式的问题上，社会科学家和自然科学家究竟存在哪些“明显的差异”以及为什么会存在“明显的差异”，库恩在《科学革命的结构》中并没有细说。尽管如此，我们已经从中清楚地看出，库恩已经把两大科学领域存在的这种“明显的差异”问题，明白无误地提了出来。

思想政治教育研究“借用”范式，有助于梳理和总结其有史以来的规律和轨迹之“自然历史过程”，进而把握其方法论规则，这不仅是可能的，也是必要的。中国思想政治教育（包括道德教育）在长期的历史发展中已经形成了自己特有的研究范式，实践丰富，著述纷呈，亟待今天从事思想政治教育研究的“共同体”开发和描述，在建设中国特色社会主义新的历史条件下加以传承和创新。

① [美]托马斯·库恩：《科学革命的结构》，金吾伦、胡新和译，北京：北京大学出版社2003年版，序第4页。

厘清思想政治教育研究借用范式的基本理路，首先，要看到“借用”的范式本是自然科学研究的方法论，不可照搬照用，必须经过创新。任何一种方法，都是“神”（功能）与“形”（形体）的统一体。某种科学需要“借用”其他科学的研究方法，只有在“借”得其他方法之“神”的情况下，才可能“借用”，实现研究方法的创新，发挥被借用的方法的功效。思想政治教育研究“借用”范式，唯有“借”得范式的“传神”之处，才可能实现方法创新，不然，实际上就成了方法套用或方法移植，毁伤思想政治教育研究范式应有的逻辑结构。这样说，并不是认为不同门类科学的研究方法不可以“移植”，更不是认为方法“移植”与方法创新是对立的，而是强调所“移植”的是方法之“神”还是方法之“形”[①]。其次，要区分研究范式与“文明样式”的学理边界。一些中国学者已经习惯于在样式的意义上言说库恩范式和“范式转换”，如“哲学范式”“人学范式”等。这其实是一种学理上的误解。在中国人的话语系统中，文明样式一般是指某种知识理论体系或精神文化的内在特质、价值目标和意义向度及其显露的形态或形式，如“道德样式”“文学样式”等，而范式所指则是科学研究方法论，当“范式”搭配哲学、人学时，其语义和语形实则是“哲学（研究）范式”“人学（研究）范式”。如今一些学者倡导的“哲学范式转换”“人学范式转换”，所指，实则是“哲学样式转换”“人学样式转换”。最后，坚持在唯物史观的指导下理解和把握思想政治教育研究范式的逻辑结构。

历史地看，思想政治教育研究范式之结构要素中的“科学共同体”“研究传统”“理论框架”“研究方式”“话语体系”等都是具体的，都具有鲜明的国情特质，不仅是历史范畴，也是民族范畴。恩格斯曾在《反杜林论》中论及“第三类科学”时指出，“第三类科学”是“研究人的生活条

① 笔者曾用俗语对方法借用和创新作如是比方：“如菜刀（工具方法），可以用来切菜、切瓜，可以用来宰鸡，还可以用来裁纸，其所以如此，皆因其‘貌’在‘刀’而其‘神’却在‘切’。在这里，‘借刀’全在借刀的‘切’之‘神’即刀之功用。世上的刀有很多种，但其功用却都在‘切’，正是‘切’使刀具有广阔运用领域，同时又使刀作为一种工具方法而存在方法的阈限。”（钱广荣：《关于道德悖论研究的方法问题——兼谈逻辑悖论对于道德悖论研究的方法阈限》，《中共南京市委党校学报》2009年第1期）

件、社会关系、法的形式和国家形式及其哲学、宗教、艺术等等组成的观念上层建筑”，其间存在杜林所鼓吹的“永恒真理的情况还更糟”[①]。思想政治教育作为马克思主义理论一级学科统摄下的一门二级学科，无疑属于这样的“第三类科学”。这种学科属性要求思想政治教育研究“借用”范式，不可将范式抽象化、一般化，而必须放在当代中国社会转型和发展的具体的历史条件下，尊重中国国情、世情和党情。

如此来理解和把握思想政治教育研究“借用”范式，就不会遮蔽其与库恩“自然科学研究范式”之间存在的“明显差异”，不至于使思想政治教育研究“共同体的成员”尤其是青年成员，在理解和把握思想政治教育研究范式的问题上陷入“未曾预料”的迷途和窘境。

①《马克思恩格斯文集》第9卷，北京：人民出版社2009年版，第94页。

思想政治教育研究范式论纲*

——思想政治教育研究方法的基本问题

思想政治教育有两大方法体系，即思想政治教育实务工作方法体系和思想政治教育研究方法体系。前者属于工具理性或技术层面上的方法体系，后者属于科学学范畴的方法体系。因此，我们借用托马斯·库恩发现并在其《科学革命的结构》中做了初步说明的范式理论来探讨思想政治教育研究方法的问题，旨在从思想政治教育学科整体上理解和把握思想政治教育研究方法的基本问题。

思想政治教育学科创立以来取得了多方面的巨大成就，同时也存在着诸多需要引起高度重视的问题，特别是研究方法上的分歧。一般说来，学科领域存在一些理论或学术观点上的分歧，不仅是正常的，而且是有益的。但是在关于研究方法论上的见仁见智就可能会从根本上影响学科的研究和发展进步。对思想政治教育学科的研究方法尤其应作如是观，这是由其意识形态属性和特殊使命决定的。

一、范式：科学研究与发展进步的方法论模型

科学史表明，每一门科学的发展与进步都离不开其特有的研究范式提

* 原载《思想教育研究》2014年第7期，作者为张耀灿、钱广荣，征得第一作者张耀灿同意，收录于此。

供的内在张力。范式在科学发展进步中形成和不断优化，同时推动科学的不断发展与进步，两者是相互依存、相得益彰的。

（一）范式的本义与本质

范式本属于科技哲学和科学学的范畴，具有世界性的广泛影响，但对于“什么是范式”这一问题，以往的人们却一直并未给予太多的关注。这个问题并不重要。英国科学学学者J.D.贝尔纳在《科学的社会功能》中开篇借用中国老子的“道，可道；非常道。名，可名；非常名”指出：“过于刻板的定义有使精神实质被阉割的危险。”[①]这是合乎科学研究尤其是人文社会科学研究应当遵循的规律和规则的。

范式本质上是反映和描述特定学科推进科学研究的方法论模型。它运用一定的概念和逻辑程式，概括把握科学研究之认识（知识）、实验（试验）和运用（转化）等活动的规律、规则及发展轨迹，是研究者从事科学研究的实践逻辑观和科学信念。

科学发展进步的差异，根本原因在于范式的不同。因此，理解和把握研究问题的方式（范式），在许多情况下比研究问题本身更重要。从事什么样的科学研究就会形成什么样的范式，用什么样的范式从事科学研究就会拥有什么样的科学。在科学研究中人们科研水准和成就存在差距的根本原因是范式状态存在差别，不论是国家、民族还是个人从事的科学研究，情况都是这样。

目前中国学界对范式最为典型的误读和误用，是习惯于在科研成果样式、科研方法或手段的意义上理解和使用范式，其学理弊端在于遮蔽了范式作为科学研究之方法论模型及其巨大的科学价值。

（二）范式的结构与特点

范式内含科学研究共同体及其共同拥有的学科背景、理论框架、研究

---

① [英]J.D.贝尔纳：《科学的社会功能》，陈体芳译，张今校，桂林：广西师范大学出版社2003年版，第1页。

方式和范畴体系等结构要素，是这些结构要素整合起来的科研机理、总体效应与逻辑力量。在范式结构中，科学共同体始终处于核心和主导的方面，决定着学科背景的整合和选择、理论框架的设计和把守、研究方式系统和范畴体系的廓清和运用，并深刻影响着范式的优化进程和必要转换。把握范式的结构与特点可以聚焦在“共同体”及其“共同拥有”上面，抓住“共同”就抓住了范式的“牛鼻子”。

科学共同体有两种，一是有组织的规范形式，二是无组织的松散形式。后者多为“散兵游勇”，因由“共同”的旨趣及“共同拥有”范式的其他结构要素而显示其共同体的存在。学科背景是指一门学科从事科学研究凭借的知识和理论基础，内涵既有“门内”的也有“门外”的，一般多为以往积累的科学资源“源远流长”，具有“科学史”价值。整合学科背景是每一门学科（乃至具体科研选题）开展科学研究的常规性准备工作，范式在这里的价值和意义是给予特定的逻辑警示，提供逻辑建构的方法论。理论框架指的是一定学科的基本知识与理论体系，一般通过特有的“原理”样式或样态表达出来。范式的理论框架是从学科对象、目标、任务和方法等基本学理层面区分不同学科的主要标志。研究方式包括研究方法，属于思维方式和行动技术层面的范式要素。一门学科的研究方式往往涉及多种思维活动和行动技术，从而形成一种需要廓清和理顺的研究方式或方法系统。范畴体系或话语体系多由学科的基本概念构成，在科学研究中充当运作工具和语言符号。将一门学科的运作工具和语言符号直接用于别个学科的研究，如将生态学的“生态位”等范畴直接用于思想政治教育研究，将生态文明用于政治、法制的实存状态是范式错位的表现，其弊端在于会造成概念上的逻辑混乱。

（三）范式的分类与功能

依据科学研究对象的不同，可以在总体上将范式划分为自然科学范式、人文科学范式、社会科学范式、思维科学范式。依此类推，可以进一步将范式划分为此下不同层级和类型的范式。

科学研究发展史证明，范式的功能集中表现在两个方面。其一，整合和汇聚科学研究各个方面的正能量，充当科学发展进步的内在逻辑张力。其二，是科学人才成长和成功的社会平台、机制和机缘。

（四）范式的优化与转换

范式优化是就范式结构要素的科学性及结构的合理性而言的。范式转换指的是范式在不断得到优化的前提下，发生总体结构和功能需要改变的倾向或趋势。一切科学研究的范式，都会随着科学本身的发展进步不断得到改善和优化，自然科学和工程技术科学的范式在特定的条件下还会出现"科学革命"，提出"范式转换"的学术话题，其结果又会反过来促使这些科学快速发展。

人文社会科学研究范式的情况有所不同，自唯物史观创立至今尚没有发生自然科学研究范式那样的"科学革命"或"范式转换"。这是由人文社会科学的意识形态属性和社会使命决定的。它注定人文社会科学的内涵和价值取向具有适应一定社会制度的选择性和倾向性，其研究范式若是需要发生"科学革命"性质的"转换"，那就意味着这门学科的意识形态使命走向"终结"。

思想政治教育是人文社会科学家族中一门实践性很强的特殊学科，具有所有人文社会科学的一般特性，同时又具有特别鲜明的意识形态特质和社会制度的选择性和倾向性。这是它的本质个性。维护和优化这种个性是促进思想政治教育学科建设健康发展，赢得不断发展进步的根本方法论路径。

（五）思想政治教育研究范式的学科定位

思想政治教育是理论研究与实践活动、课程教学与日常实务、人才培养与专业建设相统一的整体工程，必须要用自己的研究范式统摄自己的"家族"，实行学科定位。对此国务院学位委员会和教育部颁发的《关于调整增设马克思主义理论一级学科及所属二级学科的通知》、教育部颁布的

《普通高等学校辅导员队伍建设规定》，已经作了诸多方针政策性的规定。这就表明，有必要在思想政治教育学科及其归属的马克思主义理论一级学科的视野内研究思想政治教育范式问题，确立思想政治教育范式就是思想政治教育学科范式的学科观念，从根本上防止思想政治教育范式出现“学科盲区”或“学科异化”。

二、思想政治教育研究范式的整体性视野

所谓思想政治教育研究范式，简言之是指思想政治教育作为一门学科研究的共同体及其共同拥有的学科背景、理论框架、研究方式和话语体系。理解和把握思想政治教育研究范式，需要将其置于马克思主义理论学科的整体性视野内。

（一）思想政治教育二级学科的内在整体性问题

在这种整体性视野内，思想政治教育研究范式要贯通思想政治教育实务、思想政治教育理论、思想政治教育管理三大领域，以解决思想政治教育研究至今依然存在缺乏学科整体意识的偏向、纠正“两张皮”的痼疾。

（二）马克思主义理论一级学科的内在整体性问题

一是思想政治教育二级学科与马克思主义理论一级学科研究的整体性逻辑关系，二是思想政治教育学科与其他五个二级学科研究的整体性逻辑关系。分析和把握的目的是说明思想政治教育研究在马克思主义理论学科中的特殊地位与功能，凸显其在马克思主义理论学科研究和建设中的立足点、出发点和根本目的。

（三）马克思主义基本原理的内在整体性问题

马克思主义理论一级学科中的马克思主义基本原理，是其创始人基于剩余价值论的经济批判立场、用历史唯物主义整体性的批判范式创建起来

的。它是一种具有整体性特征的理论体系。把握思想政治教育研究范式的整体性问题，旨在分析和说明思想政治教育学原理与马克思主义基本原理之间“自然而然”的内在逻辑关系，后者对于前者之优化和建构所具有的根本性的方法论指导意义，澄明思想政治教育基本理论研究中存在的一些“离经叛道”的错误倾向与偏向。

三、中西方思想政治教育研究范式比较

（一）形成初期比较

人文社会科学的起源，一般“可以追溯到文明的萌芽时期，甚至可以进而追溯到人类社会的起源期”[①]。但是，对思想政治教育及其研究范式的起源却不可简单地作如是观，因为思想政治教育及其研究是阶级和国家出现以后的社会精神现象。不仅如此，不同的国家和民族，思想政治教育及其研究起源的时间节点也有所不同。这是进行范式形成初期比较的意义所在。

中西方思想政治教育及其研究范式，都起源于自己曾经的“轴心时代”[②]。其间发生的“历史事件”各不相同，又因为历史理解的真正对象不是事件，而是事件的“意义”，所以意识形态的观念文化也就在此后的发展中呈现出民族和国情的分野。

中国思想政治教育研究范式起步于孔子聚众讲学、创建于思想政治和道德教育之仁学体系的实际过程，雏形的理论框架是“述而不作”的《论语》。“述而不作”既是孔子实施思想政治和道德教育的实践方式，也是他进行思想政治教育研究的基本范式。《论语》作为中国最早一部关涉思想政治教育和道德教育的经典著述，其理论框架究竟应当怎样地给予梳理和

① [英]J.D.贝尔纳：《科学的社会功能》，陈体芳译，张今校，桂林：广西师范大学出版社2003年版，第18页。

② [德]卡尔·雅斯贝斯：《历史的起源与目标》，魏楚雄、俞新天译，北京：华夏出版社1989年版，第14页。

阐述，至今尚是一项未竟的事业。

西方思想政治教育研究范式，相伴西方哲学和伦理学思维的萌生而启蒙于前苏格拉底时代，成形于亚里士多德时期，具有相似于孔子聚众讲学却“述而不作”的特点。然而，其理论框架一开始便以文字著述的形式出现，甚至冠有近现代意义上的学科名称，如亚里士多德的《尼各马科伦理学》等。《工具论》在亚里士多德主义体系中具有特殊地位，在某种意义上可视为阐述思想政治和教育问题之研究范式的最早著述。

（二）学科背景比较

中国古代社会的科学研究没有学科分类。思想政治教育虽广涉各科内容以至揽及“六艺”，但却没有近现代意义上的哲学、伦理学、政治学、刑法学、教育学等学科位置，因而没有严格意义上的思想政治教育范式的学科背景。中国近现代的思想政治教育，由于阶级和民族对立与对抗的历史原因而并没有形成归属统一学科的研究范式，因而也就没有统一的或较为一致的学科背景。

西方思想政治教育研究的范式一直有着较为明确的学科背景，其主体是各种道德哲学和法学相混合的知识体系。

（三）科学共同体比较

中国思想政治教育范式的共同体成员多长期是教育思想家和书斋名人，隶属于统治集团的士阶层分子，以“传道、授业、解惑”为生者其实并不多。中国共产党领导下的思想政治教育的研究范式，其共同体核心成员自领导革命战争年代始多是领袖人物及其追随者当中的优秀知识分子。

西方思想政治教育共同体成员多为哲学家、宗教学家、政治学家和法学家，他们多是身份自由的知识分子，一些教育家和教育学家置身思想政治（道德）教育研究领域却一般不附属于统治集团，其人生多如同马克思创立唯物史观前的让·卢梭、伊曼努尔·康德等人那样。

（四）理论框架比较

中国古代思想政治教育理论框架体系的形态不明显，以家国一体的政治伦理和严于自律的修身主张为实质内涵，凸显“三纲领八条目”的教育培养理念和内容。其研究范式的学说背景和理论框架是孔子创建的儒学及其传承样式。中国共产党创建的政治革命教育的研究范式，其理论框架及学科背景主要是马克思主义基本理论及其早期的中国化形式，包括政治观、群众观、人生价值观和伦理道德观。这一传统范式要素至今并没有发生根本变化，也不必发生根本性的变化。

西方社会思想政治教育理论框架同样没有明显的体系和形态。其主体内容是民主法制和资本主义精神。后者的实质内涵是宗教和个性信仰自由，在马克斯·韦伯的《新教伦理与资本主义精神》中得到现代性的阐释。其理论框架具有一以贯之的特点，起于亚里士多德政治和道德哲学的逻辑理性与法制精神，在近现代以来的康德、黑格尔、麦金太尔、杜威、科尔伯格、罗尔斯等人的著述中得到充分传承和发挥。

（五）研究方式和话语体系比较

中国思想政治教育范式中的研究方式和话语体系经历了几个不同时期。古代传统范式是注重尊孔读经、注经立说。使用的核心范畴和话语体系是“仁者爱人”和“推己及人”，及其基本形式仁、义、礼、智、信、忠、孝、节、勇、和等。中国共产党思想政治教育研究的立足点和基本方式，过去是中国革命和战争的实际需要，话语形式既是马克思主义的，也是中国人民大众所喜闻乐见的。这种特性，今人可以从以毛泽东等为代表的共产党人的著述中领略一二。如今中国思想政治教育范式中的研究方式和话语体系，有待梳理、总结和创新、彰显。

西方社会思想政治教育传统范式是注重思辨与批判，崇尚创新。使用的核心范畴和话语体系是始于古希腊的民主法制精神和“四元德”——智慧、公正、勇敢、节制，及其基本的话语形式真、善、美、神、德、福等。

四、中国思想政治教育研究范式的当代发展

（一）历史机遇

20世纪80年代初高校思想领域内出现的“百家争鸣”的复杂状况，提出思想政治教育“科学革命”的当代任务，将思想政治教育研究范式的当代发展提上日程。党和国家思想政治教育主管部门适时出台相关指导方针和政策措施，为思想政治教育范式的当代发展提供了保障条件。老一辈思想政治教育工作者“敢为天下先”的开拓精神和率先垂范的榜样力量、组建队伍的智慧，以及合作性的原创型研究成果样式，为思想政治教育范式的当代发展搭建了共同体核心和理论框架，为范式的当代发展提供了前提条件和必备基础。

（二）发展现状

思想政治教育研究范式目前取得的成就包括：初步形成国家、地方、高校三级思想政治教育研究的科学共同体，及其共同拥有的学科背景、理论框架、方法系统和话语体系；初步建构了思想政治教育科学研究的领导体制和管理机制；初步形成了专业期刊平台；初步发挥了学科建设与人才培养的社会机制与机缘的功能；思想政治教育研究新人正在茁壮成长。存在的问题包括：科学共同体缺乏专业人员，不少地方的“思想政治教育研究会”将思想政治教育专业领域内的专家学者拒于门外；对理论框架的理解缺乏应有的相对共识；范式整体上缺乏学科整合功能和整体效应，难以立足于整体性的学科充分说明和解决“多张皮”现象。

（三）逻辑走向

中国思想政治教育研究范式的当代发展已经呈现三个势在必行、势在

可行的逻辑走向。其一，普及和强化思想政治教育学科理念，用学科范式统领思想政治教育研究各领域，并在此前提下纳入高校学科体系。其二，培育和倡导立足思想政治教育实践开展各种研究活动的研究方式和科研风尚，防止和纠正思想政治教育理论研究与思想政治教育实务之客观要求渐行渐远的偏向。思想政治教育实务是理论研究的逻辑根据和意义所在，理论和学术的"纯粹性"真谛只在于"纯粹"属于思想政治教育研究，而并不在于"纯粹"脱离思想政治教育实务，更不是离开实务越远越好。其三，总结和传承思想政治教育学科奠基者的中国精神，立足当代中国国情、党情和世情，恪守历史唯物主义的"看家本领"，促使思想政治教育学科发展成为当代中国人文社会科学家族中真正的"显学"，成为中国文化软实力体系结构最为重要的组成部分。

五、中国思想政治教育研究范式的优化建构

（一）优化科学共同体结构

优化科学共同体结构应遵循思想政治教育作为一门科学的研究规律、规则和要求，注重讲究实效，注意避开行政化。一是要调整和充实全国思想政治教育研究会及其学术委员会，使之充分发挥德高望重学者的引领作用（可根据科学共同体乃至整个思想政治教育学科建设的实际需要实行终身聘任制）、年富力强学者的骨干作用。二是要调整和充实各级思想政治教育研究会，吸收思想政治教育方面的专家学者入会并发挥学术咨询和指导作用，有些徒有形式的地方"研究会"应限期整改，否则可由主管部门考虑责令取缔。三要通过制订相关政策整合高校思想政治教育学科的教研人员，促其改变沿袭传统专业的科研范式，增强其共同体意识和协作精神。另外对于不具有规范组织形式的共同体，应建有共同体成员的常规联系方式和相关档案资料，为他们提供可以充分发挥才干的机会和平台。

（二）完善理论框架

当前学界公认度较高的思想政治教育理论框架，形成于思想政治教育学科创立至20世纪90年末这段时间。它既是思想政治教育学的理论框架，也是思想政治教育学科研究的理论框架。多少年来，整个思想政治教育研究活动基本上就是在这种框架中展开的。这表明它实际上已经成为整个思想政治教育学科建设和发展的学理基石和理论基础，应当倍加珍惜。理论框架的本性应是开放的，其发展和完善不能有完成时，需要促其不断走向优化。完善，不应简单地理解为框架边界的拓宽、内容的增多，以至使之变为无所不包的宏大体系；也不应简单地理解为使之内涵越抽象越好，以至失之空洞无物或空泛大话。理论框架趋向完善的唯一标准，应是客观反映思想政治教育学科建设与发展的基本规律，体现其主要规则。

（三）整合学科背景

思想政治教育学科是一个综合性很强的实践学科，其创立广涉哲学、政治学、伦理学、法学、社会学、教育学、心理学等不同学科，但它们之间并非“同一家族”的学科关系，有些甚至并不存在“家族相似”之处。但是事实证明，它们都可以通过整合而成为思想政治教育研究的学科背景。这既是思想政治教育范式优化的优势，也是其劣势所在。思想政治教育学科的奠基者们，在整合这门新学科的学科背景上作过诸多积极的探索，付出了艰辛的劳动，取得了可贵的成果，也给后学积累了整合学科背景的初步经验。整合思想政治教育研究范式的学科背景真谛是运用所涉学科的方法，而不是移植所涉学科的内容，更不是将所涉学科戴上“思想政治教育”的帽子或穿上“思想政治教育”的鞋子，实行本末倒置的移花接木，改变思想政治教育基本理论的框架和话语体系。

（四）廓清方法系统

思想政治教育学科创立30年来，已经初步形成了自己的方法系统。现在的问题是，立足于范式的优化建构，需要对业已成型的方法系统加以廓清，厘清其间的层次及逻辑关联，确立居于主体地位的方法发挥其主导作用。为此，需要特别注意把握几个学理问题：一是区分思想政治教育实务的研究方法与思想政治教育研究范式的方法两个不同领域的方法，同时建构两者之间的理论与实践之逻辑联系，将实务研究方法摄入研究范式的视野，发挥后者对前者的引领和指导作用。二是在研究方式上，特别是思想政治教育实务的研究方式上，要大量采用试验和实验研究的方式。这方面的研究应当注意吸收科学共同体成员（而不仅仅是实务工作者）参与，充分发挥研究范式的作用。三是注意“取他山之石，为我所用”，抵制“取他山之石，为他家砌墙”。当代西方社会一些如“价值澄清”“两难讨论”“伦理谘商”等有意思的主张，作为思想政治教育实务的方法值得我们借鉴，使之对我们有意义，而不应以此替换中国思想政治教育实务的方法，更不应以此混同于中国思想政治教育研究范式的方法。思想政治教育基本理论框架的研究，若要“拿来”诸如“现代生态主义”和“生活世界”等有意思的形上意见，首先应使之经过“中国化”的洗礼。若是生搬硬套就非但无益，反而有害。

（五）明确话语体系

思想政治教育研究的话语体系，内涵丰富而又独特，需要优化建构三个领域的学术话题。一是作为基本学理范畴的话语体系，即“思想”“政治”“教育”。思想政治教育之“思想”是一种“顶天接地”的思想体系，包含社会历史观的“思想”、“思想的社会关系”的“思想”、马克思主义理论一级学科内“家族相似”的其他二级学科的“思想”、教育对象的“思想问题”的“思想”等。思想政治教育之“政治”，显然不能作为“经济集中表现”的政治实体及其建构方式来理解，也不能作为一般的抽象概念来理解。它主要是通过“思想”来体现的政治价值与政治意义，包括思想教育的政治目标、受教育者的政治态度等。思想政治教育之“教育”是一种理论与实务兼行的特殊教育，既不同于一般专业人才培养的教育，也不同于面向基础教育阶段的思想品德的教育。它带有庄重、严肃的性质，因而具体安排不能离开灌输的方式，不可过分强调教育形式的活泼和“喜闻乐见”。

二是作为反映思想政治教育的本质、目标和任务的话语体系。这样的话语形式无疑须带有鲜明的意识形态“色彩”，能够集中而又准确地表达中国国情、中国作风和中国气派。诸如“马克思主义”“中国特色社会主义”“中国共产党领导”“社会主义核心价值观”之类的话语，在中国思想政治教育的研究中应当理直气壮地使用而不可有意无意地规避。为此，反对刻意追求用西方话语言说中国思想政治教育问题的做法是必要的。

三是承载思想政治教育内容的话语体系。大体上包含社会历史观、人生价值观和伦理道德观三个基本部分。中共十八大提出的“倡导富强、民主、文明、和谐，倡导自由、平等、公正、法治，倡导爱国、敬业、诚信、友善，积极培育和践行社会主义核心价值观”的教育内容，应当作为思想政治教育内容及其研究的基本话语形式融进思想政治的内容之中，成为思想政治教育研究的常用术语。

（六）贯通社会建设

思想政治教育实务作为中国共产党领导下的一切工作的“生命线”和“中心环节”，其主要领域在社会，属于社会建设范畴。因此，思想政治教育研究的视野，不能因其学科列在高等教育体系而局限在高校，应有全社会思想政治教育的内涵，尤其是关涉理论框架、研究方式和范畴体系的部分更应有社会大视野。这就要求，立足于高校学科视域的思想政治教育研究范式，其优化建构有必要贯通思想政治教育的社会建设，具备某种“宏观思想政治教育学”[①]的性质。从目前思想政治教育研究范式的结构情况看，贯通社会建设的优化建构之重点工作应从两个方面入手。一是扩充科学共同体，采取灵活多样的形式，广泛吸收社会上从事思想政治教育实务和科研机构的有识之士，参与思想政治教育的共同研究。二是传承前人创

① 沈壮海:《宏观思想政治教育学初论》,《思想理论教育导刊》2011年第12期。

建的思想政治教育研究成果及其理论框架，与时俱进地拓展其理论体系的社会视野，深化其相关部分的理论内涵，如关于思想政治教育的重点、环境和领导管理等内容，使之跟进思想政治教育研究的社会整体性要求。

六、中国思想政治教育研究范式的理解与运用

（一）理解和把握思想政治教育研究范式的历史回眸

这方面的研究，既可以从孔子奠基中华民族伦理道德和思想政治教育之文化基础的实际过程、孔门弟子传承仁学原典精神的得与失及其当代启示中，也可以从马克思创建马克思主义之两大科学发现的实际过程与经验、马克思主义中国化的研究范式中得到有益的启示。为此在历史的维度里进行典型案例的质性分析，是必要的。

（二）当代思想政治教育研究范式与人才成长与成功

这方面的研究，需要在对当代中国思想政治教育学科人才成长与成功的典型案例中展开，基本的方法应把数理实证和质性分析结合起来。与此同时，也应当揭示在理解和把握思想政治教育研究范式问题上的常见错误，说明其对于思想政治教育研究人才成长与成功的危害性。

（三）理解和运用思想政治教育研究范式的基本规则

这个领域的研究，需要在思想政治教育学科研究范式与其他人文社会科学研究范式相比较的基础上展开，说明运用宏观、整体、“模糊”的思维方式理解和把握思想政治教育研究范式的必要性和可行性。继而阐明理解和运用思想政治教育研究范式的基本规则，如恪守思想政治教育学科属性和使命、主动置身科学共同体、呵护基本理论框架、遵循历史唯物主义基本原理等。

七、中国思想政治教育研究范式的维护与管理

任何范式的维护和管理，作为一种科学研究的机制，都既是思想政治教育范式优化建构的组织保障，也是思想政治教育范式优化建构的题中之义。中国思想政治教育的学科属性和特殊使命，决定了其研究范式不同于一般人文社会科学的研究范式，党和国家主管部门对其优化建构实行维护和管理特别重要又应有所不同。

（一）总结思想政治教育研究范式形成的经验

要在总结思想政治教育学科创立30年来基本经验的同时，宣传在这个过程中形成的思想政治教育研究范式的重大意义，梳理和归纳思想政治教育研究范式“自发”形成的经验，给予科学理性的说明、拓展和深化，创建可以影响和指导全局的思想政治教育研究范式的框架理论。将思想政治教育研究范式的优化建构，作为一个方面的常规工作纳入思想政治教育学科整体建设的长远规划。

（二）开设“思想政治教育研究方法论”学位课程

如果说高等教育研究方法是高等教育学科的元知识，高等教育研究方法是研究生阶段学习的重点，那么，将“思想政治教育研究范式”的理论作为“思想政治教育研究方法论”列入思想政治教育专业学位点的学位课程体系，引导思想政治教育专业博士生和硕士生掌握“做学问”的本领，改变目前存在的思想政治教育专业研究生“不种自家田”和“借船出海不操橹”的状况，就是十分必要的。

（三）明确规定各级各类科学共同体的责任

有组织的科学共同体要切实承担作为研究范式之核心的重要责任，在思想政治教育研究中发挥示范和主导作用。在范式重要的结构要素如理论

框架和研究方式等受到不正常的干扰而面临可能变形、变性的时节，科学共同体应主动配合主管部门及时采取适当方式表明自己的态度，给予适时纠正和引导。

（四）实行质性分析和总体质量监控

要制订和运用相关指标体系，对思想政治教育研究范式发展状况实行跟踪式的质性分析，并定期对思想政治教育范式状况开展总体的检查评估，以使之适应当代中国思想政治教育学科建设和发展的客观要求。为此，主管部门需要建立专门的数据库。

以上各项探讨只是初步的，有些仅是浅尝辄止，甚至还只是停留在提出问题的节点上。科学发展史上，许多具有重大理论意义和实践价值的科研话题，往往只是在赢得更多人的关注之后才获得自己长足的发展和进步的条件。可以说，这也是科学研究和发展进步的一种范式，或范式的一种结构要素。期待本文能够产生这样的“范式效应”。

思想政治教育学的文明样式与研究范式析论*

——关涉思想政治教育学科建设的一个学理前提

概念内涵的统一是一切科学研究的学理前提，不统一就不可能进行任何有益于科学研究的对话，关涉一门学科之“学”的原理或基本理论研究的基本概念更是如此。思想政治教育学的文明样式与研究范式，是思想政治教育学科建设中的两个基本概念，反映该学科两个不同的重要领域，厘清两者的内涵与边界以保持各自内涵的规定性，并在此基础上探讨两者之间的内在逻辑关系，是思想政治教育学研究的学理基础，也是推动思想政治教育学科建设发展的学理前提。但是近些年来，一些探讨思想政治教育学研究范式及范式转换的文论，多没有作这样的区分，有的甚至将两者混为一谈。如“思想政治教育范式”“思想政治教育学范式”“人学范式”等，所指实则分别是“思想政治教育（文明）样式”“思想政治教育学（文明）样式”“人学（文明）样式”，而并不是研究范式。这种基本概念的学理性混淆，既妨碍人们正确理解和把握当代中国思想政治教育学的应有文明样式，也不利于拓展和深入对思想政治教育学研究范式的有益探讨。因此，在学理上对思想政治教育学（并非思想政治教育）的文明样式与研究范式进行比较分析和论述，是有必要的。

* 原载《思想教育研究》2013年第9期。

一、思想政治教育学作为一种文明样式

文明是指社会及其文化的进步状态或开化程度，是相对于野蛮和愚昧而言的。文明样式，指的是文明的个性，即某种文明区别于别的文明特有的性状或性征。它是一种具体的历史的范畴，不同的文明有不同的样式，同一种文明在不同的历史时代也有不同的样式。思想政治教育学界很少有人使用“文明样式”概念，本文使用这一概念意在醒目对应“研究范式”，以便于展现立意。

在历史唯物主义看来，任何思想理论体系作为一种观念文化都根源于一定社会的经济关系并受“竖立其上”的整个上层建筑的深刻影响，又以其独特的方式发挥“反作用”。这决定了每一种思想理论体系都必然是历史范畴，同时也是国情和民族范畴，有其反映一定历史时代特征的具体的本质属性、建构机理、结构模型、范畴体系、价值取向或功能属性。我们称这种独特的性状或性征为一定思想理论体系的文明样式（笔者曾在一些文章中发表过此类看法）。思想政治教育学作为特定时代的一种思想理论体系的观念文化，无疑也具有需要运用唯物史观方法论原则来认知和把握的独特性状或性征，存在需要探讨其文明样式的问题。

思想政治教育学作为一种文明样式，归根到底是一定社会的经济关系的产物，并受“竖立其上”的政治、法律和文化等基本制度的深刻影响，属于一定社会观念上层建筑的组成部分，具有意识形态属性，同时又表现出民族和时代的国情特征，这是思想政治教育学的本质属性之所在。有学者指出：思想政治教育是自从产生阶级以来就存在于不同社会形态、不同国度的一种社会实践活动，但是不同国家和民族、同一国家和民族的不同历史时代的思想政治教育是不一样的，甚至存在根本性的差别，而当代中国的思想政治教育与资本主义社会的思想政治教育更是不可同日而语、相

提并论[①]。此乃真知灼见。既然如此，思想政治教育学作为反映思想政治教育的观念文化和理论形态，其文明样式无疑也就存在阶级、民族和时代的国情差别。作如是观，是正确理解和把握思想政治教育学文明样式的方法论前提和基本原则。

正因如此，自古以来世界各国都没有把构建“放之四海而皆准”的超国情超时代的“元理论型”的思想政治教育基本理论，当作自己理论思维的推进目标和主要任务。在我国，“思想政治教育学”本质上应被视为中国特色社会主义理论体系的组成部分，抑或可直接称之为“中国特色社会主义思想政治教育学”，体现当代中国特色与气魄本是其必须具备的理论品质和文明样式。我们若是尝试创建“放之四海而皆准”的“元理论型”的思想政治教育学，既无必要，也无可能。即使最终被“创建”起来，也会毁损甚至抽走当代中国思想政治教育学应具有的理论品质。

在一定的社会里，“治者”及其“士阶层”依据政治、法律和文化基本制度相适应于经济社会建设及人的发展进步的客观要求，在承接传统的基础上，对自然而然产生于“一定社会的生产和交换关系”基础之上并自发流行的思想和价值观念进行“理论加工”，由此而创建思想道德和政治教育的原理或基本理论，并据此设计和实际指导思想道德和政治教育的实践，这就是思想政治教育学的建构机理。这种建构机理，使得思想政治教育学的理论体系，在任何历史时代都必然具有与世俗社会自发流行的思想观念和经验行为“相左”的价值取向和功能属性。因此，在唯物史观的视野里，思想政治教育学的建构机理不能被直观地解读为：有什么样的“生产和交换的经济关系”就“自然而然”地搭建什么样的思想政治教育学。

如在中国封建社会，自发产生于小农经济关系基础之上的思想观念（伦理观念）是“各人自扫门前雪，休管他人瓦上霜”的小农私有观念；它在“仓廪实”和“衣食足”的情况下，人们会“知礼节”和“知荣辱”。但是，它的社会属性缺乏“大一统”的政治特质，与封建国家管理和社会

① 赵康太、李英华：《中国传统思想政治教育理论史》，武汉：华中师范大学出版社2006年版，序第1页。

建设的整体需要并不相适应。孔子创建的仁学伦理文化提倡“推己及人”和“为政以德”，其范畴体系及价值取向与小生产者的自私自利意识是“相左”的，故而在西汉初年被统治者推崇到“独尊”的地位，成为中国封建社会的主流思想道德和政治文化。儒学文化的历史命运与其独具的这种文明样式和学说品质是直接相关的。中国历史上，尽管如同并无以“伦理学”命名的道德原理或基本理论一样，也没有形成“思想政治教育学”，但是关于道德和政治教育的思想理论或学说主张精深博大、自成体系，因而有其独特的文明样式是毋庸置疑的。这与儒学之“思想政治教育学”的建构机理直接相关。

再如在资本主义社会，在私有制经济基础之上自发形成的思想观念和行为习惯，本是自发地尊崇“人对人是狼”和“人与人是战争关系”的思想观念和价值取向。这使得后来与之“相左”的“合理利己主义”、人道主义及推崇博爱精神的宗教信仰盛行，从而使得西方“思想政治教育学”体系基本结构的形成呈现历史必然之势。从这个角度看，个人主义的社会历史观和价值原则在西方社会实现与时俱进，能够展现某种科学性和进步意义，正是其作为一种文明样式的建构机理使然。不难理解，资本主义社会“思想政治教育学”原理或基本理论的实质内涵可以一言以蔽之：把尊重个人价值与尊重社会规则统一起来。相对于漠视个人尊严和价值的封建社会的“思想政治教育学”而言，这无疑是重大的历史进步。

这种辩证演绎的历史逻辑表明，以私有制为基础的社会从来没有直接、公开推行以个人（私人）为本位和中心的思想道德和政治观念。相反，总是以不同样式的“思想政治教育学”要求和引导人们关注他人和国家民族的利益，直至赋予后者以至高无上的神圣地位。因此，理解和把握思想政治教育学文明样式的建构机理，不可直观地使用形式逻辑或“线性逻辑”来推导，误以为一个社会实行什么样的经济制度就必然要直接建构什么样的思想政治教育学、实施什么样的思想政治教育，而要运用唯物史观的辩证逻辑，将思想政治教育学看成是反映现实社会的基本矛盾和发展规律，亦即反映政治、法律和文化基本制度等上层建筑适应经济社会建设发展客观要求的产物。由此看来，对如今社会上流行的那种为了发展市场经济就必须淡化以至取消为人民服务和集体主义教育的看法，思想政治教育学不仅不可采信，而且还应当运用唯物史观给予“原理”式的正面回应。

考察思想政治教育学作为一种文明样式的结构，首先要将其与思想政治教育实践联系起来，将两者看成是一种有着内在逻辑联系的整体，确立思想政治教育学体系的建设、发展离不开思想政治教育实践的整体性结构观念。这就涉及思想政治教育学体系基本理论的价值取向或功能属性问题，亦即“我们为什么要研究和创建思想政治教育学”的“出发点问题”。从目前思想政治教育学研究的旨趣看，笔者以为，有必要指出人的知行活动有时会“忘本”的这种“悖论现象”：路走远了、走宽了，反而会出现“迷茫”，渐渐淡忘初衷——我们究竟为什么要创建思想政治教育学。在这种情况下，确立“出发点问题”的史学意识或许是十分必要的。

20世纪80年代中期以来，一些拓荒的先驱者为改造和优化不能适应改革开放时代发展要求的思想政治教育实务，孜孜以求地创建我国思想政治教育学体系，很短时间内取得巨大成果，为创建思想政治教育学科作出了奠基性的贡献。这种学科盛事的出现，从根本上来说是以往热衷于思想政治教育实务的人们立足于思想政治教育新实践的结果。其间的经验，值得我们传承并发扬光大。然而毋庸讳言，近些年来，我们的思想政治教育学体系的基本理论研究和建设，在客观反映中国特色社会主义的规律、适应思想政治教育实践的需要等方面存在的差距，不是在缩小，而是在日益加大。其突出表现就是：一方面，思想政治教育实践面临需要运用“原理”来解读的问题和困惑越来越多；另一方面，投身原理研究的人给予应有关注的学术兴趣却越来越淡，因而给思想政治教育实务工作者“原理在远离”的印象越来越深。可否视这种“原理在远离”现象为思想政治教育学作为一种文明样式发展的逻辑方向？这是当前思想政治教育学科建设一个值得探讨的重大问题。

笔者以为，在关联思想政治教育实践的前提下，思想政治教育学作为一种文明样式的结构，大体可以在思想政治教育学原理的基础上分解出本体论、认识论、方法论、实践论四个基本层面。对此，本文限于篇幅和立意不作展开。

二、思想政治教育学研究范式的学理考辩

研究范式，即范式，本属于科技哲学和科学学的范畴，是托马斯·库恩正式加以分析和说明的。库恩说：他是在人们普遍认为“一个范式就是一个公认的模型或模式（Pattern）”而又“找不出更好的词汇的情况下”，为了避免“可能误导读者”才“使用‘Paradigm’（范式）一词”的。接着，他又明确指出，用“Paradigm”（范式）其实并不能“完全表达”他所发现的范式“通常包含的意义”[①]。20世纪末，范式随着科学学和科技哲学在我国的兴起而逐渐被广泛使用。包括思想政治教育学在内的人文社会科学研究借用范式，始于21世纪初。

范式是什么？目前我国学界的理解并不一致。有的认为它是一种理论体系，视范式为笔者如上所说的样式；有的认为它是科学研究的模式或模型；有的认为它是一种在长期的科学研究中形成的传统和话语体系，如此等等。其实，关于中国学界对范式的诸多理解究竟哪一种更符合托马斯·库恩的本义以及何以会有诸多不同的理解这类问题，并不重要；本属于科学学概念的范式是否可以被广泛运用到包括思想政治教育学在内的人文社会科学领域，这个问题也不重要。重要的问题是：是否需要甄别那些在思想政治教育学研究中已经被广泛使用的“范式”是不是范式、范式可否“转换”；是否需要和能否对思想政治教育学研究范式给出一种大致合乎学理的界说，使之逐渐具备必要的公认度和接受度。

从学理的角度考察思想政治教育学基本理论研究存在范式的问题及借用范式的必要性和意义，是毋庸置疑的。这样的考察应当在历史与逻辑相

① [美]托马斯·库恩：《科学革命的结构》，金吾伦、胡新和译，北京：北京大学出版社2003年版，第21页。

统一的视野里展开。既要如同考察其他范式一样，明确范式本是一种传统，把握它需要“历史地看”，也要对它展开逻辑分析。唯有如此，才有可能发现、真正理解和把握思想政治教育学的研究范式。

历史地看，人类社会自从出现关涉思想政治教育学基本理论问题的研究以来，就存在一种托马斯·库恩曾发现却并未曾用清晰的逻辑语言给予表述的范式。它的结构大体上有四个基本层面。其一，有一种旨趣和志趣相同或相近的研究共同体。一般来说，共同体的核心成员多为历史文化名人，在中国多为“士阶层”即孔子称誉的“三君子”（“圣人君子”“贤人君子”“士君子”），包括道学和佛学大家。在西方则多为有过突出贡献的哲学家和宗教学家。中外历史上的教育思想家和教育家大多也属于这种研究共同体的核心成员。思想政治教育学共同体的这种结构特点，与其他学科范式不完全一样。在其他学科范式中，科学共同体是范式的主导方面，有什么样的共同体也就会有什么样的范式，或者说共同体是怎样的，范式就是怎样的。正因如此，托马斯·库恩在描述他的范式时，甚至多次使用“共同体的范式”这样的命题方式，来表明他对科学共同体在范式中的地位与作用的高度关注。而在思想政治教育学研究范式的共同体中，唯有核心成员才是其范式的主导方面，既决定着共同体的整体模态和效能，也决定着思想政治教育学研究范式的整体功能和作用，因而从根本上制约着思想政治教育学文明样式的形成和发展，影响着思想政治教育实践的开展。正因如此，思想政治教育学研究共同体核心成员的“范式观”历来受到统治者的干预，也被共同体中呵护范式的其他成员乃至全社会广泛关注。其二，遵循一种共同的世界观特别是社会历史观，视本体论和基本的方法论原则为神圣的最高价值，将此奉为共同体共同拥有和遵循的指导思想和理论基础，以至被共同体成员奉为“注经立说”之本。其三，运用一种主导型的思维方式及其范畴体系和话语系统，对待“他山之石”采用借用而不是“移植”的态度。其四，有一个国家性质的管理机构和体制。思想政治教育学研究范式的这种结构，与其他学科范式不一样。这是由思想政治教育学体系的文明样式及其研究范式的生成机制决定的。思想政治教育学体系的意识形态属性，决定了其研究活动不能是完全自发、放任自流的，国家总是要将其研究活动和成果“管”起来。虽然历史上的统治者并不能在科学社会历史观的意义上自觉地意识到这一点，但治理国家和社会的客观需求和基本经验告诉他们必须这样做。实行国家干预，是思想政治教育学基本理论研究范式结构的一个最显著特点。

进一步分析，从结构特征来看，思想政治教育学的研究范式是一种清晰而又松散的科研机制和社会机理。它给人们的印象是确实存在着，但又难以说清道明，以至当人们觉得有必要加强“范式建设”或实行“范式转换”时，却又不知道从何说起、应当怎么办。这也是笔者主张慎言“范式转换”的一个视点依据。从功能特性和作用来看，它是开展和推动思想政治教育学基本理论研究和学科建设发展的社会条件和机制，同时也是思想政治教育学乃至整个思想政治教育研究方面的人才成长的社会环境和机缘，是一种“看不见”却可以感知其真实存在的内在动力和逻辑张力。托马斯·库恩称范式的这种功能和作用为“范式的优先性”，发现“研究它们并用它们去实践，相应的共同体成员就能学会他们的专业”[①]。当代中国思想政治教育学建设发展史表明，思想政治教育研究方面的人才成长及走向成功，所得益的主要是思想政治教育学的研究范式，而不仅仅是一门专业或一门课程，更不是一本书或几本书。从思想政治教育研究人才培养的实际需要来看，希冀一门课程或一本书之功用的看法，是有失偏颇的。由此观之，也可以说，思想政治教育学研究范式是思想政治教育学科建设和人才培养的创新机制和机缘。这也正是提出思想政治教育学研究范式的价值和意义之所在。从形成和发展过程来看，思想政治教育学研究范式的形成和发展是一种“自然历史过程”，这是它的规律和轨迹。一定时代的人们对其施加影响包括试图推动“范式转换”，只能顺其自然、因势利导，促其水到渠成。

概观之，思想政治教育学研究范式就是思想政治教育学的研究共同

① [美]托马斯·库恩：《科学革命的结构》，金吾伦、胡新和译，北京：北京大学出版社2003年版，第40页。

体，在国家干预和主导下，遵循一定的社会历史观和方法论原则并运用与此相关的思维方式、价值标准和范畴体系，研究思想政治教育基本问题的一种结构方式和运行机制。

三、思想政治教育学的文明样式与研究范式比较

托马斯·库恩用“科学形象”和“科学观”或“文化形象”分别表达科学本身（样式）的结构和科学方法（范式）的结构即“科学革命的结构”，将他发现的范式与具体门类科学的样式作了区分。并指出：“科学形象”的“成就被记录在经典著作中，更近期的则被记录在教科书中”；而“科学观根本不符合产生（笔者提醒：请注意库恩在这里使用的词是‘产生’!）这些书的科学事业，正如同一个国家的文化形象不可能从一本旅游小册子或语言教科书得到一样”。同时他又强调自己撰写《科学革命的结构》的旨趣就是要在学理上把科学范式同科学样式区分开来，因为范式“这样一种科学观大大地影响了我们关于科学的本质及其发展的理解”，而“我们在一些方面已经被教科书误导了”。库恩的这些意见，对于我们区分思想政治教育学作为一门科学的文明样式与其研究范式的学理边界，是颇有启发意义的。

总的来看，思想政治教育学文明样式与研究范式的共同点或相似之处，集中表现在二者都是人类社会精神文明的一种结构模型，在这种意义上也可以将研究范式看作一种文明样式；二者的形成和发展，在归根到底的意义上都是一定社会的基本制度的产物，因而都是历史范畴的意识形态，存在国情差别，具有时代特征。但是，两者毕竟不是同一类结构模型的文明样式，前者是意识形态存在论意义上的文明样式，后者是意识形态建构论意义上的文明样式，二者形成和发展的机理、规律和轨迹不一样，社会功能也不一样。

思想政治教育学文明样式形成和发展的机理，如前所说，是“治者”及其“士阶层”的文化人，对自发产生于“一定社会的生产和交换关系”

基础之上并自发流行的思想和价值观念进行“理论加工”的结果。它多以文本的成果形式被不断地记录在历史的档案里，沉积为一种具体的文化形态和精神遗产，给人一种厚重的历史感。一定的思想政治教育学文明样式，不会因为社会变迁而烟消云散，其存在方式对后续社会的意义和影响历来是双重的，既可能是财富也可能是包袱，可以同时作为借鉴与继承或批判与规避、进而实行与时俱进的创新的历史依据。因此，尊重由史而来的思想政治教育学文明样式，是每个历史时代创建新型思想政治教育学应秉持的学术前提和思维品质。当代中国思想政治教育学文明样式的创建，应当在尊重传统包括中国共产党在革命战争年代创建的思想政治教育之学说主张的基础上进行。

思想政治教育学研究范式的形成和发展则有重要的不同。由于不同时代的人们不断调整和更新其结构，它总体上呈现一种“自然历史过程”的逻辑走向。人们发现它真实存在于历史的长河中，却又难以直观地从历史的档案里找到它的踪迹，不易在学理上清晰地表述出“思想政治教育学范式是什么”，需要在思辨中触摸和感悟它的真实存在及其发展的规律和轨迹，建构和驾驭它的功能。因而，关于思想政治教育学研究范式的存在，人们的意见往往处于“说不清，道不明”或“见仁见智”的状态，以至有时甚至误将“样式”视为范式。托马斯·库恩在《科学革命的结构》中用其独特的语言描述了自己的发现，让我们感知范式存在的历史事实却又很难说清道明，原因也正在这里。在这种意义上，研究思想政治教育学慎用“范式”和慎思“范式转换”是必要的。实际上，不仅仅是范式这种文明形态，人类社会很多方面的文明发展史本来就是一种“模糊”的“自然历史过程”，今人对它们的认识和把握实际上还处于童年时期。

正因如此，思想政治教育学的文明样式总是伴随时代的变迁，经由继承和创新获得丰富和发展，乃至实现某种意义上的转型，虽然不可以转换。而思想政治教育学研究范式，则总是伴随时代的变迁而发生转型甚至转换。转型和转换的实质内涵和动因，是范式的主体结构即研究共同体构成、遵循的世界观和社会历史观、国家性质的管理和主导机构发生变化，乃至范畴和话语体系也发生了相应的变化。从另一面看，这也就是说，在范式的主体结构没有发生变化的情况下，是没有必要提出和推动“范式转换”的。硬是要推动，势必会致使范式变形，散失其内在机制和结构功能，殃及乃至在根本上损毁思想政治教育学的文明样式。

思想政治教育学文明样式受制于其研究范式，一定的研究范式建构一定的文明样式，这是思想政治教育学文明样式与研究范式之间的内在逻辑关系。历史上，两者不合逻辑的情况时常发生，在社会处于变革、需要创建新型文明样式时期尤其如此。在这期间，关涉不同世界观和社会历史观的争鸣，一批先知先觉者的出现，成为需要实行“范式转换”、创建新型范式的先决条件。这种历史现象，可以从春秋战国之百家争鸣中涌现儒者共同体、创建新的社会政治观和伦理道德观的文化变革等方面中看得很清楚，也可以从当代中国改革开放以来创建思想政治教育学科的艰辛历程中揣摩出一二。

思想政治教育学的文明样式特别是其“原理”样式，是思想政治教育的知识理论基础，从根本上影响着思想政治教育及其学科建设；也从共同体构成、社会历史观、范畴和话语体系的维度，影响思想政治教育学研究范式的结构和实际功能。思想政治教育学研究范式的功能主要表现在两个方面：一是直接干预和指导思想政治教育学文明样式的形成和发展，二是广泛影响其他人文社会科学的发展和繁荣。历史上，大凡思想政治教育基本理论研究共同体成员，尤其是其核心成员，多是人文社会科学方面的“多面手”，其学术视野多广涉哲学、伦理学、法学、教育学、经济学等领域，而不唯独是思想政治教育学。在现代思想政治教育学研究范式的共同体中，这种特点更为明显。它从人力资源的视角，观照了现代人文社会科学分支学科层出不穷、快速发展的一种内在动因。

在思想政治教育的整体结构中，思想政治教育学的文明样式与研究范式的逻辑关系及其整合功能，可以简要表述为：思想政治教育学研究范式影响思想政治教育学文明样式，思想政治教育学文明样式影响思想政治教育实践，由此而构成整个思想政治教育的学科体系。

四、结语

综上所述，区分思想政治教育学的文明样式与研究范式的不同对象和领域，并在此基础上建构两者之间的实践逻辑关系，是推进思想政治教育学科建设和发展不可忽视的一个学理前提。如今公认度较高的思想政治教育学的文明样式，是20世纪80年代传统思想政治教育实行“科学革命”的产物，在将样式误读为范式的情况下谈论其是否需要“转换”或朝哪个逻辑方向“转换”，并无多大必要。然而，对伴随如今思想政治教育学之文明样式形成的“科学革命的结构”，在坚持研究共同体应遵循的社会历史观与方法论原则、呵护传统基础和话语体系根基的情势下，讨论如何改进和优化思想政治教育学的研究范式，乃至广泛动员新生力量，积极探讨创建中国特色社会主义思想政治教育学的“范式论”或“范式学”的问题，却或许是很有必要的。本文对所涉论域的分析和论述还只是发现和提出问题。如果这些问题不是伪问题，则期待学界对其立意给予关注。

整体与相关析论*

——马克思主义理论学科整体性问题的思考

马克思主义理论一级学科增设以来，其整体性问题的研究一直受到学界的关注，但“整体性”目前仍然是一个较为模糊的概念，马克思主义理论的整体观还远远没有确立。其所以如此，与没有引进相关性的概念是相关的。整体与相关是两个存在重要区别又相互关联的概念。在整体性理念的指导下认识马克思主义理论学科内部的相关性问题，安排和开展相关的学科建设，是实现马克思主义理论整体性目标的应有理路。

2005年12月23日，国务院学位委员会和教育部在《关于调整增设马克思主义理论一级学科及所属二级学科的通知》的附件中强调指出：“马克思主义是科学的世界观和方法论，是反映客观世界特别是人类社会的本质和规律的科学真理。它既应该从哲学、政治经济学、科学社会主义等方面进行分门别类的研究，更应该进行整体性研究，完整地把握马克思主义的科学体系。‘马克思主义理论’就是一门从整体上研究马克思主义基本原理和科学体系的学科。”由此可见，培育马克思主义的整体意识，确立马克思主义的整体观，从整体上建设马克思主义，是增设马克思主义理论学科的根本宗旨所在，也是建设好这一学科的最重要的方法论原则。

马克思主义理论学科增设以来，一些著名学者一直高度关注学科人对马克思主义理论的整体性问题的理解，多次发起和组织马克思主义理论学

---

* 原载王伟光主编:《中国特色社会主义年鉴》,北京:中国社会出版社2009年版。

科全国性的“博导论坛”，在每次论坛上都发表自己对整体性问题的见解。“论坛”之外，一些学者也一直在探讨整体性的问题，他们在一些重要刊物上发表的看法，让人受到启发。但是毋庸讳言，如何理解和把握马克思主义理论学科的整体性问题目前依然存在，其突出表现就是：“整体性”在多数学科人的意识中仍然是一个模糊的概念，感到“说不清道不明”；马克思主义理论学科的整体观还远没有确立，甚至作为一种“提法”也没有取得应有的共识、得到应有的尊重；一些从事马克思主义理论研究的人对一级学科所属的二级学科思想政治教育和中国近现代史基本问题研究至今还持有“门户之见”；许多人在实际的学科建设包括马克思主义基本原理专业研究生的课程教学中仍习惯于走“分门别类”的老路，把“整体性”的要求丢在脑后。之所以会是这样，主要是因为没有适时引进相关性的概念，就整体性谈论整体性，以对整体性之重要性的宣示和说明替代了对相关性问题的细致分析，没有揭示和阐明马克思主义理论学科整体与其相关问题之间的逻辑联系，彰显由对相关性问题的分析到对整体的把握的方法论路径。

相关，即相互牵涉、相互关联、相互作用的意思。在语词学的意义上，中国人的话语系统从来没有“相关”的概念，与“相”有关的只有“相干”“相与”“相于”等词语，都属于伦理道德范畴，这与传统中国是一个“礼仪之邦”和“道德大国”、语言体系渗透着伦理和道德的价值意蕴直接相关。“相关”语词的缺失，使得我们缺乏在伦理关系之外运用“相关”的概念认识和把握事物的自觉意识和话语习惯，虽然今天的人们已经较为普遍地使用“相关”这一概念。

马克思主义哲学认为，世界是不同事物普遍联系的整体，某一特定的事物也是其内部各要素之间普遍联系的整体。马克思主义经典作家在阐述事物的“相互联系”（“种种联系”）时，一般都会同时谈到事物之间的“相互作用”。如恩格斯说：“当我们通过思维来考察自然界或人类历史或我们自己的精神活动的时候，首先呈现在我们眼前的，是一幅由种种联系和相互作用无穷无尽地交织起来的画面。”[①]又说：“我们所接触到的整个自然界构成一个体系，即各种物体相互联系的总体”，“这些物体处于某种联系之中，这就包含了这样的意思：它们是相互作用着的，而它们的相互作用就是运动”[②]。由此不难看出，从整体上考察事物，在方法上需要注意两个问题：其一，既要看到事物“相互联系”的一面，又要看到事物“相互作用”的一面；其二，要看到“相互作用”是事物运动、变化和发展的内在动力，是事物整体生态的实质内容，而“相互联系”则只是事物整体生态的外在形式，没有“相互作用”，也就无所谓“相互联系”。这就是说，在考察事物整体性的过程中，需要把事物的不同方面的相互关联的特性放在最重要的位置，同时通过分析和把握事物不同方面的相互作用，实现对事物的整体的把握。理解和把握马克思主义理论学科的整体性问题无疑也应持这样的方法和态度。

马克思主义作为知识体系，可以依据其研究的不同对象“分门别类”地划分为哲学、政治经济学和科学社会主义等不同学科，而作为意识形态的价值体系则不能作这样的划分，它应当是一个相互联系和相互作用的整体。

在意识形态的意义上，相关和联系不是同一含义的概念。联系，是用来描绘和说明世界的统一性以及一事物内部不同部分之间及其与外部其他事物之间的客观关系，是关于事物“纯自然”或“纯客观”状态的表达用语，虽然这样的表达用语从来都不可能是“纯自然”“纯客观”的，换言之，联系属于反映事物“在我之先”的“本来面貌”的真理观范畴。而相关则不同，当人们运用相关的方法观察和思考事物的时候，就首先在自己与事物之间预设和建构了一种价值关系，事物就必然会因此带上“人的因素”，烙上人的“价值尺度”，因而也就不可能是“纯自然”或“纯客观”的了。进而言之，相关属于“为我所在”的价值论范畴。诚然，相关也是一种联系，但当我们在相关的意义上谈论联系时，此时的联系就已经被预

①《马克思恩格斯文集》第9卷，北京：人民出版社2009年版，第23页。

②《马克思恩格斯文集》第9卷，北京：人民出版社2009年版，第514页。

设为“价值哲学”的范畴了，尽管这种预设或许是不自觉的。恩格斯说：“在社会历史领域内进行活动的，是具有意识的、经过思虑或凭激情行动的、追求某种目的的人；任何事情的发生都不是没有自觉的意图，没有预期的目的的。”[①]恩格斯在这里所说的“意识”“思虑”“激情”“目的”等，其实都是体现相关性的价值预设用语。

整体，是一个与部分相对应的客观范畴，反映的是事物的整体状态。事物是怎样的，整体和部分的关系就是怎样的，事物的整体就是怎样的。人对事物整体状态的认识和把握形成关于事物整体的整体性知识体系，由于人的认识活动不可能是“纯自然”“纯客观”的，所以在人的大脑里显现的“整体性知识体系”也从来不是“纯自然”“纯客观”的，而是与人的价值追问和追求相关的。这就决定了人关于事物的整体的认识和把握必然是在与价值追问和追求的过程中才能显现出来，关于事物的“整体性知识体系”必然同时也是与价值追问和追求相关的价值论体系，离开事物的相关性问题探讨事物的整体性问题，势必会导致事物整体抽象化和虚幻化，使整体性问题变得模糊起来。因此，坚持“相关”的认识和实践是把握一切事物的“整体”的方法论路径。整体性的问题本质上是一个相关性的问题。

马克思主义理论作为“科学的世界观和方法论”，作为“反映客观世界特别是人类社会的本质和规律的科学真理”，本身就不是“纯自然”“纯客观”的，而是马克思主义创始人及其一代代后继者在与其时代相关的认识和实践中形成和发展起来的。这种创造和发展如今仍在相关的认识和实践活动中进行，并将会继续进行下去，由此我们才有马克思主义中国化的历史进程和中国化的马克思主义的成果，这是马克思主义在其历史发展进程中已经展现出来的客观规律。马克思主义理论整体性的特质是依靠与其相关的特定时代的认识和实践活动建构的，不可离开相关的认识和实践活动来空谈其整体性问题。

进而言之，在马克思主义理论学科的研究和建设工程中，整体与相关

①《马克思恩格斯文集》第4卷，北京：人民出版社2009年版，第302页。

的区别主要体现在：整体是一种结构概念，反映的是马克思主义理论一级学科体系经由内部不同分支学科相互关联而形成的内在的逻辑结构，属于学科结构范畴。相关，即相互关联、牵连和涉及，是一种实践概念，反映的是马克思主义理论一级学科体系内部不同分支学科之间及其与外部环境因素包括其他一级学科在建设和发展中相互关涉、相互影响的实践关系，属于学科实践范畴。整体性问题讨论的是马克思主义理论一级学科的“学理性”关系，相关性问题关注的是马克思主义理论一级学科的“实践性”关系。整体与相关之间的联系主要体现在：整体的形成依赖相关部分的建构，相关的建构需要在整体观念的指导下进行。相关性的观念和方法把我们引向实践，实践的过程在相关的意义上体现不同部分内在的质的同一性，从而使不同部分在结构上形成整体的性征，这便是相关性与整体性的逻辑关系的实质。

因此，马克思主义理论工作者，不论以前和现在是从事哪个方向研究的，都应培育自己的学科相关意识和价值观念，为此都应有开放的情怀，开阔的视界，创新的精神。为此，就要厘清各种相互关联的“实践性”关系，如马克思主义理论一级学科同其他相关的一级学科之间的建设关系、一级学科与其内含的各个二级学科之间的建设关系、一级学科内含的各个二级学科相互之间的建设关系、一级学科同与其相关的高校思想政治理论课教学和研究之间的建设关系、一级学科的“上层建筑”与“下层建筑”之间的建设关系等。就目前的实际情况看，这些相互关联的实践性关系亟待在实际的建设过程中加以理顺。

以马克思主义理论学科所属的二级学科同与其各自相关的其他学科或“工作面”之间的建设关系为例，就存在思想政治教育学科与思想政治工作之间相关性不强的问题，其突出表现就是“两张皮”的现象依然存在，亟待理顺。如果说存在这一问题在思想政治教育学科设置以前是“情有可原”的话，那么在今天就是太不应该了。究其原因，表面看自然是学科整体意识没有形成，“学科”和“工作”两个方面的相关人员都缺乏思想政治教育学科的整体意识，但若是深究就会发现，根本的原因是相关人员缺少在学科整体意识的支配下的相关行动，他们对解决“两张皮”问题多止步在“重要性”的认识上。在“整体性”的学科视野里讨论解决“两张皮”问题的根本路径应是立足于开展相关的建设活动。

再如“上层建筑”同与其相关的“下层建筑”之间的关系，同样存在相关性不强、亟待理顺的问题。这涉及马克思主义大众化尤其是当代中国马克思主义大众化的根本性问题。马克思主义属于观念的上层建筑，观念形态的上层建筑与物质形态的上层建筑的建设不一样，它的对象、基础和功用都在“下层”。这样说，并不是要贬低更不是要否认马克思主义理论的“上层建筑”建设包括其统一的文本形式的思想政治理论课教材建设的重要性和必要性，而是要强调马克思主义理论建设的立足点和出发点应当与“下层”的人民大众“相关”，与马克思主义理论宣传和教育的“工作面”相关，因为马克思主义理论只有相关于千百万人民群众的自觉意识和自觉行动，相关于一代代新人的健康成长，才能展现其应有的世界观和方法论的价值和意义。

综上所述，探讨马克思主义理论学科的整体性问题，需要引进相关性的概念，将其与相关的建设和实践活动紧密地联系起来。马克思主义理论的整体观、整体意识及整体性格局的形成，需要在系统的相关的建设和实践活动的过程中逐步实现。

非科学语境：思想政治教育学科的整体样态与内涵结构“素描”*

学界目前关于思想政治教育实务之整体性和系统化建构的看法已趋向一致，而对思想政治教育学科之整体性和系统化建构的看法却依然见仁见智。众所周知，见仁见智对一个具体的学术课题而言是有益的，也是必要的，而对于一门新兴学科的内涵结构和整体样态来说却不仅未必有益，反而可能有害。然而，究竟应当怎样科学地论证和说明思想政治教育学科的整体性问题，目前人们似乎还很难找到公认的方法和原则。

社会科学发展史表明，一门学科为了科学地认识和表达对象，往往“不得不”借助非科学语言，“素描”①就是这样的语言形式。在西方哲学史上，“质料”“原子”“数”“物质”“质量”“运动”等这些本属于自然科学研究的范畴，都曾被用作“素描”哲学对象的重要概念，其中有些还传播到我国学界，一直被广泛使用。如果用“素描”的方法建构一种非科学的认知语境，对于科学地理解和把握思想政治教育学科的整体样态与内涵结构，或许会有某种启发意义。

* 原载《安庆师范学院学报》2015年第2期，原标题为《非科学语境：思想政治教育学科的整体样态与内涵结构刍议》，作者为钱广荣、闵永新，征得第二作者闵永新同意，收录于此。

① 素描是最古老的一种非科学语言，经过文艺复兴时期达·芬奇和米开朗基罗等人的创新而成为一切绘画艺术的基础。其功用在于培育绘画者的观察能力、造型能力、表现能力，让人“一目了然”地把握复杂事物的整体样态，并由此在审美想象中透视复杂事物的实质内涵。

一、思想政治教育学科整体样态犹如“一棵大树”

如果把思想政治教育学科整体样态看作一种生命系统，那么就可以将它“素描”为“一棵大树”。要使这棵大树保持正常的生态，就必须让其根植于专业文化丰腴的高校土壤之中，跻身于学科之林。

这样，思想政治教育学科就能从其他相关专业包括外域相近专业尽可能地吸收自己所必需的营养，与其他学科“分享”高校资源，从而成为一门真正的“新兴学科”。也唯有如此，思想政治教育学科才可能有资质和能力将其枝叶伸展到校园之外，与社会上思想政治工作的“中心环节”和“生命线”相衔接。一方面，经由“光合作用”吸收“中心环节”和“生命线”的新鲜氧气；另一方面，经过思想政治教育学科化和专业化的“氧化加工”，为“中心环节”和“生命线”输送科学化的营养和人才。

有学者曾将西方现代生态学理论引进思想政治教育研究，提出建构思想政治教育的“生态系统”的主张，在学界一度得到不少人的积极响应，同时也引发一些质疑。如果将思想政治教育学科整体样态和内涵结构“素描”为“一棵大树”的生命系统，而主要不是一种建构性的方法论原则，这种主张的合理性显然是值得重视的。

将思想政治教育学科的整体样态和内涵结构“素描”为“一棵大树”的启发意义还在于，关于“宏观思想政治教育学”的理论构想[①]可以由此在学科对象的意义上合乎逻辑地找到自己的学理前提和基础。同时也表明，这种理论构想的“宏观”是有限的，因为它可以作为题中之义融入思想政治教育学科基本理论体系，没有必要再剥离一种“微观思想政治教育学”与之相对应。概言之，“一棵大树”的“素描”可以刷新思想政治教育只是一种“工作”、一个“中心环节”、一条“生命线”的旧面貌，使之充分整合和吸收思想政治教育学科化——科学化的营养，而不至于像过去那样长期为无根枝叶的窘境所困扰，同时也就铲除了思想政治教育领域滋

① 沈壮海:《宏观思想政治教育学初论》,《思想理论教育导刊》2011年第12期。

生形式主义的土壤。

将思想政治教育学科整体形态和内涵结构“素描”为“一棵大树”，有助于启发和强化如下学科自觉。

其一，将思想政治教育科学化与学科化合乎逻辑地统一起来。学科，是一切门类科学的基础和摇篮。推进思想政治教育科学化，首先必须使其实现学科化，成为树大根深、枝叶繁茂的参天“大树”。从这种视角看，凸显思想政治教育在高校学科体系中的学科地位，理直气壮地为思想政治教育学科争取和赢得必须的生存和发展环境，是思想政治教育学科建设和发展的一大主题。

其二，纠正将思想政治教育等同于思想政治工作（实务）、仅属于党委工作系统职责的传统偏见，使其以学科的身份处于学校整体的运筹帷幄之中，真正能够按照高校学科建设的规范要求得到切实的加强和改进。

其三，以独立的整体样态处理好“邻里”关系，充分借用高校其他学科如哲学、政治学、社会学、伦理学、教育学、心理学等学科的思想理论资源。既不要视其他学科为“异类”，也不可与其他学科混为一谈，以至被其他学科“蚕食”或改变颜色。

其四，建立与“中心环节”和“生命线”的结构性逻辑关系，自觉避免和纠正思想政治教育的理论研究脱离实际需要的纯学术化偏向。

二、思想政治教育学科内涵结构的“数理关系”

思想政治教育学科的内涵需用一些数字来加以说明，由此而需要建构诸种“数理关系”。“数理关系”从一种独特视角观照思想政治教育学科的内涵结构，进而展现其整体样态。这是思想政治教育学科建设在许多情况下需要开展实证研究的内在根据。

人类发明数字，是要把复杂的问题“素描”为“不能再简单”的形式。在一定意义上可以说，数字与素描存在“天然”联系，素描艺术也是数字艺术，一种真正的“数理模型”。人类关涉社会科学方面的许多追问和诉求，往往就是用数字来表达的。诸如古希腊哲人主张把大千世界的本原归结为“数”的本体论意见，中国古代思想家用数字演绎的辩证逻辑解说复杂的现象世界之类的创造，不胜枚举。如易经的“八卦”之术，“道生一，一生二，二生三，三生万物”[①]、“三人行，必有我师焉”[②]等。朱熹甚至干脆把说不清道不尽的道德现象世界简化为“一”，推崇“诚者，一也”[③]。这些看起来极为简单的“数字意见”，其实都表达了古人的形而上学大智慧。在日常生活中，人们也常用诸如“一心一意”“三心二意”的数字语言，表达对某种或某类事物的评判意见和所持的态度。

15年前，笔者一篇题为《“数字”中的道德问题——由“粮食‘满仓’的真相”引发的思考》[④]的小文章，爆料了这样一个数字：时任国务院总理朱镕基在安徽省考察粮食问题时，曾看到安徽省南陵县峨岭粮站“粮食满仓”的壮观景象，后被中央电视台爆料原来却是当地的“父母官”为了表达自己的“辉煌政绩”，突击从全县各家粮站运去的1031吨粮食。该文用极为简单的数字言说了一个极为深刻的伦理学道理：社会风气好坏、人的道德品质优劣与否，在许多情况下是可以用数字来分析、说明和评价的！[⑤]

如果走出数学学科的门户，数字表达的人文社会现象一般都是非科学的、模糊的，常用语多为“多”与“少”、“大”与“小”、“远”与“近”等。

思想政治教育学科内涵至今依然存在不少似乎说不清道不明的“数理关系”，如果用非科学语言来给予“素描”式的表达，也许就能让人“一目了然”，以至“一览无余”。

---

①《道德经·四十二章》。

②《论语·述而》。

③《中庸·章句集注》。

④ 钱广荣：《“数字”中的道德问题——由“粮食‘满仓’的真相”引发的思考》，《道德与文明》1999年第1期。

⑤ 当年那位用数字哄骗朱镕基总理的人后来被当作“大老虎”打倒。他的落马与他积累的数字之“大”直接相关联。数字在他的身上又一次证明了一种历史辩证法：惯于玩弄数字的阴谋家和道德沦丧者终究难逃“数字游戏”的鞭笞和嘲弄。

第一，就思想政治教育对象的“多”与“少”来看，既有作为一切工作的“生命线”和“中心环节”的对象之“多”，也有作为“重点对象”——领导干部和青少年尤其是青年之“少”的“数理关系”。而后者之“少”，因其思想政治和道德素质关涉社会全局、维系国家和民族的未来而又内涵“多”的特质，因此通过开设“多”的思想道德和政治教育课程培育“少”的优良品质，是完全必要的。从这种“数理关系”的逻辑来看，一切试图挤压高校思想政治理论课教学时间的观念和做法都是不应当被允许的。

第二，就思想政治教育学科的建设者而言，有从事实务工作者之“多”与理论工作者之“少”之间的“数理关系”。在思想政治教育学科建设中，如果研究理论的人很多而真正做实际工作的人很少，或者从事思想政治教育实务工作的人花在“写文章”上的时间很多，而真正用在思想政治实务工作方面的时间实际上很少，这样的“数理关系”就不合逻辑了。就高校辅导员的职责而言，也有国家“8项”规定之“多”与其实际履责是否合乎规定之间的“数理关系”，如此等等。

第三，就高校思想政治教育实务的内容体系而论，按照中共中央、国务院《关于进一步加强和改进大学生思想政治教育的意见》的规定，有理想信念和“三观”教育、爱国主义教育、道德教育、民主法制教育、心理健康教育、就业能力教育等之“多”与单向内容之“少”的“数理关系”。不论对其认知是如何“说不清道不明”，若是能够厘清其间的“多”与“少”及其“数理关系”，也就应当是能够迎刃而解的。在这个问题上，我们不能不看到，目前思想政治教育专业存在的大多数研究生把大多数时间用在应对心理咨询资格考试而马马虎虎应付主干学位课程学习的现象，是“数理关系”错位的表现，若不加以纠正势必会最终架空国务院学位委员会和教育部《关于调整增设马克思主义理论一级学科及所属二级学科的通知》所规定的“培育目标”“业务范围”和“课程设置”的要求，大幅度降低思想政治教育专业高层次人才培养的质量。再说，在日常思想政治教育实务中，我们不应花最多的财力和精力开展“第二课堂”和心理健康教育，以至出现以此替代理想信念和“三观”教育的倾向。不然的话，就会淡化思想政治教育的“思想”与“政治”要求，迎合目前“去政治化”的社会思潮。有学者指出，所谓“去政治化”，是一种与“非政治化”“非意识形态化”相一致、鼓吹“价值中立”的社会思潮。高校思想政治教育如果出现“去政治化”的偏向，就会模糊思想政治教育学科的属性和使命。

第四，就心理健康教育本身而言，也存在一个“多”与“少”的“数理关系”逻辑。如果把大量或主要的精力放在心理出了问题的极少数、极个别学生身上，而置大多数学生对于健康心理之需求于不顾，那就颠倒了心理健康教育的“数理关系”。在这种问题上，当代美国人克里斯托弗·彼得森于20世纪末开创的“积极心理学”教育，开启了一个正确思考的方向和领域，他把立足点和着眼点放在绝大多数未成年人的健康心理培育上面。这是合乎社会和人发展进步的规律的。改革开放的竞争年代同血与火的战争年代一样，遵循的规律仍然是“大浪淘沙”，终归会有极个别的人因不能或不愿跟上时代步伐而被淘汰，指望“一个不掉队”实则是教育万能论的表现。诚然，关注少数人乃至个别人的心理健康问题，有可能取得用以指导多数人的心理健康教育乃至整个思想政治工作的经验。若是如此，那将是思想政治教育实务（工作）建设的一大幸事，然而事实好像并不是这样。

在唯物辩证法的视野里，上述思想政治教育学科内涵结构的“数理关系”，实质是部分与整体、个别与一般、特殊与普遍、主导与跟进的逻辑，所谓“数理关系”不过是一种“最抽象”的形而上学形式罢了。

三、思想政治教育学科的“家族谱系”

思想政治教育学科作为一门综合学科，广涉哲学、政治学、法学、伦理学、社会学、心理学、教育学、管理学等社会科学学科，是一种特殊的学科体系。它们之间不是“平起平坐”的关系，也不是内涵与外延的关系，而是体用关系和主从关系。如果可以将其“素描”为一种“家族谱系”，那么其内在结构则存在“本家”“近邻”和“远亲”的区别。其间，“本家”是主体和主导方面，“近邻”和“远亲”是方法和跟从方面，两个方面不可相提并论，混为一谈。

在思想政治教育学科“家族”中，“本家”与“近邻”和“远亲”学科的关系是相当复杂的。“近邻”与“本家”不一定存在“血缘关系”，但对“本家”之知识建构的影响往往最大，以至事实上存在改变“本家”之面貌和本色的可能。“远亲”虽然不如“近邻”管用，但由于与“本家”存在“血缘关系”，如马克思主义哲学的社会历史观尤其是唯物史观的方法论原理和基本原则，作为“看家本领”[①]而对思想政治教育学科建设的影响是极为深刻的，具有根本的性质，在意识形态本色的价值核心上维系着“本家”的前途和命运。

因此，建构思想政治教育学科的“家族谱系”，最重要的是要在唯物史观“看家本领”的指导下，创建一种新的基本理论体系，使之能够反映思想政治教育学科内涵结构和整体样态，成为学科整体性与系统化意义上的真正的“宏观思想政治教育学原理”。

思想政治教育学科自1984年设立以来，各个发展阶段都曾有“思想政治教育学原理”的代表作问世，为推动思想政治教育基本理论建设作出了标志性的贡献。其共同特点是以思想政治教育实务（工作）为对象，内涵关涉思想政治教育工作的本质、任务、对象、过程与规律、内容、原则方法、环境与途径、领导和管理等。它们影响广泛，但实则都是“思想政治工作学”，尚没有完整反映思想政治教育学科的整体样态和内涵结构。因而，从思想政治教育学科基本理论建设的实际需要来看，亟待拓展、深入和创新。

---

① 2013年12月3日，中共中央总书记习近平在主持中共中央政治局第十一次集体学习历史唯物主义基本原理和方法论时强调指出，要推动全党学习历史唯物主义基本原理和方法论，更好认识国情，更好认识党和国家事业发展大势，更好认识历史发展规律，坚定理想信念，坚持正确政治方向，提高战略思维能力、综合决策能力、驾驭全局能力，更加能动地推进各项工作。党的各级领导干部特别是高级干部，要原原本本学习和研读经典著作，努力把马克思主义哲学作为自己的看家本领，坚定理想信念，坚持正确政治方向，提高战略思维能力、综合决策能力、驾驭全局能力，团结带领人民不断书写改革开放历史新篇章。

经过创新的“宏观思想政治教育学原理”，应当具有如下一些重要的特征：一是体系的整体性，能够以完整的思想政治教育学科为对象，而不是仅仅以思想政治工作（实务）为对象；二是内涵的整合性，能够分析思想政治教育学科与其他相关学科的逻辑关系，说明思想政治教育是一门经过多学科整合的新兴学科，彰显作为中国共产党和中国特色社会主义的“看家学科”的本质属性和使命；三是方法体系的主导性，能够凸显唯物史观在思想政治教育学科建设之方法体系中的主导地位，从而使得“宏观思想政治教育学原理”的教学和研究能够同时成为普及唯物史观这种“看家本领”的重要渠道。

30年来，除了“思想政治工作学”，思想政治教育学科其他领域的科学研究也取得了丰硕成果和丰富的经验。这让我们具备了博采众家之长、创建思想政治教育学科新的基本理论体系的可能条件，现在需要的是确立“整体性和系统化”的学科理念，切实地行动起来。

四、思想政治教育学科犹如一项“建设工程”

在非科学的语境中，还可以将思想政治教育学科的整体样态和内在结构“素描”为一项十分重大的“建设工程”。任何一项“建设工程”都是一项系统工程，包括工程设计、用地勘察、材料选用和建筑队伍的培训和选拔等，施工过程中必须环环相扣，只有这样，才能顺利推进，保证质量。如此，就需要一个关于建设工程的总方案或总方法。

在社会工程哲学的视野里，思想政治教育学科建设无疑也是一项庞大而又复杂的社会建设工程，几乎很难找到哪一项社会建设工程可以与之相提并论。概观之，它内含理论研究、课程教学、日常实务、领导管理四大领域，每个领域都有其特殊的运作程序和质量标准。对此加以描述的“总方案”或“总方法”，既是理论的方法也是实践的方法，

一般说来，复杂的大建设工程都需要由总工程师来负责设计和实施总方案或总方法。思想政治教育学科建设作为一项庞大而又复杂的“建设工

程”，是否也需要有一种“总方法”和把握“总方法”的“总工程师”？如果需要，“总方法”应当是什么？由“谁”来充当“总工程师”？对于这类学科建设的学术话题我们的认知其实一直不是很清楚，这方面的学科自觉还不是很强。近些年来，一年一度的“研究报告”作为“施工质量”的监测报告是必要的，与此同时似乎还应有“施工过程”的监理报告，后者或许更重要。

缘于张耀灿先生早年所给予的启发，笔者近几年在思考思想政治教育研究范式或范式的问题，公开发表过一些粗浅的见解。那些多是浅尝辄止的一家之言，难以为信，故而引起一些同行的关注和疑惑。究竟什么是范式和思想政治教育研究范式？我目前只能用非科学的语言笼统地说：理解和把握托马斯·库恩发现并在其《科学革命的结构》中给予叙述的范式，需要借助某种“意会”和“顿悟”，因为它是一种关于科学研究和实践的“总方法”；思想政治教育研究范式或范式就是这样的“总方法”，是关于思想政治教育学科建设整体性的“方法论模型”①。尽管我们目前还难以说得清道得明它的“庐山真面目”，但它千真万确地存在着。我们也许没有必要急于运用科学术语阐明它，但是适时地发现、研究和把握它，运用它沿着整体性和系统化的思路来指导思想政治教育学科的“建设工程”，却是必要的。

令人受到鼓舞的是，探讨思想政治教育学科建设“总方法”之必要性，已经引起一些青年学者的关注。年轻人的参与势必将会逐渐把思想政治教育学科“建筑工程”之范式研究，推进科学的语境之中。这种参与和推进本身也是为科学史昭示、《科学革命的结构》有所触及的一种范式要素。

① 张耀灿、钱广荣:《思想政治教育研究范式论纲——思想政治教育研究方法的基本问题》,《思想教育研究》2014年第7期。

思想政治教育学科整体性的存在论澄明*

我国的思想政治教育，既是社会主义社会上层建筑的一个重要领域，也是人文社会科学体系中一个重要的特殊学科。所谓思想政治教育整体性，是就思想政治教育作为中国共产党的政治优势和优良传统之所在、马克思主义理论学科下设的一个二级学科的特殊地位与功能而言的，具有时态整体、空域整体和学科整体相统一的意蕴。

国务院学位办和教育部颁发的《关于调整增设马克思主义理论一级学科及所属二级学科的通知》（学位［2005］64号），立足于"思想政治教育在我国革命和社会主义现代化建设中，发挥着'生命线'和'中心环节'的作用，积累了丰富的实践经验和理论成果，是我们党和社会主义国家的优良传统和政治优势"的发展史描述，明确规定思想政治教育是马克思主义理论一级学科下设的一门二级学科，同时强调从整体上完整地理解和把握马克思主义理论学科的重要性。近十年来，思想政治教育学科建设在既成基础上又获得新的进展，然而其内部各要素之间相互脱离的"多张皮"现象依然存在。这表明，运用唯物辩证法和唯物史观的方法论原则，分析和说明思想政治教育学科整体性的对象和领域，亦即其存在论的逻辑根据，是十分必要的。

* 原载《思想教育研究》2015年第6期，作者为钱广荣、闵永新，征得第二作者闵永新同意，收录于此。

一、思想政治教育学科整体性存在的哲学依据

马克思主义哲学认为，物质决定意识，社会存在决定社会意识，任何事物的存在都是其内部各要素之间普遍联系的整体，世界是不同事物普遍联系的整体，最终统一于物质。因此，用普遍联系的整体观念认识和把握一切存在物特别是作为关涉人的发展问题的社会存在物，是最基本、也是最重要的方法论原则。理解和把握思想政治教育这门关涉党和国家一切工作的“生命线”和“中心环节”的新学科，尤其应当作如是观。

恩格斯说：“当我们通过思维来考察自然界或人类历史或我们自己的精神活动的时候，首先呈现在我们眼前的，是一幅由种种联系和相互作用无穷无尽地交织起来的画面。”[①]又说：“我们所接触到的整个自然界构成一个体系，即各种物体相互联系的总体”，“这些物体处于某种联系之中，这就包含了这样的意思：它们是相互作用着的，而它们的相互作用就是运动”[②]。由此不难看出，从整体上考察事物，既要看到事物“相互联系”的一面，又要看到事物“相互作用”的一面。理解唯物辩证法这一基本观点应看到，“相互作用”是事物“相互联系”之整体性存在的内在根据，也是事物整体运动、变化和发展的内在根据，因而是事物整体生态的实质内容。没有“相互作用”就无所谓“相互联系”，也就无所谓事物的整体性存在。由此看来，我们在考察事物整体性的过程中，要看到事物不同方面的相互联系，同时要把握事物不同方面的相互作用。理解和把握思想政治教育学科的整体性存在问题，无疑也应持这样的方法和态度。

思想政治教育学科作为上层建筑建设领域的实践活动，是一种维系我们党和国家前途与命运的极为重要的社会存在物，整体上由思想政治工作等相互联系、相互作用的不同结构层次构成。它与自然存在物和其他一般社会存在物不同的是，其内在结构不同层次之间的相互联系不是自在的，

①《马克思恩格斯文集》第9卷，北京：人民出版社2009年版，第23页。

②《马克思恩格斯文集》第9卷，北京：人民出版社2009年版，第514页。

也不是自发的，相互联系的整体状态如何取决于我们对它们相互作用的认识和建设是否科学，亦即是否合乎其生存和发展的规律。研究思想政治教育学科整体性存在的根本意义就在于告诫我们，要确立把合目的性要求与合规律性要求有机统一起来的学科自觉意识，任何漫无目的或随意取舍的态度都是不可取的。

历史地看，思想政治教育属于高等教育范畴由来已久。其发端，在我国若以“大学”之名为标志始于夏商，以稷下学宫及孔子创私学为标志始于春秋战国，以机构和教学为依据则始于西汉。在外国，最早可追溯到古埃及的海立欧普立斯大寺、古印度的塔克撒西拉大学、古希腊经久不衰的“学园”等。这些最早的高等教育所在，创办的宗旨都是为统治者培养治理国家和社会的专门人才，教育教学内容都是与政治相关的哲学、伦理学、宗教学及天文学，表明中外高等教育其实都是从思想政治教育起步的，具有极为鲜明的意识形态特质。高等教育在此后历史发展过程中，不断因社会分工和科学技术的发展进步而出现学科分野，但思想政治教育却长期没有独立的学科支撑。

思想政治教育学科的诞生，是20世纪末中国人实行与时俱进的一个创举，是一批过去长期从事“生命线”和“中心环节”工作的知识分子实行与时俱进的一大发现和发明。不论创建者们当初是否已经具备了学科的整体性自觉，但是毋庸置疑的是，既然被当作学科来建设就必须在整体性的学科理念引导下推进。

学科是对科学进行分类的结果和表现。如同社会分工产生职业一样，科学分类产生学科。任何一门学科都是一种整体性的结构存在，一般由人才培养、科学实验或试验、理论研究三个基本层面构成。就人才培养来看，思想政治教育学科的不同之处在于，其人才培养直接面向学校教育尤其是高等学校教育的所有学生。在我国，其根本任务是培养中国特色社会主义现代化事业的建设者和接班人，也就是要“运用马克思主义理论与方法，专门研究人们思想品德形成、发展和思想政治教育规律，培养人们正确世界观、人生观、价值观”[1]。培养具有这方面思想政治和道德素质的科技专门人才，包括专职从事马克思主义理论和思想政治教育专业教学和研究的专门人才，以及专职从事思想政治工作的专门人才，从而体现我国高等学校的社会主义大学办学方向和性质。这就要求思想政治教育在人才培养问题上必须要有学科整体意识，自觉接受马克思主义理论包括中国特色社会主义理论的指导，促使受教育者掌握科学的社会历史观和方法论。

二、思想政治教育学科整体性存在的学理基础

学理，“一般是指一门学科的科学原理和基本法则”[2]，它是学科生命力的内在根据，也是学科知识和理论体系的逻辑基础。它由学科的属性和使命决定，而学科的属性和使命又是由学科的特定对象规定的。

思想政治教育学科的对象，并非如同自然科学那样是具体的物，也不是如同其他人文社会科学那样是一般的社会关系或人与自然的关系，而是其学科整体视野里的特殊矛盾性。毛泽东说：“科学研究的区分，就是根据科学对象所具有的特殊的矛盾性。因此，对于某一现象的领域所特有的某一种矛盾的研究，就构成某一门科学的对象。”[3]思想政治教育学科的对象，就是构成思想政治教育学科整体各个结构层次之间的“特殊矛盾性”，如思想政治教育实务与思想政治理论课教学之间的“特殊矛盾性”、思想政治教育专业人才培养与日常实务和理论教学实际需要之间的“特殊矛盾性”，等等。

理解思想政治教育学科的对象、进而把握其学理基础，有必要区分与“思想政治教育”相关的三种对象及其学理基础，不可将思想政治教育学科对象与思想政治教育工作的对象、思想政治教育学的对象相提并论，混

① 国务院学位委员会和教育部《关于调整增设马克思主义理论一级学科及所属二级学科的通知》(学位[2005]64号)。

② 路丽梅、王群会、江培英主编:《新编汉语辞海》(下卷),北京:光明日报出版社2013年版,第1502页。

③《毛泽东选集》第1卷,北京:人民出版社1991年版,第309页。

淆它们之间的学理界限。具体来看，思想政治教育工作（思想政治教育日常实务）的对象指的是“一定社会、一定阶级对人们思想品德的要求与人们实际的现实品德水准的矛盾”[①]。思想政治教育学的对象，指的是从基本理论角度回答思想政治教育领域的根本性问题，如本质、目标、过程、规律、管理等的“特殊矛盾性”。思想政治教育学科的对象不是以思想政治教育的某个特定领域为对象，而是以思想政治教育学科所有领域结构的整体为对象，它的对象实则是一种“整体性对象”，或一个“对象体系”。由此看来，思想政治教育学科的学理基础唯有立足于整体性视野来构建，才能体现这门学科的“科学原理和科学法则”。进而言之，在理解和把握思想政治教育学科之学理基础赖以存在的对象问题上，应当确立这样的学科意识：思想政治教育学科对象可以包容思想政治教育对象和思想政治教育学对象，而后两者却不可以包容，更不可以替代前者。也就是说，离开整体性的视野，思想政治教育学科的命题就因失却学理基础而不复存在，所谓思想政治教育学科建设也就成为无稽之谈。

探究思想政治教育学科的对象，旨在把握它的学科属性或性质。众所周知，事物的属性、性质是由事物内在结构的本质联系决定的。列宁在研读黑格尔《逻辑学》时提出“辩证法的要素”，认为“人对事物、现象、过程等等的认识深化的无限过程，从现象到本质、从不甚深刻的本质到更深刻的本质”是“辩证法的要素”之一；又加以“说明和发挥”地指出，“辩证法是研究对象的本质自身中的矛盾”，要把握事物本质存在的层级差别，促使“人的思想由现象到本质，由所谓初级本质到二级本质，不断深化，以至无穷”[②]。用列宁的这种唯物辩证法思想来看思想政治教育学科的性质，即思想政治教育学科整体内部不同结构层次之间的本质联系，就应在承认其“本质自身中的矛盾”的前提下，顺延从“不甚深刻的本质到更深刻的本质”“由所谓初级本质到二级本质，不断深化，以至无穷”的认识路径，理解和把握思想政治教育学科的“更深刻的本质”，这就是它

① 张耀灿、郑永廷、吴潜涛等：《现代思想政治教育学》，北京：人民出版社2006年版，第6页。

② 列宁：《哲学笔记》，北京：人民出版社1993年版，第191、213页。

的社会主义意识形态属性。思想政治教育学科这种学科属性，决定了它在思想政治教育实务及其理论研究等方面承担着合乎和传播社会主义意识形态的使命。

毋庸讳言，思想政治教育学科设立以来，由于缺乏整体性的学科意识，加上受到国内外淡化意识形态思潮的影响，习惯于仅用“思想政治教育工作的对象”观，来认知思想政治教育学科的对象及其特定的学科属性和使命，故一直存在不能认识和把握思想政治教育学科“更深刻的本质”的问题。其突出表现，在高校就是有意或无意将思想政治理论课排斥在思想政治教育学科整体性视野之外，不恰当地强调思想政治教育的“可接受性”和“平等协商”之具体方法的运用，轻视思想政治教育工作必要的庄重性和严肃性，以至直接以心理咨询替代思想政治教育实务，冲淡思想政治教育实务必须服从思想政治教育学科建设的整体上必须彰显的意识形态主题的要求[①]。须知，东欧剧变是一个从渐变到突变、量变到质变的过程，主导这种过程的根本原因是意识形态出了问题。目前，意识形态领域的分野和对立在世界范围内依然存在，国际敌对势力试图通过输入西方意识形态推行“和平演变”、颠覆中国社会主义制度的惯用伎俩并未收敛。对此，思想政治教育学科要保持应有的警惕性，并主动承担抵制和消解其消极影响的学科使命。

意识形态是一种自觉、能动的思想观念体系，历来属于一定社会和社会集团。在一定社会里，人们总是会自觉或不自觉地按照一定的意识形态思考和选择自己的行动，而社会总是力图通过教育和宣传促使人们接受自己推行的主导性的意识形态。“一个试图逃避意识形态教化的人只可能是自然存在物，而不可能是社会存在物，也就是说，掌握一种意识形态正是

① 在唯物辩证法和唯物史观看来，人的心理活动不会超越其具体的人生境遇，包括其生逢斯时的社会历史条件，一切心理现象都不是抽象的意识，“心理”与“伦理”“法理”存在本源性的内在关联。因此，运用心理咨询方法梳理和排解人的心理问题，应当同时看到与此相关的“伦理”和“法理”乃至“政理”问题。不然，心理咨询之于思想政治教育就可能于事无补，不仅如此，还有可能恰恰掩饰了受教育者存在的思想道德和政治观念方面的深层次问题。

人们在任何特定的社会中从事任何实践活动的前提。”[①]马克思说：“在不同的财产形式上，在社会生存条件上，耸立着由各种不同的，表现独特的情感、幻想、思想方式和人生观构成的整个上层建筑”，并指出“通过传统和教育承受了这些情感和观点的个人，会以为这些情感和观点就是他的行为的真实动机和出发点”[②]。马克思在这里所说的，就是意识形态的社会属性及其功能。在这个问题上，思想政治教育学科所担负的“传统和教育”的使命是毋庸置疑的。功能取向的稳定性是意识形态最重要的特性，这种特性使得思想政治教育学科的性质和使命具有不同于自然科学学科和其他人文社会科学学科的稳定性。后者在“每一个人的生活与其父辈相比，其共同之处越来越少”的当代社会，“当我们开始认识科学发展的某种模式时，科学却又在向前迈进了”[③]。

思想政治教育长期没有相应的特定学科支撑，这是思想政治教育的“短板”。1984年，国家正式设立思想政治教育学科，弥补了这个缺陷。2005年，国家又增设马克思主义理论学科及其二级学科体系，在一级学科的整体性样式中“加长”了原先的“短板”，使得思想政治教育学科在明确学科属性和使命的语境中获得了空前的建设和发展机遇。设置思想政治教育学科的宗旨不是别的，就是要开展社会主义意识形态的认同研究和教育，彰显思想政治教育学科的意识形态属性和功能。诚然，思想政治教育学科的学理基础需要巩固和发展，因而需要有学术研究和科学化追求，但应看到，这种追求旨在凸显思想政治教育的意识形态属性和功能。如果不这样看，思想政治教育学科势必就会被泛化为其他一般的人文社会学科，就其属性和使命而言也就形同虚设了。

① 俞吾金:《意识形态论》,上海:上海人民出版社1993年版,第130页。

②《马克思恩格斯文集》第2卷,北京:人民出版社2009年版,第498页。

③［英］J.D.贝尔纳:《科学的社会功能》,陈体芳译,张今校,桂林:广西师范大学出版社2003年版,第4页。

三、思想政治教育学科整体性存在的学科逻辑

任何一门学科都有其自身的内在逻辑及其他学科的外在逻辑，由此而构成整体性存在论意义上的学科逻辑关系。思想政治教育作为新增马克思主义理论一级学科体系中的一门二级学科，也是我国人文社会科学体系中一门综合性很强的特殊的实践学科，与其他学科的关联度很高，这既是它的优势，也是它的劣势。前者表现在可以得益于其他学科之长，后者表现在可能与其他学科混为一谈，甚至被其他学科所肢解和替代，以至发生各学科性质的裂变或蜕变。因此，有必要厘清思想政治教育学科整体性存在的内在逻辑及其与其他不同学科的逻辑关系。否则，就可能会出现学科内涵不明、边界不清的认知偏差，直至出现违背学科设立初衷的不良后果。

首先，要厘清思想政治教育学科整体性存在之内在结构的逻辑关系。思想政治教育学科整体上应包含哪些领域？目前人们的认识尚处于见仁见智的状态，心理认同差距也大，这无疑会妨碍人们对思想政治教育学科的整体性把握。根据《关于调整增设马克思主义理论一级学科及所属二级学科的通知》对思想政治教育“学科概况”的描述以及“培养目标”和“业务范围”的规定，思想政治教育学科整体结构上应当包含四个基本层次，即思想政治教育实务（工作）、思想政治理论课教学、思想政治教育专业人才培养、思想政治教育理论研究。从应有逻辑关系来看，思想政治教育日常实务是学科的实践基础，也应是马克思主义理论教育的实验基地；思想政治理论课教学是实施思想政治教育的主要渠道，也应是学科的主要工作平台；专业人才培养是学科的骨干部分，也是学科建立外向逻辑的纽带；理论研究则是学科的科学标志，据此而与其他学科区分开来。

如此理解和把握思想政治教育学科内在逻辑关系的学科维度，需要解决一个至关重要的认识前提：发挥思想政治教育学科功能的主要途径是什么，是思想政治理论课还是日常思想政治教育实务，抑或两者兼而有之？如上所说，思想政治教育学科作为马克思主义理论学科设置的一门二级学

科，其功能是彰显社会主义意识形态属性。要做到这一点，除了将马克思主义理论教育和思想政治教育日常实务贯通起来，彻底改变“两张皮”这种非学科思维方式之外，没有别的选择。在这个认识前提之下开展相应的理论和实验研究，需要积极探索。为此，在顶层设计上创设一种新的体制和机制，实行统一的领导和管理是必要的。

其次，要厘清思想政治教育学科在马克思主义理论学科体系中的学科维度。从思想政治教育学科整体性存在的需要看，它要接受马克思主义理论的指导，把马克思主义研究成果运用于马克思主义理论教育和思想政治（实务）工作，以及专业人才培养。就人才培养而言，思想政治教育学科还存在与马克思主义理论学科体系中其他二级学科的“近邻”关系。虽然除了“中国近现代史纲要”课程以外，其他四门学科都设有各自的博士和硕士研究生学位点，似乎与思想政治教育学科并无直接的逻辑关系，但是依照学科整体性生态要求，思想政治教育学科的博士和硕士研究生的培养和日常实务，是不能与其完全脱离的。而换个角度看，马克思主义理论学科及其所属其他二级学科都需要思想政治教育学科的支撑，以确保它们的精神品质在高校思想政治理论课的主渠道地位，在全社会的“生命线”和“中心环节”中的核心价值地位。就是说，离开思想政治教育学科的支撑，马克思主义理论学科体系也就失却整体性存在基础。

概言之，唯有立足于学科逻辑的整体性视野才可以看到，思想政治教育学科作为马克思主义理论一级学科体系设置的一门独特二级学科，既可以获得“母体学科”丰富的营养，也可以保障“母体学科”获得生存和发展的广阔平台。

最后，厘清思想政治教育学科与具有边界关系的其他学科的学科维度。作为一门综合性很强的学科，思想政治教育学科广涉哲学、政治学、法学、伦理学、社会学、心理学、教育学、管理学等学科。在学科维度上，思想政治教育学科与这些学科之间不是“平起平坐”的关系，也不是内涵与外延的关系，而是体用关系或主从关系。如果将它们描绘成一种家族式的“学科谱系”，那么，其生态维度则是“本家”“近邻”和“远亲”

的逻辑关系。其间，“近邻”与“本家”不一定存在“血缘关系”，如社会学、心理学和管理学等，但对“本家”的影响往往最大，以至事实上存在改变“本家”之面貌和本色的可能。“远亲”虽然不如“近邻”实用，但由于与“本家”存在“血缘关系”，如马克思主义哲学的方法论原理和基本原则，作为“看家本领”而对思想政治教育学科具有根本性的深刻影响，在意识形态本色的价值核心上维系着“本家”的前途和命运。就是说，厘清思想政治教育学科与其边界学科的学科维度，最重的是要分清“远亲”与“近邻”的逻辑关系，立足于学科的“血缘关系”建构生态维度。

以上分析的思想政治教育学科的三种学科维度，作为一种整体性的实存方式实际上是交叉、重叠在一起的，我们只是为了认知的方便才将它们相对地分解开来。

四、结语

综上所述不难看出，思想政治教育学科作为一门特殊学科的整体性存在是毋庸置疑的。在整体性的意义上理解和把握思想政治教育学科的根本途径，是建构思想政治教育学科范式。这样的创建工程需要从创建思想政治教育学科范式的基本理论做起，本文所论不过是不揣浅陋提出一个学术话题而已。

学科范式或范式，是当代美国学者托马斯·库恩发现并在其《科学革命的结构》中加以分析阐述的。范式理论在21世纪初传进我国后，迅速在哲学社会科学领域传播开来，并影响到思想政治教育学科的理论研究。然而，一开始人们多在学科研究方法或“方法论模型”[①]的意义上给予运用，并不合乎托马斯·库恩范式理论的本义。所谓范式，实则是指一定学科整体性存在和建设发展的动态结构模型，包含科学研究共同体及其共同

① 张耀灿、钱广荣：《思想政治教育研究范式论纲——思想政治教育研究方法的基本问题》，《思想教育研究》2014年第7期。

拥有的学科背景、理论框架、研究方式和范畴体系等五种要素。范式作为科学学范畴的提出是20世纪科学史的一大发现，其意义在于提醒人们，每门学科的建设和发展都有整体性的特定范式，当其面临“科学革命”时就需要“转换”的机遇，适时跟进会给学科建设和发展注入新的生机。

创建思想政治教育学科范式，事关思想政治教育学科整体性建构全局，关涉这门学科建设发展的前途和命运，需要思想政治教育学科建设者坚持不懈的探索。

思想政治教育之“思想”析论*

——关涉思想政治教育学科核心范畴的一种学理分析

思想，一般是指关于事物的理性认识，也指特定的知识理论体系，如毛泽东思想、“三个代表”重要思想等。依据《关于调整增设马克思主义理论一级学科及所属二级学科的通知》的规定，思想政治教育之“思想”必须成为思想政治教育学科的核心范畴和学理基石，同时又是思想政治教育一个开放的逻辑系统。

从目前实际情况看，学界对这一核心范畴和学理基石尚存在“思想模糊”和“思想混乱”的问题。如理论研究存在“思想淡化”的倾向，课程教学存在“思想缺位”的问题，日常实务存在“思想淡出”的现象等。这些问题的存在，影响人们对思想政治教育学科属性和使命的科学理解和把握。因此，对思想政治教育之“思想”进行学理分析和阐述是必要的。

一、思想政治教育之“思想”的基本形态

思想政治教育之“思想”大体有四种基本形态。

---

* 原载艾四林、王明初主编：《社会主义主流意识形态与当今中国社会思潮》，北京：人民出版社2014年版。

（一）作为社会历史观和人生价值观的“思想”

这种“思想”在任何历史时代都是“统治思想”，而“任何一个时代的统治思想都不过是统治阶级的思想”[①]，因而具有主流意识形态的特征。作为中国共产党的政治优势和优良传统，这种“思想”就是马克思主义的社会历史观和人生价值观及其中国化的思想理论形态。它在战争年代被写进党的章程和相关文献及领袖人物的大量著述中，在中国共产党成为执政党之后作为治国理政的指导思想和主导价值观，在被写进党章的同时受到国家根本大法的确认和保护。

《关于调整增设马克思主义理论一级学科及所属二级学科的通知》规定：“思想政治教育是运用马克思主义理论与方法，专门研究人们思想品德形成、发展和思想政治教育规律，培养人们正确世界观、人生观、价值观的学科。”这种规定明确了思想政治教育学科的属性和使命，体现了思想政治教育之“思想”的社会主义意识形态属性。因此，作为社会历史观和人生价值观的“思想”，在思想政治教育之“思想”中的主体地位和主导作用是毋庸置疑的。虽然它随着中国特色社会主义实践进程的深化需要不断丰富和发展，但是对它须持“万变不离其宗”的学术立场不可改变。

把作为社会历史观和人生价值观的“思想”传授给大学生，帮助他们确立马克思主义的社会历史观和人生价值观，是高校思想政治教育的首要使命和根本任务。

（二）作为相关边界学科的“思想”

这种“思想”，可以从两种基本视角进行学理分析。一是马克思主义理论一级学科下设的其他五个二级学科的“思想”，它们与思想政治教育之“思想”是“家族相似”的逻辑关系，而在思想政治教育学科中如上所说又是思想政治教育之“思想”体系的“家庭成员”。

马克思主义理论学科之外，与思想政治教育存在边界关系的其他学科

① 《马克思恩格斯文集》第2卷，北京：人民出版社2009年版，第51页。

如哲学、政治学、伦理学、社会学、教育学、心理学等都有自己独特的“思想”，它们一般不属于思想政治教育之“思想”的范畴，却对思想政治教育之“思想”的传播和价值实现发挥着载体和媒介的重要作用。因此，思想政治教育及其学科建设，离不开相关边界学科的“思想”的支撑。

但是，不能因此而体用不分，更不应本末倒置，刻意创建所谓“思想政治教育哲学”“思想政治教育伦理学”“思想政治教育社会学”“思想政治教育心理学”等，让思想政治教育之“思想”被遮蔽在相关边界学科“思想”之中，却又顶着“思想政治教育”的帽子。

就是说，既要看到思想政治教育之“思想”与相关边界学科“思想”的逻辑关联性，也要看到其与后者的原则区别。由此看来，那种主张将思想政治教育从马克思主义理论一级学科体系中独立出去、发展成为一种“大思想政治教育学”的看法，也是需要商榷的。

（三）作为“思想的社会关系”的“思想”

这种“思想”既是一种客观存在物，又十分抽象。

社会生活中的思想，历来是一种社会关系。马克思和恩格斯将全部的社会关系划分为物质的社会关系和思想的社会关系两种基本类型。列宁后来进一步明确指出：“他们的基本思想……是把社会关系分成物质的社会关系和思想的社会关系。思想的社会关系不过是物质的社会关系的上层建筑。”①在一定社会，“思想的社会关系”大体上有两种具体形态。一是自发的“思想观念”，表现为普遍存在的社会心理。恩格斯说：“人们自觉地或不自觉地，归根到底总是从他们阶级地位所依据的实际关系中——从他们进行生产和交换的经济关系中，获得自己的伦理观念。”②他所说的“伦理观念”就是一种社会心理意义上的“思想的社会关系”——伦理道德的“思想关系”。

二是经过“统治阶级思想”的加工和提升、成为“物质的社会关系的

①《列宁专题文集　论辩证唯物主义和历史唯物主义》，北京：人民出版社2009年版，第171页。

②《马克思恩格斯文集》第9卷，北京：人民出版社2009年版，第99页。

上层建筑”的“思想的社会关系”，属于特殊的社会意识形态范畴，因与同样根源于物质的社会关系的政治、法制等上层建筑相适应而成为上层建筑体系的组成部分。这种“思想的社会关系”的“思想”一旦形成，就会成为“心心相印”“同心同德”“齐心协力”的社会和谐元素，使“思想”成为一种精神力量和精神实体，一种“文化软实力”。

在思想政治教育中，作为“思想的社会关系”的“思想”，指的就是思想政治教育工作者与其对象之间的“思想关系”，它是思想政治教育的“精神共同体”。

过去学界多从主体性、双主体性或主体间性的角度，考察思想政治教育的“思想的社会关系”。这对于提醒人们重视思想政治教育的对象是有帮助的，然而它并没有创新和采用思想政治教育学的研究范式，因而也就没有揭示思想政治教育主客体关系之间的本质问题，赋予思想政治教育这种重要“思想”以本学科的实践理性。

（四）作为“思想问题”的“思想”

这种“思想”是就思想政治教育的主体和对象的思想素质缺陷而言的，大体有三种具体形态。一是误读社会现实产生的“思想问题”，二是误导人生发展出现的“思想问题”，三是心理障碍出现的“思想问题”。

三类“思想问题”目前都未被作为思想政治教育之“思想”的范畴写进思想政治教育理论叙述的文本，这是无可厚非的。因为它们具有可变性、广泛性、弥漫性的特点。不仅不同历史时代和社会发展阶段有不同的“思想问题”，而且不同的教育者和受教育者也有不同的“思想问题”，难以从学理的角度统一于“思想”。

但同时也存在一个质的探讨的学理问题：在思想政治教育基本理论研究和体系建构的著述中，可否为人们分析和把握这类“思想问题”给出一种方法论的“伏笔”和启示？回答应当是肯定的。如在阐述人生价值观和伦理道德之“思想”部分，可以在正面阐述关于人生价值观和伦理道德基本理论的过程中，给出需要在唯物史观的指导下分析和把握其“思想问题”的现实表现、包括当前道德领域的突出问题的必要性和基本方法，这是可以做到的。

上述四种思想政治教育之“思想”，在思想政治教育学中应是一种“通天接地”的特殊的逻辑体系。其中，前两种都是经过理论思辨和“加工”的产物，主体部分属于观念的上层建筑范畴，可以用文本加以表述，反映思想政治教育之“思想”的意识形态属性。作为社会关系的“思想”是思想政治教育的精神基础和价值目标，而作为人生问题的“思想”则是思想政治教育的对象和任务。在思想政治教育学体系的建设中，以“思想”为特定的核心范畴和学理基础，将各种“思想”贯通起来，是推进思想政治教育学科建设的一项基本使命。

二、思想政治教育之“思想”的总体特征

思想政治教育之“思想”的基本形态，总体上有四大特征。

（一）科学性与价值性相统一

一般而言，科学性与价值性是相互包含、相互渗透和相互引导的逻辑关系。凡属于真理的思想都是有价值的，有价值的思想一般也是对事物的客观性和规律性的反映，具有真理的内涵。对思想政治教育之“思想”自然也应作如是观。思想政治教育之“思想”的这种总体特征，主要表现在它必须把反映社会和人发展进步的客观规律和现实要求统一起来，把展现自在的学科属性和担当给定的学科使命统一起来，把逻辑设定的目标和实际应对的任务统一起来。

在真理与价值相统一的意义上，思想政治教育之“思想”不仅作为核心范畴奠定了思想政治教育学科可靠的学理基础，而且也为整个马克思主义理论学科的建设和发展提供了共同拥有的思想资源和财富，并辐射和影响全社会。

（二）思想性与政治性相统一

政治的物质基础是一定社会的经济关系，本质上是通过国家意志和权力确认的社会关系，包含其实践层面的组织及社会活动。政治的根本问题是政权问题。

思想政治教育之“政治”无疑是思想政治教育学科另一个核心范畴。它与“思想”不同之处在于，一般不是直接地诉诸思想政治教育学的文字和文本，而是经由其“思想”包容和体现的。这就决定了思想政治教育之“思想”必然具有思想性与政治性相统一的特征。思想政治教育之“思想”，都含有一定的“政治”意蕴，思想政治教育之“政治”多是经由其“思想”体现的。

在这种相统一的关系中，“政治”体现了“思想”的实质内涵和价值即功能属性。“思想”的价值通过“政治”表现出来。思想政治教育之“思想”与“政治”，是思想政治教育学科相互依存的一对核心范畴。

中国共产党代表广大人民群众的根本利益，维护和巩固其执政地位，是思想政治教育的宗旨和学科使命所在。思想政治教育之“思想”如果离开“政治”诉求，就成了抽象的知识形式和符号。这种“思想模糊”是有害的，其成果不足以采信。

（三）理论性与实践性相统一

思想政治教育之“思想”的四种形态，尤其是马克思主义的社会历史观和人生价值观的“思想”，本身就是来源于社会和人的实存状态与发展规律的理论。分析和认识这类“思想”中包含的“实践理性”，从而把握其理论性和实践性相统一的逻辑关系，十分必要。这也正是高校思想政治理论课贯彻“实践教学”原则的学理所在。

“思想的社会关系”作为思想政治教育的一种“思想”形态，如前所说本质上就是实践的。至于“思想问题”的“思想”，正是因其基于社会实践产生才被列为思想政治教育的实际对象而成为思想政治教育之“思想”范畴。

从理论性与实践性相统一的角度来理解和把握思想政治教育之“思想”，可以避免将“思想”绝对知识化和文本化的认知误区，使得“通天接地”的思想政治教育之“思想”具备了独特的学科优势。

（四）国情与世情的统一

世界各国自古以来都有思想政治教育，但思想政治教育之“思想”存在国情差别，因而也存在“政治”差别。这种差别既是历史范畴，也是现实范畴。不同国家的思想政治教育在不同的历史时代面对的国际环境都有所不同，因此思想政治教育之“思想”也存在世情差别。从而使得思想政治教育之“思想”总体上具有国情与世情相统一的特征。在这种相统一的逻辑关系中，国情特征始终是主导方面。

国情与世情相统一的特征，决定了“通天接地”的思想政治教育之“思想”是一种开放的逻辑系统。

理解和把握当代中国思想政治教育之“思想”的这种总体特征，要围绕中国特色社会主义的道路、制度、理论展开，使之遵循和服从于中国特色社会主义现代化建设的客观要求。

三、思想政治教育之“思想”的逻辑建构

思想政治教育之“思想”作为一种“通天接地”的特殊的思想体系，其逻辑建构应遵循如下一些原则。

（一）坚持社会主义意识形态主导地位

思想政治教育之“思想”体系的建构，要坚持社会主义意识形态的主导地位。一般说来，“意识形态涉及到人类同人类世界的‘体验’关系”，它“所反映的不是人类同自己生存条件的关系，而是他们体验这种关系的

方式"[①]。而一定社会的主导意识形态，作为"统治阶级思想"，则集中体现了国家意志和社会理性。

思想政治教育之"思想"体系的逻辑建构，唯有坚持以马克思主义及其中国化的形态为主导，才能确保其社会主义意识形态的性质，体现其"政治"功能，实现其根本宗旨。

（二）推崇和实行服务思想政治教育实务的科研理念

思想政治教育之"思想"的研究乃至整个思想政治教育学科的创建，起步于20世纪80年代初期，内在动因是当初的思想政治教育不能适应实务工作的要求。这种不能适应的问题今天依然存在，根本原因是尚没有真正形成相应的科研理念。

因此，要培育和提倡立足和服务于思想政治教育实务的科研理念，形成相应的科研风尚，反对"原理远离"或脱离思想政治教育实务的学院化或经院化的科研作风。依据思想政治教育日常实务的发展和变化着的实际情况和要求，研究和彰显思想政治教育之"思想"及其与"政治"的实践逻辑关系，是培育和崇尚这种科研理念的基本理路。

（三）传承和创新思想政治教育研究范式

范式是托马斯·库恩发现并在其《科学革命的结构》中正式加以分析和说明的科学学范畴，他并没有给范式下过一个明确的定义。20世纪末，范式随着科学哲学和科技哲学在我国兴起而逐渐被广泛使用，包括思想政治教育学在内的人文社会科学研究借用范式，始于21世纪初。然而，人们对范式的理解和运用却一直不尽相同。所谓范式，简言之，就是指科学研究中形成的科学共同体及其共同遵循的研究传统、研究方式、基本框架和话语体系。思想政治教育研究的范式尚在形成之中，没有形成公认或大体上为人们认同的看法。

经过三十多年的创新和发展，思想政治教育研究正在形成自己特有的

① ［法］路易·阿尔都塞：《保卫马克思》，顾良译，北京：商务印书馆2011年版，第230页。

范式，并正在发挥“思想政治教育学科建设和人才培养的创新机制和机缘”[①]的巨大作用。

如同整个思想政治教育研究需要建构某种范式一样，思想政治教育之“思想”体系的建构也需要创建一定的范式。鉴于思想政治教育之“思想”是一种开放的特殊的思想体系。建构其研究范式，一要大量吸收新生力量特别要吸收常年面对“思想问题”的思想政治教育实务工作者参与，在思想政治教育共同体中营造尊重实践的科研风尚；二要传承思想政治教育之“思想”研究的良好传统，总结和宣传其中的有益经验，指出和避开其间存在的问题，以不断巩固和优化思想政治教育之“思想”的理论框架；三要刷新和丰富思想政治教育之“思想”理论研究的话语体系。

① 钱广荣:《思想政治教育学的文明样式与研究范式析论》,《思想教育研究》2013年第9期。

推进思想政治教育科学化的基本理路*

推进思想政治教育科学化本质上反映的是全面贯彻党和国家的教育方针、培养和造就一代代社会主义事业的合格建设者和可靠接班人提出的理论与实践要求，因此需要凸显“中国特色”，体现其中国化、时代化和大众化的内涵。推进思想政治教育科学化必须坚持历史唯物主义的方法论原理，把理论的科学化与实践的科学化有机地结合起来，为此需要建立必要的社会机制。

改革开放三十多年来，为适应中国社会和人的发展与进步的客观要求，思想政治教育科学化取得了丰硕的成果，积累了较为丰富的经验，同时也逐渐出现了一些需要认真对待的问题。为了贯彻《国家中长期教育改革和发展规划纲要（2010—2020年）》和全国加强与改进大学生思想政治教育工作座谈会的精神，进一步促进思想政治教育学科建设，我们需要在总结以往经验和分析存在的问题的基础上，厘清推进思想政治教育科学化的基本理路。

* 原载《思想教育研究》2011年第3期，中国人民大学书报资料中心《思想政治教育》2011年第7期全文复印转载。

一、正确理解和把握科学化的本质及其内涵

“科学”这一概念，既指反映事物本质或事实真相的理论和学说，也指建构反映事物本质和事实真相的理论和学说的方法。因此，科学化应当是科学理论和学说及其建构方法的有机统一，对思想政治教育作为一门学科的科学化问题自然也应作如是观。在笔者看来，推进思想政治教育科学化的本质及内涵可以简要地理解为：把反映思想政治教育的本质特性及实践规律等基本问题的理论和学说与其建构方法有机地统一起来的过程及其成果形式。

“科学化”是相对于“一般化”而言的，理解和把握思想政治教育科学化的本质及其内涵，需要反对“一般化”的思维倾向。众所周知，我国的思想政治教育旨在全面贯彻党和国家的教育方针，培养和造就有理想、有道德、有文化、有纪律的具有社会主义觉悟的一代代新人。这个根本宗旨维系着中国共产党的领导和社会主义国家的长治久安、关涉着中华民族在世界民族大家庭中的前途与命运。因此，不可将我国的思想政治教育与现代西方资本主义国家的“政治社会化理论”“公民与宗教”或“公民与道德”之类的“公民教育”相提并论。这就决定了思想政治教育科学化必须体现其中国化、时代化、大众化的内涵和特点。

中国化，就是合乎中国国情尤其是现代中国的国情，既能够科学传承中华民族的优良传统文化和人文精神，又能够科学反映中国特色社会主义现代化建设和人的发展与进步的客观要求，体现中国特色和中国气派。时代化，指的是思想政治教育必须是现时代的，能够正视和把握当代中国社会建设和发展所遇到的诸多矛盾和问题，包括突出矛盾和严重问题以及所面对的“经济全球化”的时情和世情，具有鲜明的时代风采和清晰的国际意识，能够科学地回答对外开放历史条件下思想政治教育不可回避的“中国问题”和“国际接轨”问题，正确看待和把握不同思想和价值观念之间的相互碰撞和渗透，坚持社会主义核心价值体系在思想政治教育内容体系

中的主导地位，展现思想政治教育的社会主义意识形态属性，把思想政治教育的科学性与其意识形态性有机地统一起来。大众化，指的是思想政治教育在目标、内容和方法与途径上，能够反映广大人民群众的关切、愿望和要求，为广大人民群众特别是青少年受教育者所理解和接受，具有普及和推广的认知意义与实践价值。这就要求，推进思想政治教育科学化要立足于“以人为本”，在此前提下把“社会需要”与“人的需要”结合起来。

由此看来，思想政治教育科学化之三“化”的统一，也就是中国国情、时情与世情的统一，而其内涵和核心应是贯通中国化、时代化和大众化三个关键词的中国化。也就是说，推进思想政治教育科学化的根本宗旨就是要凸显“中国特色”——中国特色社会主义现代化建设对人才培养的客观要求。因此，思想政治教育科学化的本质及其内涵可以概要地表述为：为适应科学传承中华民族的优良传统、反映当代中国特色社会主义现代化建设和人的发展进步的客观要求，促使思想政治教育实现中国化、时代化和为最广大人民群众所理解和接受的过程及其理论与实践的成果形式。推进思想政治教育科学化的进程也就是推进思想政治教育中国化、时代化和大众化的过程，把理论与实践创新同中国化、时代化和大众化的方法创新有机地统一起来的过程。在推进科学化的整个进程中，不可脱离当代中国社会“必须以更大决心和勇气全面推进各领域改革”[①]的国情及其所处的世情，一般化地抽象谈论思想政治教育的科学化问题。在方法创新上，不可有意避开我国思想政治教育应有的中国化、时代化、大众化的思维方式和话语样式，更不可刻意淡化和规避思想政治教育的“国别”标志，即中华民族精神和社会主义意识形态属性。

二、坚持运用历史唯物主义方法论原则

推进思想政治教育科学化，无疑必须坚持运用马克思主义的基本原理及其中国化的最新成果即中国特色社会主义理论体系。其中，最为重要的

①《中国共产党第十七届中央委员会第五次全体会议公报》。

就是要坚持运用历史唯物主义方法论原则指导思想政治教育科学化的理论建构和方法创新。

历史唯物主义是科学的社会历史观和方法论，它确认物质资料的生产活动是人类社会赖以生存的前提条件，生产力与生产关系、经济基础与上层建筑的矛盾是社会基本矛盾，这一社会基本矛盾运动是社会发展的内在动力，人民群众是历史的创造者，社会发展是一种自然历史过程。

在历史唯物主义的视野里，思想政治教育科学化进程的内在逻辑力量，是当代中国社会经济体制改革及其与上层建筑包括传统意识形态之间的社会基本矛盾。思想政治教育作为一门学科和科学的提出，正是这一社会基本矛盾运动的产物。20世纪80年代初改革开放拉开序幕后，随着传统经济体制的逐步解体和社会秩序的变动，中国人传统的思想政治和道德观念发生着深刻的变化，传统的思想政治教育面对严峻的挑战和空前的发展机遇。为应对这种急剧变化的形势，一些深爱这片热土的思想政治工作者，以开拓者的人生姿态积极推动思想政治教育的改革和科学化进程，促使思想政治教育最终发展成为一门新兴的专业和学科；他们自己也在这种奠基性的辛勤劳作和贡献中成为思想政治教育学科建设方面的著名学者和领军人物。他们的成功，基本的经验就在于他们坚持运用历史唯物主义社会历史观和方法论原则，观察、分析和把握思想政治教育科学化进程所面临的挑战。关于这个重要的经验，在他们的相关著述中有清楚体现。

首先，坚持历史唯物主义，就要尊重这种历史，视推进思想政治教育的科学化是一个“自然历史过程”，尊重前人在推进思想政治教育科学化过程中的辛勤劳作精神及其所创造的丰硕成果和宝贵经验。马克思指出：“历史从哪里开始，思想进程也应当从哪里开始，而思想进程的进一步发展不过是历史进程在抽象的、理论上前后一贯的形式上的反映。”[①]科学研究和发展史表明，尊重前人创造的财富和经验（包括失败和教训）是成功的必备前提和基础。如果试图抛开成功的历史经验另搞一套，那就违背了思想理论创新与发展的规律，既不科学，也无必要。

①《马克思恩格斯选集》第2卷，北京：人民出版社1995年版，第43页。

其次，坚持立足于改革开放和中国特色社会主义现代化建设的实际，从实际出发，深入研究思想政治教育所面对的新国情和新世情所提出的新问题。党的十七届五中全会在深入分析中国社会发展面临的形势后指出，必须以更大决心和勇气全面推进各领域改革，包括政治体制改革，同时又指出，必须坚持中国特色社会主义政治发展道路，坚持党的领导、人民当家作主、依法治国有机统一，积极稳妥推进政治体制改革，不断推进社会主义政治制度自我完善和发展。这个关于中国社会改革和发展所面对的形势的基本判断和基于这个基本判断提出的发展方针，无疑对思想政治教育提出了新的更高的要求，应是今后推进思想政治教育科学化的指导方针和出发点。

最后，坚持在历史唯物主义指导下开展推进科学化的方法创新。毫无疑问，推进思想政治教育科学化离不开方法创新，方法创新必须在历史唯物主义方法论原则的指导下进行，真实反映当代中国社会改革和发展对思想政治教育理论和实践创新的客观要求，贯彻中国特色社会主义理论体系基本精神。诚然，为了实行方法创新，我们需要加强“思想政治教育是什么”之类“根源”和“本原”性的形而上思辨，为此我们还需要探讨“与国际接轨”以取“他山之石”，包括吸收后现代主义人文思潮和伦理思潮中的有益成分为我所用，如胡塞尔关于“生活世界”的理论构想，哈贝马斯以社会交往为基础建立的“社会本体”论和“伦理本体”（“主体间性体”）论学说，以及杜威、陶行知的“生活教育”理论等。它们对于推进思想政治教育科学化及其学科建设所具有的方法论意义，是不言而喻的。但是，所有借用这些“他山之石”的创新之举，都不应当违背历史唯物主义的方法论原则，脱离当代中国的社会主义国情。否则，方法创新就会流于形式，出现实则为“方法贫困”的虚假的方法“创新”和“繁荣”。在笔者看来，近几年出现的主张用“生态的世界观”和“生态的方法论”创建“思想政治教育生态论（或生态学）”的学说，强调“德育目标来源于生活”、推进“德育（思想政治教育）生活化”的主张，以及关于“思想政治教育国际化”的主张，其实都是关于思想政治教育科学化的虚假命题，表明我们的方法创新确实存在走向“贫困”的问题。

出现这种“方法贫困”的表面或直接原因是把“方法移植”当成了方法创新，深层原因是违背了历史唯物主义的方法论原则。这从反面告诉我们，推进思想政治教育科学化的方法创新如果不能坚持运用历史唯物主义方法论原则，其结果就不仅难以真正推进思想政治教育科学化，反而会误导思想政治教育科学化的进程，甚至会使整个思想政治教育学科建设误入歧途。

三、把理论科学化与实践科学化有机结合起来

思想政治教育科学化，应包含理论科学化和实践科学化两个基本层面。理论科学化包含思想政治教育学科的科学理论体系的建构及其方法创新的科学化，实践科学化包含高校思想政治理论课教学内容体系及教学方法的科学化、日常思想政治教育工作模式及方法的科学化。

三十多年来，推进这两个基本层面的科学化进程都取得了丰富的成果和经验。理论科学化的推进，主要标志是在“原理”的层面上创建了思想政治教育的基本理论，其成果在指导思想政治教育学科的理论建设特别是研究生的教育培养中，发挥了积极有效的作用。实践科学化的推进，反映在高校思想政治理论课领域，主要标志是先后认真贯彻执行了两个“5号意见”[①]，在中央“马工程”统摄下调整和完善了课程体系。反映在日常思想政治工作领域，主要标志是广泛引进了心理学、管理学、社会学等学科的知识和技术，丰富了思想政治教育工作的内容和手段，以及将高校辅导员队伍建设纳入专业化、职业化的发展轨道。思想政治教育的理论科学化是实践科学化的基础和前提，实践科学化是理论科学化的目的和目标。在推进理论科学化的过程中推进实践科学化，指导科学化的实践，从而把

①《中共中央宣传部 教育部关于进一步加强和改进高等学校思想政治理论课的意见》(教社政[2005]5号)、《中共中央宣传部 教育部关于进一步加强高等学校思想政治理论课教师队伍建设的意见》(教社科[2008]5号)。

推进理论科学化与推进实践科学化有机结合起来，这应是推进思想政治教育科学化的主题和中心任务。

在这个基本理路上，目前存在的突出问题是推进理论科学化与推进实践科学化的发展不平衡，且两者之间存在相互脱节的现象。不少年来，思想政治教育理论研究和建设发展很快，但关注实践不够，理论越来越“理论”，因而离实践越来越远；实际工作者也缺乏主动学习和思考理论问题的意识和能力，特别是从事日常思想政治教育工作的人，成天忙于具体的事务，致使自己的工作往往缺少应有的科学内涵。因此，今后推进思想政治教育科学化的一个基本理路，就是要把理论的科学化进程与实践的科学化进程有机地结合起来。

一是要确立和强化思想政治教育学科意识。长期以来，思想政治教育领域存在的“两张皮”乃至“三张皮”的现象，是影响和制约思想政治教育科学化、发挥思想政治教育整体性效应的主要障碍。化解这一痼疾的基本理路和方法就是要确立和强化学科意识，在学科的意义上全面推进和逐步实现思想政治教育科学化，促使思想政治教育形成整体性合力。而要如此，就需要所有从事思想政治教育的人们转变思维方式，在学科的视野里统揽、统摄思想政治教育的相关领域。具体说来，从事思想政治教育理论研究的人们要有“眼睛向下”的学科意识和情怀，着力把自己所研究和创建的科学化理论运用于思想政治教育实践，使之转化为思想政治教育的实践价值。从事思想政治教育实际工作特别是从事日常思想政治教育工作的人们，要有“眼睛向上”的学科意识，自觉运用学科理论，注意总结实际工作的经验，将其上升到学科理论的层面，以丰富和发展思想政治教育学科的理论体系。如此坚持下去，就会逐步地把理论科学化和实践科学化有机结合起来，最终在整体上实现思想政治教育科学化。

二是积极开展思想政治教育科学化的实验。在自然科学研究、工程技术研究与推广中，科学实验是必备的重要环节。思想政治教育研究是否需要开展科学研究的实验，过去我们一直没有重视，不能不说这是推进思想政治教育科学化进程中存在的一个缺陷。思想政治教育是一门实践性很强的学科，开展科学实验本应是推进科学化的一个重要途径，也是推进科学化的题中之义。思想政治教育的理论是否科学、实践的设计和安排是否合乎科学，都需要通过实验加以证明。把理论与实践结合起来是否可行，是否符合科学化的要求，也需要通过科学实验来加以说明。推进思想政治教育科学化的科学实验，需要有组织地进行。据笔者所知，改革开放以来在推进思想政治教育改革和科学化进程中涌现的一些成果，在促进思想政治教育学科建设中发挥了积极作用，但多是“自发”性的，缺乏有组织的安排、设计和引导，今后推进思想政治教育科学化应当注意改变这种状况。

思想政治教育科学化的实验旨在验证思想政治教育理论的科学性及实践价值，取得真理性认识和典型经验以影响和指导思想政治教育全局，因此它不同于思想政治教育的宣传。后者旨在传播和拓展思想政治教育的实际效果，并不一定凸显思想政治教育的科学化和真理性的内涵。

三是要建立推进思想政治教育科学化的社会机制。机制，指的是工作机理或工作原理，是由制度、支撑制度的文化观念及执行制度和构建关涉制度文化观念之软环境的机构整合而成的。推进思想政治教育理论科学化和实践科学化，并将两者有机地结合起来，包括在学科视野里开展的科学实验，无疑也需要这样的工作机理或原理。这种机制的形成，不会是自发的，也不可能仅凭某种学术研究机构就能担当，它需要在国家相关主管部门的统一筹划和安排下，统筹和协调相关的多方面力量，经过一个发展过程，才能逐步形成。

论思想政治教育理论研究与建设的学术立场*

从事任何社会实践活动客观上都存在着立场问题，思想政治教育的理论研究与建设同样存在学术立场问题。在历史唯物主义视野里，思想政治教育理论研究与建设的学术立场就是立足于思想政治教育的实践。为此，需要自觉纠正“两张皮”的现象，具备思想政治教育的“实践问题”意识，开展思想政治教育的调查研究和理论运用的实验研究，并建立必要的立场协调机制。

思想政治教育作为一门学科，其理论研究与建设需要坚持开展学术创新活动，不断推出学术创新成果，人们对此没有任何疑义。然而，对思想政治教育理论研究和建设是否存在“学术立场”的问题，人们却很少关注。笔者认为，思想政治教育理论研究与建设的学术活动及其成果存在“学术立场”问题是毋庸置疑的。厘清和坚持这种学术立场，是思想政治教育理论研究与建设的内在要求。

一、思想政治教育理论研究与建设要厘清学术立场的依据

从学理上来分析，思想政治教育理论研究与建设存在学术立场问题是必然的。《辞海》中对立场一词作如下界定：立足点，泛指观察事物和处

* 原载《思想教育研究》2011年第6期。

理问题时所处的地位和由此而持的态度。在这里，“所处的地位”指的是人“观察事物和处理问题”时一种“在场”的客观事实，不依“在场人”的主观意志为转移，这决定了立场的客观性；“由此而持的态度”是一种“在场人”的主观倾向，一般会因人而异，这决定了立场的主观性。立场就是一种不以人的意志为转移又因人而异的主客观相统一的认识和实践范畴，而其本质方面则是人的“态度”。不同的人“在场”于同一种“事物”或“问题”，只可能因持不同的“态度”而有不同的立场，不可能因不持“态度”而没有立场（不持“态度”本身就是一种“态度”，一种立场）。在社会历史活动的领域内，人们作为认识和实践主体，面对其对象物的同时也就必然成为“在场人”主体，需要明确自己所处的“地位”，持有相应的“态度”，坚持相应的立场。由此推论，在科学研究尤其是人文社会科学研究的学术活动中，同样存在学术立场的问题，对思想政治教育理论研究与建设的学术活动自然也应作如是观。

我国思想政治教育的理论研究和建设的学术活动，如同当代西方资本主义国家“公民与宗教”“公民与道德”教育之类的理论研究与建设活动一样，都属于上层建筑领域内的职业活动，具有鲜明的意识形态特性，其“立足点”带有政治、阶级和道义的特性是不言而喻的。诚然，从思想政治教育理论研究与建设的学术活动所面对的“事物”和“问题”等对象来看，可视作没有禁区；但从学术活动主体所处的“地位”和“态度”来看，不能说没有立场。从事思想政治教育理论研究与建设的人们只有学术立场的不同或差异，不存在没有任何学术立场的问题。

从近三十年来思想政治教育学科建设所取得的成就来看，提出思想政治教育理论研究与建设的学术立场问题也是十分必要的。思想政治教育作为一门学科，近三十年来取得了突出的成就，如在高等教育人才培养体系中创建思想政治教育专业学位点、在马克思主义理论体系中创建思想政治教育学的理论体系、在人文社会科学学科体系中正式创建了思想政治教育学科，并将其作为二级学科设置在新增的马克思主义理论一级学科之下，从而为培养适应中国特色社会主义现代化建设事业的新型人才提供了专业平台。这些成就的取得，无不有益于思想政治教育的理论研究与建设。任何一种科学事业的理论研究和实践活动都是一种相互促进、相得益彰的过程与一种规律。众所周知，这些突出成就和长足的进步，多得益于老一代专家学者的辛勤劳动和学术智慧，而他们之所以能够如此，又与他们过去长期投身于思想政治教育工作的实践，忠诚于党的思想政治教育事业有关，与他们实践经验丰富、学术立场端正有关。

二、思想政治教育理论研究与建设的学术立场应是“立足实践”

思想政治教育理论研究和建设的学术立场即学术活动的“立足点”应是思想政治教育的实践。立足于思想政治教育的实践，探究新时期思想政治教育实践的客观规律及其提出的新要求，以富含实践价值的科学成果指导和影响思想政治教育实践，提高思想政治教育的整体有效性，这既是思想政治教育的根本目的和宗旨所在，也是贯彻党和国家关于加强和改进思想政治教育指导方针的根本方法和途径。要坚持“立足实践”的学术立场，就要坚持将思想政治教育的理论研究和建设置于历史唯物主义的视野之内。

马克思创立历史唯物主义，一开始就确认“全部社会生活在本质上是实践的。凡是把理论引向神秘主义的神秘东西，都能在人的实践中以及对这个实践的理解中得到合理的解决”[①]。这就把传统的唯心主义赶出了最后的避难所。后来，列宁指出，马克思在1844年到1847年离开黑格尔走向费尔巴哈，又超过费尔巴哈走向历史和辩证唯物主义。列宁继承了马克思的这一传统，“推倒”了黑格尔的“天（国）”，恢复了费尔巴哈的“倒立的唯物主义”的本来面貌。他在分析逻辑的范畴和人的实践的关系时指出：“对黑格尔说来，行动、实践是逻辑的‘推理’，逻辑的式。这是对的！当然，这并不是说逻辑的式把人的实践作为它自己的异在（＝绝对唯心主义），而是相反，人的实践经过亿万次的重复，在人的意识中以逻辑

①《马克思恩格斯选集》第1卷，北京：人民出版社1995年版，第56页。

的式固定下来。这些式正是（而且只是）由于亿万次的重复才有着先入之见的巩固性和公理的性质。”[①]可以看出，列宁在肯定黑格尔关于行动和实践事实上存在一种合乎逻辑推理的“式”的同时，又指出这种“式”恰恰产生和固化于人类长期的实践过程，在反映和说明以往实践固有规律的同时又以“先人之见”的“公理”方式对后续的实践起着指导作用。至此，实践不仅成为辩证唯物主义认识论的基本范畴，也成为历史唯物主义社会观的重要范畴，使得实践的观点在历史唯物主义方法论原理体系中占有“第一”或“优先”的地位，“立足实践”成为人们认识和把握自然、社会和人自身的基本立场和方法。毛泽东在《实践论》中指出，马克思主义哲学有两个最显著的特点，一个是阶级性，二是实践性，后者“强调理论对于实践的依赖关系，理论的基础是实践，又转过来为实践服务。判定认识或理论之是否真理，不是依主观上觉得如何而定，而是依客观上社会实践的结果如何而定。真理的标准只能是社会的实践。实践的观点是辩证唯物论的认识论之第一的和基本的观点”[②]。毛泽东的这个论断把“实践第一”或“实践优先”、理论研究与认识必须“立足实践”这一唯物史观的基本立场和方法，表述得更为明晰和深刻。

“立足实践”的立场，也就是“实践第一”或“实践优先”的立场。其基本含义就是：理论（认识）来源于实践又运用于实践，并在运用的过程中接受实践的检验，不断得到丰富和发展。思想政治教育是一门实践性很强的理论学科，其生命力在于建构与思想政治教育实践之间的内在逻辑联系，在于其实际具备运用和指导思想政治教育实践的意义和价值。思想政治教育理论研究与建设坚持“立足实践”的学术立场，也就是坚持思想政治教育的“实践第一”或“实践优先”的学术立场。这一立场明确反对用“二元论”的方法看待思想政治教育的整体，也就是反对绝对地把思想政治教育的实际工作与思想政治教育的理论研究视为两个彼此独立的领域的方法视野。它主张将实际工作和理论研究理解为同一种过程，视为思想

① 列宁：《哲学笔记》，北京：人民出版社1993年版，第293、186页。

②《毛泽东选集》第1卷，北京：人民出版社1991年版，第284页。

政治教育实践过程中的两个彼此关联的不同环节，理论研究与建设是关于实践需求的研究与建设，实际工作是接受理论研究成果的指导和影响的实践。

这样说，并不是要主张思想政治教育的理论研究与建设尤其是原理层面的研究和建设不需要抽象和思辨，不需要构建某种意义上的“思想政治教育形而上学”，而是要强调思想政治教育的理论研究与建设不可以脱离思想政治教育的实际工作、忽视贯通思想政治教育领域内的形而上与形而下的问题之间的逻辑关联。从事思想政治教育的理论研究与建设的人们，应当始终注意把理论放在一个恰当的位置，把它看作一个只是分析、总结、完善实践的某个环节，而不是训导实践、把实践当作隶属于自己、实施自己方略的环节与通道。因此，从事思想政治教育理论研究与建设的人们，应当防止出现远离思想政治教育实践而刻意追问和构建“本体论”“本原论”意义上的“一般原理”、追求和追赶与“国际接轨”的学术立场和学术倾向。

三、坚持“立足实践”需要探讨和解决的问题

从目前的实际情况来看，思想政治教育的理论研究与建设要坚持“立足实践”的学术立场，需要探讨和解决四个方面的问题。

其一，要纠正“两张皮”的弊端，培育和增强理论反映、运用和指导实践并接受实践检验的自觉意识与能力。思想政治教育实践层面上长期存在的“两张皮”现象，是一个“老大难”问题。这一问题在思想政治教育资源极为丰富的高校同样存在，其表现就是思想政治理论课的理论教学与思想政治教育的日常工作各自为阵、各行其是。这种“两张皮”的“范式”已经影响到高校从事思想政治教育理论研究和建设的人们，他们津津乐道的是自己的理论思维和成果，却置身边思想政治教育实际工作中的诸多“难题”和“困惑”于不顾，缺乏“一张皮”的意识，更缺乏整合“一张皮”的能力。笔者曾撰文分析这一不正常现象长期存在的原因，提出需

在思想政治教育学科视野里解决这一问题的学术主张[1]。这一主张如果是合理可行的，那么其实现无疑首先就要转变“两张皮”的旧观念。从事理论研究与建设的人们就要确立“立足实践”的学术立场，自觉地将思想政治教育实践作为自己的研究对象和工作平台。当然，从事思想政治教育实际工作的人们，尤其是主管部门，也应当克服“两张皮”的旧观念，自觉地同思想政治教育理论研究和建设者牵手。

其二，要倡导面对“实践问题”的治学风尚，始终把关注思想政治教育实践中出现的新问题、新情况放在第一位。认识和实践的过程就是解决问题的过程，而认识的原动力和逻辑基础从来都是实践，都是因由实践引发并在实践的过程中发挥作用、接受检验得到丰富和发展的。在这种意义上我们完全可以说，中国改革开放的伟大实践所取得的辉煌成就是面对问题和解决问题的结果，中国特色社会主义理论体系的形成也是面对和解决问题的结晶。理论思维的认识活动，如果不是面对实践中的问题——不论是本体论意义还是经验论意义上的问题，没有实践中的“问题内涵”，那可能就是“无病呻吟”，所生产的学术成果可能就是“伪学术”。一切虚妄的伪学术、伪学问都具有避开历史唯物主义视野、脱离实践及其规律所指的逻辑方向的特点，它们不管实践中的实际情况和实际需要如何，在“想当然”中推理和论证假设的“问题”。人在纯粹的思维活动中可以借助主观的逻辑推理消除一切矛盾，即使遇上不合逻辑的自相矛盾也可以借助逻辑悖论的建构方法合乎逻辑地加以消除，然而人在实践活动中，却无论如何也做不到这一点。因此，一切立足于实践的科学研究都应有“实践问题”的意识。

思想政治教育理论研究与建设的兴起，本是应对当代中国思想政治教育实践出现的问题的产物。从这点来看，思想政治教育理论研究和建设三十多年来取得的成就，也是面对思想政治教育实践所提出的问题的结晶，其今后的拓展和深入理所当然不能离开实践。在中国特色社会主义现代化

---

① 钱广荣:《在学科视域内解决日常教育与课程教学“两张皮”问题》,《思想理论教育》2007年第21期。

建设的新形势下，思想政治教育实践面对的现实问题变得越来越多样复杂，思想政治教育理论尤其是原理性的理论研究与建设不可规避实践问题，远离现实而去，而是更需要关注思想政治教育实践，持有鲜明的“实践问题”意识，站稳自己的“立足实践”的学术立场。

其三，要积极开展调查研究，实行思想政治教育理论成果的实验研究。1930年5月，毛泽东在《反对本本主义》中提出了“没有调查，就没有发言权”这一著名论断，从此在我们党内兴起了调查研究之风。调查研究，旨在了解和掌握实践过程中的实际情况，依据实情制订工作方针和政策，做到立足实践，从实际出发，有的放矢。毫无疑问，中国共产党用于指导革命实践的这个历史唯物主义的方法论原则，同样适用于今天思想政治教育的理论研究和建设工作。调查研究，本应属于思想政治教育理论研究与建设的题中之义，其目的和功能在于把理论研究与建设的学术活动建立在思想政治教育的实践过程中，真实反映思想政治教育的实际情况及其特点与逻辑走向、检验思想政治教育理论成果的真理性和适应性、丰富和发展理论成果的内涵、面向思想政治教育的实践适时地提出宏观意义上的指导意见等。与积极开展调查研究之风直接相关的便是开展必要的实验工作。多年来，我们的思想政治教育理论研究出了许多理论成果，以至我们已经有了被称为“原理”和“学”之类的思想政治教育的知识理论和范畴体系，有一些成果的使用面已经相当广泛，社会反响也较好。然而，对这些较为成熟的成果，我们却从未认真地开展过调查研究，更未开展过实验研究，以总结经验，加以推广和调整，而是基本上处于一种“放任自流”的状况，这不能不说是一种学术立场意识的缺失。开展思想政治教育理论研究的实验，应有一定数量的实验基地，应充分发挥高校思想政治教育学科博士点和硕士点的基地作用。

其四，要建立必要的立场协调机制，确保思想政治教育理论研究与建设坚持“立足实践”的学术立场落到实处。一般说来，脑力劳动的特点决定了思想政治教育理论研究与建设的学术立场的主体是个人，但其学术立场的意识和能力的培育却不完全是个人的事情，而是需要协调的，因而有必要建立协调机制。首先，要在思想政治教育国家主管部门的领导和统筹安排之下建立协调与保障机构。机构的组成，应吸收一些具备马克思主义理论素养、能够自觉立足思想政治教育实践、运用历史唯物主义的方法论原则观察和思考思想政治教育“实践问题”的专家学者参加，也要吸收一些勤于理论思考的优秀的思想政治教育工作者参加。机构的日常工作，可由思想政治教育理论研究方面的学术机构组织实施。其次，应建立必要的协调和保障制度，将纠正“两张皮”现象、关注和把握“实践问题”、调查研究和开展实验研究等列为自己的工作职责，将立场的协调工作实现规范化、正常化。最后，要通过教育培训和相关传媒提倡“立足实践”的学风，营造“立足实践”的学术氛围，反对脱离实际、闭门造车、迷恋主观建构的不良学风，形成立足思想政治教育实践开展理论研究与建设工作的科研风尚。在这方面，思想政治教育研究方面的专业期刊是可以大有作为的。

综上所述，思想政治教育的理论研究与建设在客观上存在学术立场问题。在历史唯物主义的视野内，科学的学术立场就是立足思想政治教育实践，为此，需要创建立场协调机制，把影响“立足实践”的学术立场的诸要素协调起来。

思想政治教育理论研究与建设的学术方向*

思想政治教育理论研究与建设的学术方向应当与中国特色社会主义现代化建设的客观要求相一致，在此前提下建设既有别于革命战争时期又有别于新中国成立后的计划经济年代、更不同于当代资本主义的思想政治文明，又与它们存有某种逻辑联系的思想政治教育理论体系。这需要作多方面的努力。

思想政治教育研究与建设大体上可以划分为三个相互依存、相得益彰的方面，即思想政治教育理论、思想政治教育实践和思想政治教育领导管理体制。三者之中，理论研究与建设具有统摄性，既是基础工程又是“上层建筑”，在根本上制约和影响着思想政治教育研究与建设的整体水平和质量，因此厘清其学术方向是至关重要的，而要如此就必须坚持运用历史唯物主义的方法论原理。

马克思在分析社会结构时指出：“生产关系的总和构成社会的经济结构，即有法律的和政治的上层建筑竖立其上并有一定的社会意识形式与之相适应的现实基础。”[①]马克思在这里所说的“社会意识形式”，是“反映社会存在的比较自觉的、定型化的意识”[②]，而“从对经济基础的不同关

* 原载《思想教育研究》2010年第3期。

①《马克思恩格斯文集》第2卷，北京：人民出版社2009年版，第591页。

②《中国大百科全书》（哲学卷），北京：中国大百科全书出版社1987年版，第753页。

系”可分为社会意识形态和非意识形态的其他社会意识形式。社会意识形态是对一定社会经济基础和政治制度的自觉反映，包括政治思想、道德、文学艺术、宗教、哲学和社会科学等，思想政治教育的理论无疑属于社会意识形态范畴。在历史唯物主义视野里，当代中国的思想政治教育理论作为一种建构性的特殊的社会意识形态，其研究与建设的学术方向应当与中国特色社会主义现代化建设的客观要求保持一致性。

新时期新阶段，我们党适时提出了建设中国特色社会主义现代化国家的纲领和战略任务，即一方面要坚持马克思主义的基本原理，走社会主义道路，另一方面要从中国的实际出发，走自己的发展道路。实施这个伟大的纲领和战略任务，无疑需要培养和造就一大批合格的建设者和可靠的接班人，他们必须具备适应中国特色社会主义现代化建设的客观要求的政治素质和思想道德素质；同时，需要通过各种途径和形式的思想政治教育，营造适宜的社会舆论，维护应有的社会秩序。这就在根本上决定了思想政治教育的理论研究与建设在发展方向上必须要反映中国特色社会主义现代化建设的客观要求，以此说明、支撑和引领思想政治教育各个方面的实践活动。

多年来，为适应这种历史性变化和发展的要求，一些有识之士勇于担当历史使命，潜心于思想政治教育的理论研究和创新，以不断推出新成果的形式开拓着这一新型事业，他们个人也在其间成为思想政治教育理论研究与建设方面的著名学者，实现着他们的人生价值。但是，必须同时看到，也一直存在着与建设中国特色社会主义的客观要求不大协调以至相背离的不良倾向，其突出表现就是淡化思想政治教育理论的社会主义意识形态属性，缺乏中国特色和中国气派。如有的研究者极力推崇美国学者托马斯·库恩的“范式”理论，认为中国思想政治教育的理论与实践都存在“范式”问题，主张思想政治教育及其理论研究要实行“范式转换”，试图可以“与国际接轨”的“一般原理”；有的研究者认为“传统思想政治教育”存在“与生活剥离的问题”，理论研究的任务就是要让思想政治教育“向生活世界回归”；有的研究者痴迷于一般心理学的分析理论，将思想政治教育本应需要运用政治学、法理学和伦理学的理论加以研究和说明的问题，纳入心理学的分析视野，追逐“泛心理学”的学术样式，而其所采用的心理学方法又多是照搬西方心理学的方法。如此等等，表现出的“淡出政治”和“去意识形态化”倾向十分明显。诚然，我国新时期新阶段的思想政治教育需要拓宽视野、调整思路，需要关注受教育者的“生活”实际，需要运用心理学的分析理论等，但绝对不可以因此取而代之，其理论特别是关于“原理”的理论研究必须明确和端正与中国特色社会主义现代化建设的客观要求相一致的学术方向。

为此，思想政治教育的理论研究与建设，要立足于中国特色社会主义现代化建设的客观要求，坚持运用历史唯物主义的方法论原理进行与时俱进的创新。其理论研究和建设的成果要在能够与中国特色社会主义现代化建设的客观要求相一致的逻辑前提下，既有别于革命战争时期又有别于新中国成立后的计划经济年代的思想政治教育理论，更不同于当代资本主义社会的思想政治和道德文明，又与后三者之间建立某种逻辑联系。

明确和端正思想政治教育理论研究与建设的学术方向，事关思想政治教育理论作为社会主义意识形态有机组成部分的安全。一定社会的意识形态代表一定社会占统治（领导）地位的阶级的根本利益，不同阶级和社会制度之间的对立和斗争总是通过意识形态的分歧和抗争表现出来，这种规律在人类社会进入后现代发展阶段以来尤其凸显，我们可以从布热津斯基的《大失败》、理查德·尼克松的《1999：不战而胜》等作品中大体看到这种世情。比如，尼克松认为，“如果我们在意识形态领域的斗争中失利，我们所有的武器、条约、贸易、外援和文化交流将毫无意义”[①]。我国新时期新阶段的思想政治教育的理论（包括实践），形成于中国共产党领导无产阶级及受压迫受剥削的广大劳动人民群众追求翻身解放的革命战争时期，其理论的意识形态特征表现为强烈的阶级批判性，作为“观念”的“普遍性的形式”，“从一开始就不是作为一个阶级，而是作为全社会的代表出现的”。新中国成立后，思想政治教育理论（包括实践）由批判性的

① 转引自万军:《意识形态与国家利益关系研究综述》,《当代世界与社会主义》2007年第1期。

无产阶级意识形态合乎逻辑地转化为社会建构性的社会主义意识形态，成为社会主义上层建筑的有机构成部分，作为“社会上占统治地位的精神力量”[①]，体现的是社会主义制度的本质属性和广大人民群众在政治思想和道德价值方面的集体意志。不言而喻，由于“物质关系”和“物质力量”的性质不同，两个不同时期的思想政治教育理论（包括实践）在意识形态属性方面势必会存在明显的差别，前者与无产阶级革命相适应，后者与社会主义建设相适应。但是，无产阶级及其政党的先进性及对社会发展规律的自觉认识和把握，决定了两者并不存在意识形态本质属性上的差别；后者对于前者而言是继承和创新的关系，不是批判和变革的关系（这同与当代资本主义文明的意识形态相比较的判断话语是截然不同的）。这样的分析理路和方法同样适用于新中国成立后的两个不同时期：计划经济年代与市场经济年代由于“物质关系”和“物质力量”的不同，思想政治教育理论（包括实践）也应有所不同甚至有重大区别，但两者作为社会主义意识形态的有机组成部分其阶级和时代的属性不应当被理解为存在根本性的差异。不这样来认识和把握思想政治教育的意识形态属性，我们的理论研究和建设的学术活动及其成果就会偏离社会主义方向，失去思想政治教育理论研究和建设对于加强和改进思想政治教育实践的真实意义。

在历史唯物主义视野里，思想政治教育理论研究与建设要明确和端正与中国特色社会主义现代化建设的客观要求相一致的学术方向，首先就要认真贯彻党在新时期新阶段关于加强和改进思想政治教育工作的方针和政策，在马克思主义理论的指导下贯彻中国特色社会主义理论体系的基本精神，反映思想政治教育理论研究和建设的当代中国化气派和风格。当代中国的思想政治教育理论与中国特色社会主义理论体系和社会主义核心价值体系，同属于中国特色社会主义现代化建设的思想理论和价值范畴，在同时代的建设和发展的方向上应当合乎逻辑地统一起来。不难理解，这种统一属于同一学术方向上的“横向逻辑”的建构过程。当然，这种“横向逻辑”体系内含的横向层面是有级差的，在同一方向的逻辑建构过程中不可

①《马克思恩格斯文集》第1卷，北京：人民出版社2009年版，第550页。

等量齐观、相提并论。

其次，要与中国优良的传统文化尤其是优良的中国传统伦理道德文化相融合，与中华民族的传统智慧和精神相贯通，具有中华民族的特色和特征。这是一个立足于中国国情实行历史与现实的"纵向逻辑"建构的问题。中华民族优良传统伦理道德文化中推崇国家理念和他人意识，注重"仁""和"的价值处世之道和知荣知耻的自律精神，中国革命传统伦理道德中的追求真理和不怕牺牲的革命精神、积极进取和勇于变革的创新精神、不畏艰险和顽强拼搏的奋斗精神、毫不利己和专门利人的奉献精神，作为一种优良的传统文化和传统精神两者有着内在的逻辑联系，应当实行合乎逻辑的历史性建构，使之成为今天研究和建设思想政治教育理论的思想资源，通过创新式的承接发挥其当代价值。不过，需要注意的是，这样的承接和创新是一个由历史向现实、由革命向建设的转换过程，因此需要做出合乎中国特色社会主义现代化建设客观要求的创新性的当代解读。如对"仁者爱人""推己及人""先天下之忧而忧，后天下之乐而乐"之类的中华民族优良传统道德，在今天就需要做出合乎社会主义公平正义的创新性解读。

最后，要吸收当代资本主义思想政治和伦理道德文明中对我有益的因素，同时抵制其对我无益和有害的因素，展现中国特色社会主义国情与当今世界的世情之间应有的逻辑关系。当代世界，争取和平、谋求合作和发展是主流，反映了中国人与全世界爱好和平的人类的共同愿望。中国没有经过资本主义发展阶段直接进入社会主义，事实证明这种历史性的跨越在经济制度和政治制度的变革上是完全可以做到的，只有社会主义才能够救中国。但也应当同时看到，资本主义文明毕竟代表人类社会文明史上的一个发展阶段，它相对于封建主义文明具有明显的优越性，而我们毕竟没有经过资本主义文明的发展阶段。政治思想意识和伦理道德观念的稳定性和滞后性特点，决定了我们建设与中国特色社会主义现代化建设的客观要求相一致的思想政治教育理论体系，必然需要一个长期的过程。在这个过程中，一方面必须看到，经济制度及上层建筑的本质不同，决定了我们的思想政治教育的理论研究与建设必须在根本上与封建主义和资本主义的相关文明形态划清界限，另一方面又必须看到，我们不可能与这两种文明形态彻底决裂。特别需要注意的是，在我们走自己的路——创建与中国特色社会主义现代化建设的客观要求相一致的思想政治教育理论体系的过程中，不可避免地会与当代资本主义文明形形色色的政治思想和价值观念相遇，发展的机遇和风险必然同在。这就要求从事思想政治教育理论研究与建设的人们必须始终坚持与中国特色社会主义现代化建设的客观要求相一致的学术方向，对当代资本主义文明保持清醒的头脑，既要有开放的胸怀和眼光，培育机遇意识，又要有思辨的智慧和能力，具备风险意识。只有这样，才能借他山之石为我所用，真正做到洋为中用。

综上所述，思想政治教育的理论研究与建设必须明确和端正与中国特色社会主义现代化建设的客观要求相一致的学术方向，立足于党情、国情和世情，理顺相关的逻辑关系。惟有如此，思想政治教育的理论研究和建设才能在前人开拓和创新的基础上不断向前推进，发挥其在整个思想政治教育研究与建设中的基础工程作用。

论思想政治教育理论研究与建设的学术路径*

思想政治教育理论研究与建设，在马克思主义理论学科体系整体建设中处于特殊的位置，有其特殊的规律和要求，不仅需要正确把握其学术方向和学术立场，也需要科学厘清其学术路径。在后现代社会思潮涌入和国内社会意识变动的双重影响下，正确理解和把握这三个“学术问题”维系着思想政治教育学科建设的前途和命运，也是思想政治教育理论研究与建设目前面临的一个重大理论和现实问题，应当给予高度重视。笔者曾就学术立场和学术方向问题发表过一些看法，此处就学术路径问题发表几点粗浅的认识，其间会触及思想政治教育理论研究与建设的方法创新问题，希望能引起思想政治教育理论界同仁的关注。

所谓学术路径，指的是从事科学研究的学术活动应采用的原则和方法。思想政治教育理论研究与建设的学术路径，就是确保学术方向与中国特色社会主义现代化建设的客观要求“相一致”，学术立场“立足”于思想政治教育实践过程应遵循的原则和应采用的方法，其“学术问题”的重要意义和价值是不言而喻的。关于学术路径，我们可以从内在逻辑和外在逻辑两种向度来进行分析和考察。

* 原载《思想理论教育》2011年第11期。

一、分析和把握学术路径的逻辑理路

在马克思主义理论学科范围内，目前人们对思想政治教育是一门学科的认识已经没有多少异议。但是，不少人其实只是在研究生培养及学位点建设的意义上来认识和接受这一命题的，忽视了思想政治教育这门学科整体的内在逻辑结构。在笔者看来，思想政治教育作为一门学科，应以所有的“思想政治教育现象”为对象，据此应将其整体的内在逻辑视为三个基本层次，即全社会一般意义上的思想政治工作、高校日常的思想政治工作和高校思想政治理论课程教学，这三个基本层次又各有其内在的逻辑结构，由此而构成思想政治教育学科整体的内在逻辑结构。因此，在学科的视野里，思想政治教育的理论研究与建设尤其是关于思想政治教育原理的研究，应当以思想政治教育学科整体内涵及其内在的逻辑结构为对象。理解和把握其学术路径，既不可将思想政治教育等同于社会一般和高校日常的思想政治工作，也不可将高校思想政治理论课教学等同于一般的教学而置之不理。也就是说，从内在逻辑结构来分析和考察思想政治教育理论研究与建设的学术路径，应持“思想政治教育整体观”的学科方法，彻底纠正“两张皮”（甚至“三张皮”）的传统思维模式。否则，就可能会模糊、迷失思想政治教育理论研究与建设的学术路径。如是理解学术路径就不难发现，目前的一些思想政治教育理论研究与建设明显存在脱离高校日常思想政治教育工作的缺陷，依然没有走出“两张皮”（甚至“三张皮”）的传统思维模式。这样的学术路径，是需要调整和修正的。2006年7月颁发的《普通高等学校辅导员队伍建设规定》，明确把“协调”思想政治理论课教师“共同做好经常性的思想政治工作”作为高校辅导员的“主要工作职责”之一，表明国家主管高校日常思想政治教育工作的部门已经开始注意运用“思想政治教育整体观”的学科方法，纠正长期存在的“两张皮”问题。这对于厘清思想政治教育理论研究与建设的学术路径来说，应当是具有某种启发意义的。

二、在纵向逻辑方向上分析和把握的学术路径

分析和考察外在逻辑意义上的学术路径，又可以分别从纵向逻辑和横向逻辑两种不同向度进行。

从纵向逻辑关系来分析和考察，首先，需要科学认识思想政治教育的本质、目标与任务。事物的本质是事物的根本特性，一切事物的本质反映该事物结构要素之间相对稳定的内在联系及由此构成的矛盾运动。思想政治教育的本质反映的是思想政治教育目标、任务、内容、方法等要素之间的内在联系及由这些要素构成的矛盾运动。其间，德育目标是矛盾运动的主导方面，在矛盾运动中对任务、内容和方法等起着支配作用，决定着思想政治教育的阶级和时代属性。在历史唯物主义视野里，思想政治教育本质上属于上层建筑范畴，其目标及由此支配的任务和内容等，在纵向逻辑的意义上应被理解为根源于一定社会的经济关系并受“竖立其上”的政治制度等其他上层建筑的深刻影响的产物。在当代中国，思想政治教育本质上属于中国共产党领导的中国特色社会主义上层建筑的组成部分，其目标与任务就是要通过社会宣传促进建设社会主义和谐社会战略目标的实现，推进社会与人的全面发展和进步，经由人才培养工程促使受教育者具备适应中国特色社会主义现代化建设客观要求的思想政治和道德人格等方面的素质。这就要求我们，不可把当代中国的思想政治教育及其理论研究和建设与当代西方国家的“公民教育”及其理论的价值取向相提并论，而要始终注意思想政治教育及其理论研究与建设中的国情差别和意识形态属性，并在此前提下探讨把国情与世情有机统一起来的可能性问题。因此，在一般的“人性”“人的发展”及“与国际接轨”或“国际化”的意义上抽象地谈论思想政治教育理论研究与建设的学术路径是不可取的。

其次，需要明确遵循国家关于思想政治教育理论研究与建设的指导方针。学术研究中的指导方针是关于学术路径的预设“路线”。思想政治教育是马克思主义理论学科体系中的一个二级学科，也是我国整个哲学社会

科学体系中的一个具体学科，其理论研究与建设的学术活动在指导方针上无疑必须贯彻《中共中央关于进一步繁荣发展哲学社会科学的意见》的基本精神，遵循《高等学校哲学社会科学研究学术规范》的基本要求。也就是必须坚持马克思主义的指导地位，善于把马克思主义的基本原理同中国具体实际相结合，把马克思主义的立场、观点和方法贯穿到哲学社会科学工作中，用发展着的马克思主义指导哲学社会科学，决不能搞指导思想多元化。由此看来，正确理解和把握思想政治教育理论研究与建设的学术路径，必须确立马克思主义观的主导地位，具有明晰的“当代中国问题意识”，把关注的目光和工作的重点放在分析和说明改革开放条件下思想政治教育面临的诸多复杂的新问题，在当代社会思潮和社会意识变动和影响下出现的新情况和新特点，并能够自觉地运用历史唯物主义方法论原则加以分析和说明，立足于思想政治教育实践的客观要求创新思想政治教育的理论成果。

上述纵向逻辑关系是思想政治教育理论研究与建设最为重要的学术途径。在把握这一根本的学术路径问题上，毋庸讳言，我们目前尚处在“方法贫困”的状态。似乎除了简单地采用“拿来主义”（实用主义）的方法，或者套用胡塞尔关于“生活世界”及其“主体间性”的理论构想，或者移植杜威的“教育即生活”和陶行知的“生活即教育”的学说主张，沿着“生态（生活）的世界观”和“生态（生活）的方法论”的学术路径，进行所谓“思想政治教育生态学”“思想政治教育生活化”之类的理论创新；就是“复杂”地借用抽象思辨的方法，推动思想政治教育理论研究追踪后现代形而上学，刻意追求语言表达的形式翻新，把简单的问题弄得很复杂，把复杂的问题弄得让人看不明白，致使理论思维离思想政治教育实践越来越远。毫无疑问，推动思想政治教育理论研究与建设的学术活动需要方法创新，需要“拿来”他山之石，也需要借助形上追问，但是所有这些都应当遵循思想政治教育理论研究与建设的自身规律和要求，不可偏离历史唯物主义视野，回避思想政治教育面对的现实问题和挑战，更不应规避思想政治教育特有的话语样式及表达要求。不然，就可能会因盲目追随

“反本质主义”和“反基础主义”而丢失目标与任务，迷失思想政治教育理论研究与建设的根本途径。

三、在横向逻辑方向上分析和把握的学术路径

所谓横向逻辑关系，指的是思想政治教育学科与其他学科的“并列”关系。把握这种逻辑关系的学术路径，旨在分析和把握思想政治教育学科与其他相关学科的相关性，综合利用别的学科的方法资源。《关于调整增设马克思主义理论一级学科及所属二级学科的通知》（学位［2005］64号）中指出：“思想政治教育是运用马克思主义理论与方法，专门研究人们思想品德形成、发展和思想政治教育规律，培养人们正确世界观、人生观、价值观的学科。”这个关于学科属性的规定和阐释，实际上已经指明了思想政治教育理论研究与建设横向逻辑关系上的学术路径。其一，在马克思主义理论学科整体观视域内分析和考察思想政治教育学科理论与马克思主义理论学科及其所属的其他二级学科理论之间的逻辑关系。马克思主义认为，世界是不同事物普遍联系的整体，某一特定的事物也是其内部各要素之间普遍联系的整体。“当我们通过思维来考察自然界或人类历史或我们自己的精神活动的时候，首先呈现在我们眼前的，是一幅由种种联系和相互作用无穷无尽地交织起来的画面。”[①]这就告诉我们，在认识和实践活动中应当尊重和运用事物尤其是直接相关的事物之间的“相关性”“相互作用”。这一合规律性要求的方法原则，自然同样适应于思想政治教育理论研究与建设的学术活动。诚然，在马克思主义理论学科体系中，思想政治教育作为一门独立的学科，其理论研究与建设需要“走自己的路”，构建自己独特的理论体系和表达样式，展现自己的学科特色。但是，这并不等于说，思想政治教育的理论研究与建设可以走出马克思主义理论学科的整体观视域，无视与其他二级学科之间的逻辑关联，走“单兵突进”“孤军深入”的学术道路。相反，应当看到，其他五个二级学科尤其是马克思主

①《马克思恩格斯文集》第9卷，北京：人民出版社2009年版，第23页。

义基本原理、马克思主义中国化研究、中国近现代史基本问题研究，它们的基本理论和核心价值也是高校思想政治理论课程体系的重要组成部分。从理论和实践两个层面分析和运用思想政治教育学科与其他五个二级学科之间的相关性，不仅是思想政治教育的理论研究与建设责无旁贷的使命，也是在这些学科的基本理论和核心价值观照下创新和发展思想政治教育理论的重要途径。

其二，分析和考察思想政治教育学科理论与马克思主义理论学科之外的其他相关学科理论之间的逻辑关系。这是一个较为复杂的问题，涉及教育学、哲学（包括社会工程哲学和管理哲学）、政治学、伦理学、心理学等一系列的学科。这种逻辑方向有三种学术路径值得探讨：一是本题意义上的学术路径，二是方法意义上的学术路径，三是本题与方法综合运用的学术路径。从目前的实际情况看，纯粹本题的学术路径实际上并不存在，因为研究者多运用其他相关学科的方法。然而值得注意的是，在这种学术路径上，“思想政治教育”多充当了“路牌”，而作为方法的相关学科却成了本题研究的目标和归宿，如“思想政治教育哲学”“德育哲学”等。毋庸置疑，这种倒置本题与方法的学术路径，在目前“方法贫困”的情势下有助于推动和繁荣思想政治教育理论研究与建设的学术创新，但同时又似乎提出了一个需要加以探讨和澄明的“学科学”问题：以开创“思想政治教育哲学”的学术路径为例，是旨在研究思想政治教育中的“哲学问题（对象）”呢，还是对思想政治教育实行一般世界观和方法论的形上追问和叙述？若是后者，称其理论样式为“思想政治教育哲学”，是否在淡化“思想政治教育学”的同时也泛化了“哲学”？进一步探讨似乎还存在这样的“学科学”问题：这种本题与方法倒置的学术路径如果被广泛创新和采用，会不会最终出现淡化和“淹没”思想政治教育学科意识的普遍现象，致使思想政治教育普遍地成为与其相关的其他学科的学术路径上的“路牌”，而弱化自己的学术方向、目标和立场，消解自己的本性？思想政治教育理论研究与建设需要创造性地运用其他学科的方法，但这种创新的旨趣和旨归应当被理解为拓展和深化思想政治教育理论的本题研究与建设。

方法意义上的学术路径，就是用与思想政治教育相关学科的方法研究思想政治教育中的重大理论问题，诸如“思想政治教育的人学问题”“思想政治教育的人性问题”“思想政治教育有效性问题”之类的理论成果，可归于遵循这种学术路径的产物。

相比较之下，马克思主义理论学科之外的其他相关学科理论之间“横向逻辑”意义上的学术路径，较有影响和学术成就的是把本题与方法综合运用起来的学术路径。它的基本特点是：坚持以思想政治教育的理论研究与建设为本题，视与思想政治教育相关的其他学科为方法，在学术路径推演和拓展过程中把“本”与“末”、“体”与“用”统一起来。这种学术路径开创于20世纪80年代末，20多年来围绕“思想政治教育学原理”“思想政治教育有效性”“思想政治教育方法论”等重大课题，创新了不少有广泛影响的理论成果，在促进思想政治教育理论研究与建设和人才培养中发挥了极为重要的作用，表明立足本题综合运用多种相关学科的方法创新本题的学术路径，是推进思想政治教育理论研究与建设行之有效的成功之道。

马克思说：“历史从哪里开始，思想进程也应当从哪里开始，而思想进程的进一步发展不过是历史进程在抽象的、理论上前后一贯的形式上的反映。”[①]思想政治教育理论研究与建设是伴随着当代中国改革开放和社会主义现代化建设的历史进程走过来的。跟踪这一伟大的历史进程，总结前人开辟学术路径的成功经验以保持“理论上前后一贯的形式”，应是今天探讨思想政治教育理论研究与建设的学术路径的逻辑前提，也是后继者肩负的历史责任和应具备的思维品质。

---

①《马克思恩格斯文集》第2卷，北京：人民出版社2009年版，第603页。

高校思想政治理论课建设需要理顺几种关系*

高校思想政治理论课教学的根本宗旨是帮助大学生确立马克思主义的世界观、人生观和价值观，促使大学生养成良好的政治品质和思想道德品质，成为中国特色社会主义现代化建设事业的可靠接班人。

改革开放以来，党和国家一直高度重视高校思想政治理论课建设，2005年又将其纳入中央马克思主义理论研究和建设工程的整体规划之中。三年来，在中央有关教育主管部门的指导下，高校思想政治理论课建设发展很快，形势催人奋进。但是，目前依然存在一些影响课程建设的较为突出的问题，如有些高校不能按照国家要求规范地设置课程和配备师资力量、教师的教学素质不能适应国家统编教材的教学要求、教学中理论脱离实际等。

解决这些课程建设中的问题需要在认识和实践上理顺几种关系。

一、要理顺教材编写与教材使用的关系

任何课程的教材都是本课程课堂教学的蓝本，也是课堂教学建设的基础，教材编写和使用两个方面会制约和影响课程建设的质量。高校思想政治理论课的教材编写目前被列在中央马克思主义理论研究和建设的系统工

* 原载《思想政治教育研究》2009年第1期。

程之中，实行“全国一本”。这种建设理路无疑是正确的，严肃了教材编写纪律，确保教材内容的思想性和科学性，在文本的意义上充分体现思想政治理论课教学的根本宗旨。不言而喻，编写全国高校思想政治理论课通用的好教材是重要的，如何使用好通用的好教材同样重要。这就需要探讨一个问题：如何在“全国一本”的情况下，理顺教材编写和教材使用的应有关系？这一问题的实质是如何认识和把握教材内容体系与教学内容体系及教学方法体系之间的逻辑关系，教材内容可以做到“全国一本”，教学内容和方法则不可能做到“全国一式”。因此，对待课程建设中的教材建设问题，不能仅仅认为编写好一本书就大功告成。

为了在实际的教学过程中体现教材编写与教材使用，即教材内容体系与教学内容体系之间的应有关系，目前，思想政治理论课的主管部门的做法是举办培训班，聘请教材编写者宣讲教材的内容，提示教学要点，遴选和推广一些教师的示范教学。这样做无疑是必要的，也收到了较好的效果，但仅仅如此还是不够的。由教材内容体系转换到教学内容体系的过程，是一个由文本认知、知识领会和组织到叙述和表达的过程，把握这一过程需要遵循相关的教育教学规律，应对诸多较为复杂的情况，如全国范围内不同高校之间存在的办学层次和培养目标方面的差别，同一高校内部存在的不同专业和学科的差别，等等。这就要求在由教材内容体系到教学内容体系的转换过程中，教育教学主管部门和教师必须从实际出发，具体问题具体分析，区别对待地使用教材和安排教学。

为此，就需要在思想政治理论课主管部门的统一部署和指导下，在“全国一本”的统编教材和“全国一式”的示范教学的基础上，调动广大思想政治理论课教师的积极性和创造性，广泛开展协作式的教研活动。这样的活动应当主要在同类高校和同一学科之间进行，并且带有“集体备课”和专题研讨的性质。其间，还可以结合不同类型高校和不同学科的特点，以全国统编教材为蓝本编写统编性的教案或教学指导书。

二、要理顺课堂教学建设与科研建设的关系

这是课程建设的中心问题，也是教师队伍建设的关键问题。高校思想政治理论课的课程建设长期实行的是以教学为中心，教师队伍建设以课堂教学建设为中心，与此同时忽视了科研建设，在办学层次和人才培养目标较低的高校更是这样。

其所以如此，缘于这样一种根深蒂固的传统观念：思想政治理论课教师的主要任务就是上课，上好课。因此，肯上课、会上课就成了评判教师合格、优秀的主要标准。与此同时，对科研要求不高，有些高校甚至没有科研方面的要求。这种传统观念在无形之中给人们造成一种印象：思想政治理论课教师的素质和水平低于专业课教师。

在这种传统观念及其形成的“印象”氛围的支配下，一些高校思想政治理论课教师队伍建设长期执行的是降低标准的政策，选拔和任用教师是这样，评定职称更是这样。执行这样的政策，反过来又强化了思想政治理论课教师“低人一等”的心理，使得他们心安理得地放松自我要求。如果不是评定职称还有一些科研方面的要求，很多教师就根本不愿“做学问”，任凭自己成为“教书匠”和“上课机器”，有的甚至年年以“发了黄的讲稿”应付教学。不少大学生对思想政治理论课的教学效果不满意，与这门课程长期没有在认识和实践上理顺课堂教学建设与科研建设的应有关系是直接相关的。片面强调教学建设而轻视科研建设，甚至将两者对立起来的观念是怎么形成的，我们不得而知，也没有必要去深究。

值得我们关注和思考的问题是，这样的观念和政策是否合理，是否真实反映了思想政治理论课教师队伍建设的客观规律。诚然，重视教学建设乃至直接地要求教师乐于上课和上好课是无可非议的，但因此而轻视科研建设甚至将两者对立起来，并由此而降低教师的任职和晋级的标准与要求，则是错误的。

其一，就高等教育的教学规律而言，科研建设是教学建设的应有之

义。高等教育的培养目标是直接为社会各行各业输送合格人才，这就要求各个专业与学科的教学要跟随、追赶和引领社会文明发展与进步的步伐，在吸收社会文明相关的科研成果的同时，开展自主性的科学研究，实行教学与科研相结合。就是说，高校课程建设的课堂教学建设与科研建设本是相辅相成的一个整体，离开科研建设和科研水平的提高谈课程建设和课程水平的提高，本身就是不合乎逻辑的。

事实也是如此，没有高质量的科研就不可能有高质量的教学，一流的教学必须有一流的科研为支撑，大凡优秀的教师多为优秀的科研人员。

其二，就思想政治理论课课堂教学内容而论，科研建设是教学建设的必备条件和可靠基础。与其他人文社会科学专业的科研相比较，思想政治理论课的科研更应当受到高度重视。这是因为，高校思想政治理论课旨在帮助大学生确立正确的世界观、人生观和价值观，这决定了它的教学内容必须是融知识与价值为一体，有些课程（如《思想道德修养与法律基础》）的教学甚至还需要同时涉及智慧和能力方面的方法论内容。这个特性与其他人文社会科学专业的课程不同，后者一般多为知识性的课程，“知道”则可“传道”，而前者则不一定，它的“传道”包括“解惑”乃至“授业”，要求“熔三者为一炉”。需要特别注意的是，思想政治理论课教学内容体系中的许多有关价值和智慧方面的内容，并不以教科书文本直接叙述的方式表达出来，而是“隐藏”在文本表述的字里行间或文本表述的“背后”，要把这些“隐藏”的内容发掘出来，融汇到“传道”的过程之中，充分展现思想政治理论课的应有效果，就必须坚持开展科学研究，否则课程教学只能停留在照本宣科的“传道”上。在高等学校，一直有一种“优秀的专业课教师不一定能够讲好思想政治理论课”的说法，被视为具有共识性的经验之谈，原因正在于此。一些思想政治理论课教师长期存在教学效果不好的问题，究其原因也多与不能领会这门课程课堂教学的这个特点很有关系，他们的教学因缺乏科学研究作为支撑而只是停留在“照本宣科”上。

以上分析表明，如果说思想政治理论课在科研建设上与其他人文社会科学专业有什么不同的话，那就是它更多的应当是体现在“教学艺术”

上，也就是要把科研的重点放在如何熔“三观”为一炉，如何在实际的教学过程中将“三观”的社会要求内化为大学生的思想和意志品质，直至转化为他们的行为习惯。

其三，就提高教师素质和维护教师切身利益的需要来看，科研建设也是教师自身发展的实际需要。多少年来，轻视科研建设而片面强调课堂教学建设，没有科研的“压力”已经给思想政治理论课教师的心理带来不良影响，致使他们缺乏自我要求和自我发展的内在动力。不少思想政治理论课教师，尤其是青年教师因此而感到“行有余力”，于是，或者开发“第二职业”谋求发家致富，或者通过考研谋求新的发展，结果反而导致这个队伍的整体教学水平不高，以至出现中青年学术带头人越来越少、后继乏人的局面。

三、要理顺课程建设与学科建设的关系

高校课程建设有广义和狭义两种含义，前者包括教材建设、队伍建设、资料建设等内容，后者是在与学科建设相对应、相联系的意义上说的。这里我们所说的课程建设指的是狭义的课程建设。

众所周知，高校思想政治理论课建设长期被视作“公共课”，缺乏学科意识和要求，因此不重视把课程建设与学科建设有机地对应和联系起来，这其实是一种错觉。实际情况是，即使是传统意义上的课程设置，也都有相对应的学科，如马克思主义哲学原理对应马克思主义哲学、思想道德修养对应伦理学、法律基础对应法学等。2005年，党和国家关于高校思想政治理论课出台了两个重大的举措：一是在课程设置上以“05方案”替代了“98方案”，二是新增马克思主义理论一级学科及其所属的五个二级学科，又增加了一个二级学科即“中国近现代史基本问题研究”。

这样，依据“05方案”设置的课程与新增的二级学科就完全对应起来了。不难预见，如果思想政治理论课教学建设的主管部门和广大思想政治理论课教师能够普遍确立学科意识，并采取必要的措施把学科建设与课程建设结合起来，以学科建设支撑课程建设，那么，思想政治理论课的教学

建设就一定能够得到切实的加强，出现一种崭新的局面。

要理顺课程建设与学科建设的关系，教师首先要解决思想认识问题，改变过去那种就课程建设谈课程建设的形而上学的思维方式，要确立这样一种课程理念：学科建设是课程建设的基石，没有学科建设支撑，课程建设就成了空中楼阁。

其次，要单独建制思想政治理论课的教学研究机构，理顺领导管理体制。重视学科建设并把学科建设与课程建设有机地结合起来，关键是要有相应的建制和体制。改革开放以来，高等学校的思想政治理论课的教学研究机构的建制及其管理体制几经调整，多是“寄生”在专业教学和研究的机构之中，在这样的建制和体制下，思想政治理论课自然缺乏把学科建设与课程建设统一起来的话语权，课程建设不仅难以得到切实的加强、改进和发展，而且还受到某种程度的削弱[1]。

最后，在独立建制教学和研究机构的同时，把属于马克思主义理论学科的博士点和硕士点移植到思想政治理论课的教学研究和管理机构中来，并在现有的基础上积极创造条件，使之继续发展，承担起主要为思想政治理论课培养合格优秀教师的历史重任。当年国家新增马克思主义理论学科的博士点和硕士点，目的就是加强思想政治理论课建设特别是教师队伍建设。但是，新增以后的博士点和硕士点目前却多设在专业课的教学和研究机构之中，形成利用思想政治理论课的教学和研究力量加强和发展专业建设的格局，实际上不仅没有加强和促进思想政治理论课的建设，相反在某种意义上削弱了思想政治理论课建设。

综上所述，加强高校思想政治理论课建设面临一系列的理论和实际问题，建设的任务光荣而艰巨，需要我们在理顺其应有的逻辑关系的前提下积极探索，勇于创新。

---

① 一个客观存在的事实是：个人发展得比较好的思想政治理论课教师往往会被抽走从事专业课的教学，或把主要精力放在专业课教学上面，而优秀的专业课教师却极少被安排承担思想政治理论课的教学任务。

“推动大众化”是马克思主义理论教育的重要任务*

在推动当代中国马克思主义大众化的历史进程中，高校马克思主义理论承担着特殊的历史责任，需要以“推动大众化”为教育宗旨，以“推动大众化的素质”为培养目标，实行多方面的与时俱进的改革和创新。

党的十七大提出了“开展中国特色社会主义理论体系宣传普及活动，推动当代中国马克思主义大众化”的战略任务。在实施这个战略任务的历史进程中，高校的马克思主义理论教育应适时调整思路，实行与时俱进的改革和创新。

新中国刚成立，高校便开始以公共课的形式开展马克思主义理论的教育，此后不久又开创了马克思主义理论教育的专业，专门培养从事马克思主义理论教育的人才①。高校为什么要开展马克思主义理论教育？60年来，人们对此的认识有所变化，但总的来看是在两种意义上来理解的：一是为

* 原载冯刚主编：《高校马克思主义大众化研究报告(2009)》，北京：光明日报出版社2009年版。

① 1949年10月11日，当时的华北地区高等教育委员会颁布了《各大学、专科学校、文法学院各系课程暂行规定》，决定“辩证唯物论和历史唯物论”“新民主主义论”“政治经济学”为文法学院的公共必修课。1950年7月24日至8月25日，教育部在北京召开了全国高等学校政治课教学讨论会，并于10月4日发出《教育部关于全国高等学校暑期政治课教学讨论会情况及下学期政治课应注意事项的通报》及其附件《关于高等学校政治课教学方针、组织与方法的几项原则》。为了纠正此后出现的把政治课与业务课对立起来的错误倾向，教育部于1951年9月又发文取消“政治课”的名称，重申由“辩证唯物论和历史唯物论”“新民主主义论”“政治经济学”组成马克思主义理论教育的公共课的课程体系。1952年9月1日，《中共中央关于培养高等、中等学校马克思列宁主义理论师资的指示》颁发，中国人民大学创建马克思列宁主义研究班，开创了新中国高等教育设置马克思主义理论专业教育和人才培养之先河。

了坚持我国高等学校的社会主义性质和办学方向，因为马克思主义理论是科学的世界观和方法论，是指导我国社会主义各项事业的思想理论基础。二是为了坚持我国高等学校人才培养的目标和规格，确认我国高校各个专业教育和培养的人才都必须具有马克思主义的基本理论和知识，能够运用马克思主义的立场、观点和方法看待社会和人生。这两种理解的立足点是我国高等教育自身的阶级属性和人才培养的时代要求，无疑是正确的。但我以为仅作如是理解是不够的，从宗旨和根本目的来看，我国高校开展马克思主义理论教育应是推动马克思主义大众化，就当代中国高校而论，就是要推动当代中国的马克思主义——中国特色社会主义理论体系大众化，使之普及开来，深入人心，转变为全党全民的共同意志，成为建设中国特色社会主义现代化国家的巨大的精神力量，进而转变为巨大的物质力量。

一、马克思主义本质属性决定应以“推动大众化”为宗旨

马克思主义与在此以前出现的任何理论体系都不一样，它本质上是属于“大众”的，属于“最广大的人民，占全人口百分之九十以上的人民”[①]。马克思主义理论来自广大人民群众的实践，是对广大人民大众实践经验的科学总结，又是指导人民大众认识世界、改造世界的科学的世界观和方法论。同样，当代中国的马克思主义——中国特色社会主义理论体系不是来自书斋，而是来自当代中国改革开放和社会主义现代化建设的伟大实践，是对勤劳勇敢的当代中国人民大众建设中国特色社会主义的创造性的伟大实践的科学总结。来自人民大众又服务于人民大众，指导广大人民大众走翻身解放、富裕幸福之路，正是马克思主义的本质属性的生动体现。30多年来的改革和发展，主要依靠的是我们党审时度势、适时地总结了广大人民群众的创举，制订和推行了适合中国国情的方针和政策，从而调动了广大人民群众的积极性和创造性；改革开放和社会主义现代化建设的继续推进，需要将来自当代中国改革开放伟大实践的当代中国的马克思

①《毛泽东选集》第3卷，北京：人民出版社1991年版，第855页。

主义——中国特色社会主义理论体系推广开来，变成广大人民的自觉意识和自觉行动，使之产生永久性的精神动力。然而，这样的精神动力是不会自发产生的，来自人民大众、属于人民大众的马克思主义理论，并不能自发地为人民大众所理解、接受和运用，它需要“推动”，需要有目的有计划地进行教育和普及，使之有一个大众化的过程，产生大众化的效应。除此之外，我们别无选择。

从另一个角度看，属于“大众”的本质属性决定了马克思主义必然是一种开放的、发展的科学系统，其不竭的生命力源泉不在其本身，而在于广大的人民群众之中，在于其经由大众化的普及途径而为广大人民群众所理解、所接受，转变为广大人民群众的集体意志和集体行动。1887年1月27日，恩格斯在给弗洛伦斯·凯利-威士涅威茨基夫人的信中谈到他与马克思创建的理论的生命力时说道：“我们的理论是发展着的理论，而不是必须背得烂熟并机械地加以重复的教条。”[①]可见，“推动大众化”也是马克思主义本质属性合乎逻辑地推导出的内在要求。

由上可知，马克思主义理论的一切宣传和教育活动都必须以“推动大众化”为根本目的和宗旨，由此出发建构“推动大众化”的认知逻辑，赋予“推动大众化”的实质内涵和特色。在这方面，高等学校的马克思主义理论教育无疑应当率先垂范，发挥某种示范的作用。

高校马克思主义理论教育应以“推动大众化”为宗旨，也是社会主义制度和社会主义意识形态的性质决定的。我国实行的是人民当家作主的社会主义制度，马克思主义是我国社会主义制度下的主流意识形态。高校的马克思主义理论教育如果不能贯彻“推动大众化”的宗旨，势必造成“学在学宫”而不在“民间”的格局，不能超越阶级社会里统治阶级推行其主流意识形态的思维窠臼和建构范式，与我国社会主义制度的性质和主流意识形态的建构范式其实是不相符合的。由此看来，高校的马克思主义理论教育在宣传和普及中国特色社会主义理论体系、推动当代中国马克思主义大众化的历史进程中承担着极为重要的特殊使命。

①《马克思恩格斯文集》第10卷，北京：人民出版社2009年版，第562页。

高校马克思主义理论教育确立以“推动大众化”为宗旨，在教育的理念上需要解决一个带有根本性的问题，这就是：大学生既是推动当代马克思主义大众化的对象，又是推动当代马克思主义大众化的主体。作为“推动大众化”的对象，大学生是人民大众的一部分，必须较为系统地接受当代中国马克思主义基本理论的教育，能够运用马克思主义的基本立场、观点和方法看待社会和人生，看待当代中国社会发展进程中所取得的辉煌成就和出现的一些复杂情况。党和人民教育和培养大学生，不是要让他们成为脱离人民大众的特殊阶层，而是要让他们成为具有社会主义政治觉悟的普通劳动者，成为合格的社会主义现代化的建设者和接班人。作为“推动大众化”的主体，大学生承担着推动当代中国马克思主义大众化的特殊使命。大学生作为合格的社会主义现代化的建设者和接班人，其“合格”应包含“推动大众化”的素质要求。在全社会推动中国化马克思主义大众化的历史过程中，大学生应是马克思主义的世界观和方法论的积极宣传者和倡导者，能够以历史唯物主义的方法论原理宣传他人，影响社会，从事马克思主义理论专业学习的大学生更应当能够做到这一点。“推动大众化的对象”和“推动大众化的主体”之间的逻辑关系建构，后者依靠的是前者。就是说，大学生能不能成为推动当代中国马克思主义大众化的积极的宣传者和倡导者，取决于其在校接受马克思主义理论教育期间，作为“推动大众化的对象”有没有同时接受作为“推动大众化的主体”的教育。

二、“推动大众化”要以“推动大众化的素质”为培养目标

以“推动大众化”为教育宗旨，要求必须以“推动大众化的素质”为培养目标。所谓“推动大众化的素质”，是指通过马克思主义的理论教育，使受教育者在理解马克思主义的本质属性和本质要求、掌握马克思主义的基本知识理论的基础上，坚持马克思主义理论并身体力行，形成宣传和普及中国特色社会主义理论体系的政治觉悟和基本能力。

新中国成立后的近60年间，高校的马克思主义理论教育除了“文革”

期间从未间断过，教育和培养了一大批从事马克思主义理论研究、宣传和教学的优秀人才，但毋庸讳言，他们中的一些人缺乏“推动大众化的素质”。不能不看到这是一个问题，这个问题至今依然存在，而且比较突出。一些大学生，包括一些接受马克思主义理论专业教育的大学生，学习的目的不是为了用马克思主义的理论武装自己，“推动”自己实现“大众化”，不是为了走出校门后的运用和推广，“推动”他人实现“大众化”，而是为了应付考试和获取学位。其中一些人不仅缺乏自觉宣传当代中国马克思主义的觉悟素质，也缺乏宣传当代中国马克思主义的能力素质。他们不能运用唯物史观的方法论原理认识大众社会和大众人生，身在人民大众之中却缺乏大众品格，缺乏与大众平等相处的意识，不愿以“普通劳动者”的角色出现在人民大众之中；或者没有向其他大众宣传马克思主义的历史使命感和自觉意识，不具备向其他大众宣传马克思主义的能力。有的大学生在学了马克思主义的理论之后，思维方式和话语系统中没有马克思主义，甚至在遇到需要使用“马克思主义”“中国特色社会主义理论”之类的词语时也感到“羞于启齿”。当然，“推动大众化”不是要提倡把“马克思主义”“当代中国马克思主义”等“挂在嘴边”，但是如果“嘴边”从来没有这样的词语，正常吗？

强调要以“推动大众化的素质”为培养目标，不是要反对高校马克思主义理论教育特别是马克思主义理论的专业教育要培养“精英”之才。人类社会至今的高等教育还没有真正实现普及，培养的人才基本上还是属于“精英”层次，这种培养目标和思维方式自然也会体现在马克思主义理论教育方面。但是应当看到，马克思主义理论教育培养的“精英”，包括马克思主义理论的专业教育所培养的“精英”，不同于其他专业培养的“精英”。马克思主义理论教育培养的“精英”，必须是具备“推动大众化的素质”、能够推动当代中国马克思主义大众化的“精英”。诚然，他们中的一些人可能会成为马克思主义的理论家，这也是党和人民希望之所寄，但是这样的“精英”也应当是善于宣传人民大众和宣传社会的“精英”，他们的劳动和创造同样应主要体现在把马克思主义的科学世界观和方法论推广到最广大的人民群众之中，而不是主要体现在做文本学问上。如上所说，马克思主义作为指导我国社会主义现代化建设事业的理论基础，唯有通过教育和普及转变为最广大的人民群众的自觉意志，才能展现其强大的生命力。如果说高等学校的马克思主义理论教育特别是马克思主义理论的专业教育需要培养出一些马克思主义理论方面的“精英”，那么，这样的精英首先应当是乐于和善于推动马克思主义大众化的优秀人才。其他专业培养的“精英”——理论家和科学技术人才，则是无论如何也难以做到“大众化”的，他们的劳动和创造的价值，直接体现在运用理论和科学技术成果为人民大众服务，给人民大众带来福音。

这样说，也不是要否认马克思主义是一门学问。在人类自古以来创建的人文社会科学体系中，马克思主义是揭示自然、社会和人类思维活动的客观规律的一门科学，一门大学问。高校的马克思主义理论教育，必须要通过周密的安排和精心的组织使大学生真正掌握马克思主义理论这门大学问。马克思主义理论专业的教育，还应当为培养造就一批中青年马克思主义学问家、理论家做好奠基工作。但是，马克思主义理论的学问是用辩证唯物主义和历史唯物主义的一般方法论建构起来的科学体系，本质上是实践的，不是脱离实践的“纯粹理性”，其形而上学的特色仅在于深化和阐明其实践理性，而不在于规避和脱离实践的实质内涵。因此，不能因为强调马克思主义理论是一门学问、一门大学问而忽视它的实践性。马克思主义理论的学问家，也应当同时是马克思主义理论的实践家，或者是关于实践的说明家，即擅长“推动大众化”、把马克思主义理论的大学问推广和运用到广大人民群众的实践中的实践家。

三、贯彻“推动大众化”要求创新高校马克思主义理论教育

“推动大众化”的教育宗旨和“推动大众化的素质”的培养目标，要求高校马克思主义理论教育要围绕“推动大众化”进行多方面的改革和创新。

首先，要创新教育理念和思维方式。马克思主义理论教育无疑要向学生传授和灌输马克思主义的基本知识和基本理论，过去我们也一直是这样做的，取得了明显的成效。然而，我们这样做的时候并没有立足于推动当代中国马克思主义大众化的教育理念，思维方式是封闭的，不是开放的，不是立足于“推动大众化”教育宗旨及其对人才培养提出的客观要求。这个问题的存在，从根本上影响了高校实行“推动大众化”的马克思主义理论教育。

其次，要创新课程标准和内容。课程标准和内容直接反映和体现教育宗旨和培养目标的要求。高校的马克思主义理论教育至今多以课程形式组织实施，由教育主管部门统一颁发课程标准和内容体系，其科学性和规范性毋庸置疑。但是，如果从“推动大众化”的要求来看就存在一些明显的问题了。如重视书本知识之间的逻辑陈述而轻视书本知识与社会实际之间的逻辑建构、重视书本叙述的知识点而轻视社会现实中出现的热点问题、重视形上的追问而轻视形下的分析等。这些问题的存在，使得我们的课程标准和内容离社会现实和人民大众的所思所想较远。要改变这一弊端，贯彻“推动大众化”的教育宗旨，就要打破围绕书本知识教学、对照书本知识考核的旧的教育教学模式，围绕“推动大众化的素质”的目标要求来调整课程标准和内容。

再次，要改革教育教学方法。人类从事的一切认识和实践活动都需要方法，方法犹如渡河之舟或过河之桥，是连接过程与目标之间的纽带与桥梁，其重要性是不言而喻的。这是人们习惯性的理解。其实，全面理解方法的意义，还应当看到方法本身也具有目标性的认识和实践价值，因为在用特定的方法连接过程与目标之间的逻辑关系的过程中，特定的方法会不可避免地同时以目标性预设的要素贯通和融会在认识和实践的过程中，以“意外收获”的价值效应（当然也包括“意外遭遇”的负面效应）影响到目标价值的实现。方法的这种双重效应反映在思想道德和政治教育的活动中就是“用什么样的方法教育人就会教育培养出什么样的人”。过去的马克思主义理论教育，旨在使学生掌握马克思主义基本知识和理论，又多以课程教学的方式进行，其教育和教学组织实施的方法与其他人文社会科学的公共（通识）课程和专业课程没有什么两样——“满堂灌”。这样的方法必然会在“过程价值”和“目标价值”的双重意义上限制我们所培养的人才具有“推动大众化的素质”。高校马克思主义理论教育要想确立“推动大众化”的宗旨和“推动大众化的素质”的目标，就必须要进行教育教学方法上的改革，广泛建立课堂与社会、书本与现实之间的逻辑关系，培养学生具有关注现实、关爱大众和宣传大众的良好的道德品质和思维品质。

最后，要优化教师的素质。任何形式的教育，教师都是实现教育宗旨和培养目标的关键。我国高校常年承担马克思主义理论教育的是一批专职教师，他们爱岗敬业、勤奋工作，但是从总体上看，正如《中共中央宣传部 教育部关于进一步加强高等学校思想政治理论课教师队伍建设的意见》指出的那样，他们的素质还不能很好地适应新形势下加强马克思主义理论教育的需要。他们是在以往马克思主义理论教育教学模式中培养出来的人才，多数都是“会教书的人”，知识和能力结构距离适应“推动大众化”教育的实际需要还有相当大的差距。实行“推动大众化”的教育，教师必须优化自己的素质结构。他们的素质结构，应当既不同于承担其他公共（通识）课教学的教师，也不同于专门从事马克思主义理论研究和宣传工作的人。在马克思主义理论一级学科视野里，高校马克思主义理论课程教师的教学与研究同专门从事大学生思想政治教育的辅导员的工作与研究存在相似之处，同属大学德育范畴和思想政治教育学科范畴，因此，他们除了也应当具备“政治强、业务精、纪律严、作风正”的品格之外，还应当具有“推动大众化”教育的素质。而从他们目前的实际情况来看，要达到这样的素质要求还有很多问题需要研究和认真加以解决。

推进马克思主义大众化的唯物史观视野*

推进马克思主义大众化，是推进马克思主义中国化和时代化的核心要求和关键环节，根本宗旨是为了增强广大人民群众当家作主的意识和能力。因此需要创建为广大人民群众所理解、接受和运用并乐于参与创新的“大众化的马克思主义”，把推进马克思主义大众化与建设社会主义和谐社会紧密地联系起来。

一、马克思主义大众化是“三化”的核心要求和关键环节

大众，即群众，“普通人”，在历史唯物主义视野里属于历史范畴。过去阶级社会的大众与今天社会主义社会的大众有着本质的不同，前者是相对于统治阶级而言的，即被统治的广大劳动群众，在我国封建专制社会里被视为“芸芸众生”的“下愚”，是相对于专制统治者的“上智”而言的。在我国社会主义社会，大众所指则是当家作主的广大人民群众，虽“普通”但已“当家作主人”，既不是“下愚”，也不应被视为“下愚”。因此，不可在“统治者”与“被治者”相差别以至相对立的意义上来理解马克思主义大众化的“大众”概念，将推进马克思主义大众化理解为站在“治者”或“上智”的立场上对“被治者”或“下愚”实行的“大众教化”。

* 原载《理论建设》2011年第6期。

因此，推进马克思主义大众化，首先要确立马克思主义的大众观。这是讨论推进马克思主义大众化问题的认识论前提。

唯物史观认为，人民群众是创造世界历史的真正动力，是推动社会历史发展和进步的主体力量，这不仅表现在创造物质财富和推动社会变革方面，也体现在创造精神财富和推动精神文明建设方面。在社会主义制度下，承认和尊重广大人民群众这种主体地位和作用，也应包括大众对于马克思主义的学习、理解、把握和实践，乃至创新。

目前学界一般认为，马克思主义大众化就是把马克思主义的基本原理、基本观点通俗化、具体化，使之能够为人民大众所理解、所接受。这种认识无疑是正确的，但仅作如是观又是不够的。因为它只把大众看成是马克思主义的“接受主体”，思想观念上反映的实际上仍然是阶级统治社会里的“治者”和“上智”的大众观，并不符合唯物史观的方法论逻辑。应当看到，在广大人民群众当家作主的社会主义中国，大众不仅是马克思主义的“接受主体”，也是马克思主义的“承担主体”“评价主体”和“实践主体”，乃至“创新主体”，不论是哪种“主体”都是“当家作主人”的主体，或都是统一于“当家作主人”的“主体”。从这点来看，评判马克思主义实现中国化和时代化，具有中国化和时代化的属性，标准不能只是政治家和理论家的，而应当是广大人民群众的，或应当同时是广大人民群众的。这样说，并不是要否认在推进马克思主义大众化进程中对大众“灌输”马克思主义的必要性，而是强调要站在广大人民群众的立场上，不可脱离人民大众所欲、所思、所需、所求，来抽象地谈论推进马克思主义中国化和时代化。如果离开广大人民群众对马克思主义的普遍理解、接受和运用乃至创新，所谓马克思主义中国化和时代化，充其量不过是一种书斋式或“学问式”的中国化和时代化，不能促使马克思主义在中国特色社会主义现代化建设的历史进程中真正转变为“伟大的物质力量”。

由此看来，马克思主义中国化本质上应作“马克思主义中国大众化”理解，马克思主义时代化本质上应作“马克思主义中国大众时代化”来理解，“三化”归根到底要“化”在广大人民群众之中。

正是在这种意义上，我们认为，推进马克思主义大众化是推进马克思主义中国化和时代化的核心要求和关键环节，离开推进马克思主义大众化，推进马克思主义中国化和时代化就被抽象化、没有实际意义了。

二、推进马克思主义大众化的根本宗旨在于增强广大人民群众“当家作主”的意识和能力

社会主义制度实行广大人民群众当家作主，我国一切社会主义事业都是为广大人民大众的事业，都必须从广大人民群众的根本利益出发，并依靠广大人民群众来建设和推动，对推进马克思主义大众化这项社会主义事业自然也应作如是观。因此，应当视帮助广大人民群众实现当家作主、真正能够做社会主义国家的主人，为推进马克思主义大众化的根本宗旨。

毫无疑问，大众当家作主需要相应具备当家作主的意识和能力。它主要表现为认知当代中国国情及中国所处世情的意识和能力、把权利与义务（责任）统一起来的自觉意识和行为能力等。显然，这样的意识和能力不可能自发生成，也不可能伴随社会革命和社会主义制度的建立而自发形成，其获得取决于大众对当家作主地位的把握，而这种把握又离不开在唯物史观的指导下适时地进行思想认识和价值观念的更新。很难设想，如果人民大众普遍缺乏当家作主的意识和能力，我们能够建设成中国特色社会主义的现代化国家。

我国社会主义制度建立之前，大众从未有过当家作主的经历，在长期被统治的社会地位中养成了“被治”的社会心理和依赖型的思维模式，缺乏当家作主的自觉意识和行为能力。新中国成立后，大众成为国家的主人，但在一段时间内，并没有在马克思主义的科学社会历史观的意义上，真正解决当家作主的意识和能力的问题。而改革和社会转型，恰恰对广大人民群众当家作主的意识和能力，提出了更高的要求。

改革开放三十多年来，我国经济发展取得了举世瞩目的辉煌成就，同时也出现了新的社会问题和矛盾。党的十七届五中全会在深入分析中国社会发展面临的形势后指出，“必须以更大决心和勇气全面推进各领域改

革”，包括政治体制改革，同时又指出，必须“坚持中国特色社会主义政治发展道路，坚持党的领导、人民当家作主、依法治国有机统一，积极稳妥推进政治体制改革，不断推进社会主义政治制度自我完善和发展”。这就需要人民大众能够真正以当家作主的主人翁姿态和科学的思维方式，珍惜改革开放以来取得的辉煌成就，正确看待社会转型过程中出现的问题和矛盾。

而要如此，从根本上来说，就是要在推进马克思主义大众化的进程中，普及科学的社会历史观，使广大人民群众能够在唯物史观的指导下理解当代中国社会转型期出现问题和矛盾的必然性，以积极的人生姿态合乎理性地面对当代中国社会发展面临的挑战和机遇。避免可能生发“主人感失落”的思想观念和消极情绪，做出有悖于当家作主的事情来。

这就决定推进马克思主义大众化的过程，必须是促使马克思主义科学的社会历史观由被少数人理解和掌握转变为被广大人民大众所理解和掌握的过程，转变为广大人民大众的自觉意识和自觉行动的过程。这是推进马克思主义大众化的根本宗旨，也应是检验和评判我们真实地推进马克思主义大众化、马克思主义实现了大众化的唯一标准。

三、推进马克思主义大众化也是增强党的执政能力的根本途径

中国共产党代表广大人民群众的根本利益，除了广大人民大众的利益和要求，没有自己的一党私利。从这个角度看，视推进马克思主义大众化为增强广大人民群众当家作主的意识和能力，与中国共产党加强自身的执政能力建设是相通的，推进马克思主义大众化也是加强党的执政能力建设的根本途径。

我们党的指导思想的理论基础是马克思列宁主义，而党的组织资源和基础则是广大人民群众。共产党员在没有加入党组织之前，作为“大众”是否具备一定的马克思主义的知识和理论素质，在组织资源的意义上直接影响党的执政能力。不难设想，在一个不认真推进马克思主义大众化、逐

步实现马克思主义大众化的国度里，我们不可能真正建设成功一个用马克思主义科学世界观和方法论武装起来的执政党。我们党为什么要推进马克思主义中国化、时代化和大众化？从根本上来说，一是为了代表和实现广大人民大众的根本利益和需求，二是为了直接帮助广大人民群众当家作主，三是为了加强自身的组织建设，而这三者本质上又是一致的：把人民大众的当家作主的能力建设与加强我们党的执政能力建设，合乎逻辑地贯通起来。

我们党早在领导中国人民进行新民主主义革命和反对外来侵略的战争年代，就充分注意到这个问题。不过，由于受时代条件的限制，当年的马克思主义大众化乃至中国化、时代化的推进工作，多是在党内和革命军队内部的“大众”中开展的。这个历史经验，我们可以从毛泽东的《关于纠正党内的错误思想》和《反对自由主义》、刘少奇的《论共产党员的修养》等著述中得知。当时所要“纠正”的“错误思想”、所要“反对”的“自由主义”等，都是缘于共产党员和革命军人在做“普通人”期间没有接受马克思主义。那时候的那种“大众化”其实是在“补”上党和革命军队之外的“大众化缺场”的课。

今天，我们党已经由“革命党”转型为“建设党”，“领导能力”已转型为“执政能力”，但党的性质和纲领没变，建设目标和任务没变。以马克思列宁主义为指导思想的理论基础这一关涉党的性质和纲领的带有根本性的建设任务，既可以安排在党内，也可以安排在党外，后者更为重要，因为它属于开发和优化“组织资源”的基础性建设。推进马克思主义大众化，正是这样的基础性建设工程，应视其为新的历史条件下加强党的执政能力建设的根本途径。毋庸讳言，在改革开放和大力发展社会主义市场经济的历史条件下，我们党没有能力也没有必要把马克思主义大众化需要解决和能够逐步解决的大量问题，统统放到党的组织内部来加以解决。

总之，提高党的执政能力的根本途径在于掌握马克思主义科学理论及其当代中国形式，而掌握马克思主义的根本途径则在于推进马克思主义大众化。这样的途径安排，除了要在高等学校等专门的教育机构大力推进

“青年马克思主义者培养工程”之外，就是要在全体国民特别是“80后”“90后”的新生代中广泛持久地开展马克思主义的普及工作。

四、推进马克思主义大众化需要创建“大众化的马克思主义”

推进马克思主义大众化是一种创造性的社会工程，首先需要有理论创新精神，创建适合推进马克思主义大众化的“大众化的马克思主义”。

马克思主义本质上是为人民大众的理论，关注大众需求、回应大众关切、解答大众困惑，在这种过程中同时成为人民大众认识和把握社会与自己发展进步之规律的强大思想武器，是马克思主义的社会历史使命，也是马克思主义的内在要求和生命力之所在。正是在这个意义上，马克思指出：“哲学把无产阶级当做自己的物质武器，同样，无产阶级也把哲学当做自己的精神武器。”①就是说，马克思主义的本质决定推进马克思主义大众化的过程，就是要将马克思主义的前途和命运与人民大众的前途和命运彻底联系在一起的过程。这就要求，推进马克思主义大众化需要创建“大众化的马克思主义”。

所谓“大众化的马克思主义”，简言之就是易于为广大人民群众所理解、接受和运用并可参与创新的内容通俗、形式活泼的马克思主义。它应具备如下一些主要的理论品质。

一是内容少而精，不追求内容的全面性和系统性。能够概要、精到、通俗地反映马克思主义理论作为科学的世界观和方法论的本质属性，简明表达马克思主义的基本立场、观点和方法的原典精神及其当代的中国形态。具体来说，就是能够凸显中国特色社会主义理论体系尤其是科学发展观的基本内涵和精神实质。

二是方法彻底，具有鲜明的时代感和问题意识。“大众化的马克思主义”应当能够贴近当代中国的社会现实，贴近广大人民群众的实际生活，不回避社会转型期的现实问题，尤其是不回避广大人民群众耳闻目睹、普

①《马克思恩格斯文集》第1卷，北京：人民出版社2009年版，第17页。

遍关切而又感到“困惑”的实际问题。也就是说，能够有助于广大人民群众清晰地解读当代中国社会改革与发展历史进程中碰到的社会矛盾，排解由这些问题引起的思想困惑和不良情绪。作如是观，也正是马克思主义中国化和时代化的本质要求和生动体现。马克思主义中国化的理论成果，特别是中国特色社会主义理论体系，本身就是当代中国的马克思主义者正视、研究和说明、解读当代中国社会改革和发展历史进程中发生的现实问题的理论结晶，具有彻底的唯物史观的方法论品格。从这个角度看，“大众化的马克思主义”还应当包含维护和促进社会主义公平正义的内容。党的十七大报告在阐述“坚定不移发展社会主义民主政治”时强调要“维护社会公平正义”，党的十七届五中全会公报在阐述“加快转变经济发展方式，开创科学发展新局面”时又强调要“促进社会公平正义”，从而把维护和促进社会公平正义这项具有战略意义的重大任务，提到了全党全国人民面前。党的十七届五中全会同时指出，“必须以更大决心和勇气全面推进各领域改革”。这就需要创建社会主义公平正义观，引导和帮助广大人民群众实行自我教育，以当家作主的国家主人翁姿态，公平公正地看待和处置个人与他人及国家、集体之间的利益关系，“公众与公仆”之间的关系。

三是形态多样性，凸显与广大人民群众切身利益和人生发展关系最为紧密、最为广大人民群众乐于接受和运用的理论形态。如马克思主义的社会发展观、社会基本矛盾观、公平正义观、法制观、伦理道德观，尤其是家庭伦理观、人际关系伦理观、职业伦理观等。这就要求马克思主义理论必须从书斋走近社会生活，走进人民群众的心灵，贴近社会生活实际，贴近群众思想实际，充分考虑广大人民群众的接受能力和思维习惯，把深邃的理论用平实质朴的语言讲清楚，把深刻的道理用群众乐于接受的方式说明白。做到内容与形式（表达方式）的大众化，接受方式和实践过程的大众化。

毋庸讳言，我们目前还远没有这种“大众化的马克思主义”的理论成果，马克思主义理论界甚至连这种创建意识都还没有形成。我们目前的马克思主义多是学者的马克思主义，文本的马克思主义，还远远没有成为最广大人民群众喜闻乐见、可以理解和接受、评价和实践乃至乐于参与创新的马克思主义。因此，把创建“大众化的马克思主义”作为推进马克思主义大众化的一项理论创新与建设的任务是十分必要的。

五、推进马克思主义大众化要在建设和谐社会的过程中进行

推进马克思主义大众化，显然不是要让广大人民群众都成为马克思主义者，而是要立足于人民大众的根本利益和民生要求，在构建社会主义和谐社会的过程中进行。人民大众自古以来都需要和向往安宁和谐的社会生活环境，也只有在这样的社会生活环境中或渴望实现这样的社会生活的理想追求中，才乐意接受现实社会推崇和倡导的主流意识形态和价值观，在自己当家作主的中国特色社会主义制度下的广大人民群众更是如此。

历史唯物主义认为，生产力与生产关系、经济基础与上层建筑的矛盾运动是社会历史发展的根本动力。中国的改革开放和发展社会主义市场经济，其实就是解决我国社会主义制度下生产力与生产关系、经济基础与上层建筑之间业已存在的基本矛盾，借助其实践的逻辑张力推动社会主义经济与政治等各项建设事业加速发展的过程。在这个史无前例的伟大变革中，我们在取得辉煌成就的同时，也出现了源于贫富差距扩大的各种社会矛盾，引发了包括人们心态失衡在内的一些社会问题。这使得广大人民群众在享用改革开放丰硕成果的同时又感到“幸福指数下降”，期盼社会和谐。党的十六届四中全会在深入分析当代中国社会存在诸多矛盾的基础上，提出了构建社会主义和谐社会的战略任务，适时反映了广大人民群众的心愿和根本的利益需求。

社会和谐是中国特色社会主义的本质属性。这一本质属性要求立足于改善民生和人民幸福，淡化和化解影响社会和谐的矛盾，建立人与人、人与社会、人自身等多方面的和谐关系。毫无疑问，这需要党和国家的政策调控，特别是需要关注民生的政策调控，但仅作如是观又是不够的。最重

要的还是广大人民群众能够成为建设社会主义和谐社会的认识和实践主体。而广大人民群众的这种主体的地位和作用并不是自发形成的，需要在接受和运用马克思主义的基本立场、观点和方法，正确认识和把握当代中国社会改革和发展出现的矛盾包括自身因心态失衡、不能自持而产生的“自我矛盾”的过程中，才能逐渐形成。

概言之，广大人民群众需要和向往和谐的社会生活环境，在这样的环境中继续投身当代中国社会的改革开放；这样的环境归根到底还是要依靠广大人民群众来创建，而广大人民群众只有在普遍接受并能够运用马克思主义的基本观点和方法，正确分析、认识和理解改革开放以来社会出现的诸多不和谐因素的情况下，才能真正成为构建社会主义和谐社会的主体力量。这决定了推进马克思主义大众化必须要与构建社会主义和谐社会紧密结合起来，在构建社会主义和谐社会的过程中进行。

试论思想政治教育命运共同体*

——基于思想政治教育学科创新发展的整体性视野

党的十八大以来，党和国家主要领导人多次在国内外重要场合用“命运共同体”的话语形式，表达实现中华民族伟大复兴的中国梦及其关联他国前途与命运的世界观念。笔者以为，建设命运共同体问题的提出是一种基于整体思维的大智慧，具有普遍的理论意义和实践价值，对于我们在整体性视野下推进思想政治教育学科的创新发展，同样具有唯物史观方法论的启迪意义。

一、认知思想政治教育命运共同体问题的必要性

命运，比喻事物发展变化的趋势，一般指某种事物受其整体结构各要素的影响而呈现的兴衰存亡的前途。用作喻指社会和人生发展变化的这种趋势和前途，命运总是以共同体方式演进的，由此而构成所谓命运共同体。

在人类社会历史领域，命运共同体属于政治哲学和社会伦理范畴，是一个因不能直观其“全体在者”而需要通过理解和把握其现实形态之具体“在者”的整体并回答“为什么在者在而无反倒不在”的形上概念。

* 原载《思想教育研究》2016年第3期，中国人民大学书报资料中心《思想政治教育》2016年第6期全文复印转载。

思想政治教育学科在20世纪80年代创立，是一批有识之士顺应时势、科学预测和理性把握新时期思想政治教育工作面临前途与命运问题的严峻挑战之智慧结晶。2005年12月，思想政治教育学科在马克思主义理论一级学科下正式设立，标志着思想政治教育已经上升到执政党和国家意志的层面。

毋庸讳言，思想政治教育学科创立以来，关于它作为一门独立学科的整体发展还存在诸多亟待研究和逐步加以解决的认识与实践课题。如，是否需要固化思想政治教育作为马克思主义理论学科体系中一门独立学科的信念和信心；可否将思想政治教育学科剥离出马克思主义理论学科体系独立为一级学科，或者让其加盟其他一级学科；高校的思想政治理论课教学和实务工作“两张皮”的问题不仅依然存在，而且人们对此已经习以为常；思想政治教育学位点招生与培养存在的“离经叛道”现象并非个别少数；全党全社会的“生命线”和“中心环节”可否列为思想政治教育学科创新发展的应有内涵；等等。

从逻辑上来看，存在这些问题并不足为奇，因为任何新生事物在诞生以后客观上都会存在“向何处去”的命运和前途问题，关键是要有自觉意识，并积极研究和解决其存在的问题，以主动把握其发展的客观趋势。关注思想政治教育学科共同体建设和发展的命运与前途，是一种最重要的学科自觉。

《关于调整增设马克思主义理论一级学科及所属二级学科的通知》（学位［2005］64号）曾明确指出正式设立思想政治教育学科的宗旨，并就这门学科的培养目标和人才规格要求做了明确的规定。在笔者看来，这些要求及其表述方式是否需要加以丰富和发展，今天自然可以研究，乃至开展必要的讨论和调整。但是，对其体现执政党和国家意志的宗旨与精神实质是绝对不可以随意改变的。近些年来，有学者将西方马克思主义生态学的社会历史观、托马斯·库恩的范式共同体的方法论，以及协同创新的同构理论引进思想政治教育研究领域。如果这种借用是基于探讨从整体上理解和把握思想政治教育学科前途与命运问题，那就应当给予鼓励和支持。虽然这些探讨的成果不多，言说方式多让人感到“空洞”或所谓“宏大”，立意取向也多带有“空想”的特性，以至可能会让人感到幼稚，但就认知和把握思想政治教育命运共同体的客观要求而言，其学术选向值得坚持。

二、思想政治教育命运共同体现实形态的结构分析

一般而言，可以按照不同的内涵与边界、规模与社会属性，对命运共同体的现实形态进行分类，大而言之有一国一民族乃至全人类的命运共同体，小而言之有一个职业部门和生活社区的命运共同体等。所谓思想政治教育命运共同体，是按照学科边界和内涵及其社会属性划分的共同体类型，指的是思想政治教育受各种现实形态要素的影响而发展进步的总体状态和客观趋势。在整体上认知和把握思想政治教育命运共同体，首先应说明下述三种现实形态及其逻辑关系。

第一，思想政治教育命运共同体的利益共同体。因其成员为了各自利益“走”到一起而构成，如同当年毛泽东所说的那样：“我们都是来自五湖四海，为了一个共同的革命目标，走到一起来了。”[①]任何利益共同体的实质都是成员之间的利益关系，思想政治教育利益共同体的利益关系本质上不是物质利益关系，而是精神利益关系，表现为共同体成员对社会和各自人生发展的价值诉求。如教育者与受教育者之间的价值诉求关系、教育者与受教育者同国家和社会集体之间的价值诉求关系、教育者之间的价值诉求关系，等等。这些价值诉求关系，是思想政治教育共同体之利益共同体的轴心，也是它不同于其他利益共同体的主要标志。因此，能够切实促进国家和社会的富强、和谐、平等、公正，养成和满足人生发展与价值实现的多方面能力，是思想政治教育赢得有效性和体现必要性、作为一门科学和教育艺术的逻辑前提。如若不然，思想政治教育的功能就可能是低效、无效的，在有些情况下甚至是反效的。

因此，立足于利益共同体来看思想政治教育，思想政治教育不能是超

①《毛泽东选集》第3卷，北京：人民出版社1991年版，第1005页。

功利的，在“为了什么”的问题上也不能是盲目的。相反，共同体所有成员都应当有强烈的功利意识，高举利益思想政治教育共同体的旗帜，具备能够在价值动因和目标上清晰回答思想政治教育“为了什么”和“怎样为了什么”的“共同体素质”。在高校，一直有一些大学生对思想政治教育包括思想政治理论课不感兴趣甚至抱有抵触情绪。造成这种困扰的原因自然是多方面的，但不能不说，其中一个重要原因就是教育者缺乏共同体的价值诉求立场，让受教育者感到“教育者”是在“代表官方”说话，与他们的人生发展和成功无关或关系不大。思想政治教育学科博士点设置之初，曾因导师队伍建设需要而邀请一些业外专家“借船出海”，这些人“出海”之后便陆续“弃船”而“出走”了，原因就在于他们在这里不能继续实现自己的价值诉求。这种现象发出一个警示，即思想政治教育学位点导师队伍建设，第一要义必须是遴选那些在价值诉求上可以与思想政治教育学共同体为伍的人。尊重、关切和满足共同体成员对于各自的价值诉求，是构成思想政治教育命运共同体之利益共同体的真谛所在。

第二，思想政治教育命运共同体的精神共同体。因其成员“走”到一起而需要“想”到一起构成。因诉求各自利益而“走”到一起的人们不一定就会“想”到一起，这是建构思想政治教育共同体之精神共同体的必要性所在。与其他精神共同体的不同之处在于，思想政治教育精神共同体在构成要素方面更看重共同的历史意识和社会认同感，科学进步的社会历史观、人生价值观和伦理道德观，而其核心则是马克思主义科学的社会历史观和伦理精神共同体。

伦理本是一种相对于“物质的社会关系”而言的特殊“思想的社会关系”。在一定的国家和民族，它以“心照不宣”“心心相印”“同心同德”和“齐心协力”的精神共同体形态，在“人心所向”的意义上表现为社会亲和力和凝聚力。伦理关系缺失或失衡，势必会出现心态失序和人心涣散的不良风气[①]。因此，伦理精神共同体深刻影响一切类型命运共同体的前途，对思想政治教育命运共同体中的政治伦理精神共同体自然也应作如是

① 钱广荣:《伦理学的对象问题审思》,《道德与文明》2015年第2期。

观。在思想政治教育精神共同体中，“人心所向”的伦理精神共同体显得尤其重要。

第三，思想政治教育命运共同体的管理共同体。因承担将“走”到一起和“想”到一起的共同体成员“管”到一起的责任而构成。在阶级对立和对抗的社会中，思想政治教育管理共同体是执政共同体的组成部分，直接代表统治阶级的根本利益，其管理思想也就是“统治阶级的思想”，同时也就在同一国家和民族的“共同命运”的意义上代表被剥削阶级的利益。这是历史上“仁者爱人”“为政以德”之类的统治阶级思想多内涵“民本”观念，成为剥削阶级把持的思想政治教育能够育出“明君名臣”之类历史人物的内在动因。由此而论，诸如“齐家，治国，平天下”“先天下之忧而忧，后天下之乐而乐”之类的思想观念和价值祈求，实际上都是命运共同体思维方式的产物，尽管它们难免会带有统治阶级“为了达到自己的目的不得不把自己的利益说成是社会全体成员的共同利益”而“赋予自己的思想以普遍性的形式”[①]这种具有伪命题性质的历史局限性。

社会主义在整体上消灭了阶级，也就在根本上消除了阶级对立和对抗，然而阶层差别和社会矛盾依然存在。面对这种社会现实，思想政治教育命运共同体中的领导者一方面有可能真正以共同体的管理理念和角色意识，担当“为了一个共同的目标走到一起”的领导责任，另一方面，也必然会因思想政治教育学科的特殊属性和使命，而使得其担当的管理和领导责任显得特别重要。

上述思想政治教育共同体现实形态的三种要素的逻辑关系，大体可以表述为：利益共同体是基础，精神共同体是核心，管理共同体是关键。将三者合乎逻辑地整合起来，方能彰显思想政治教育共同体的内在逻辑张力和整体性功能。

---

①《马克思恩格斯文集》第1卷，北京：人民出版社2009年版，第552页。

三、思想政治教育共同体的本质特性与构成逻辑

人在劳动中创造自身的过程，同时也就“自然而然”地创造了自己赖以生存和繁衍、谁也离不开谁的命运共同体。原始人类共同体分化解体之后，用阶级和国家民族差别与对立的方式看待不同的人群和社会，在许多情况下成为人们思维活动的立足点和出发点，由此而遮蔽了社会生活共同体的客观现实及其演绎的“自然历史过程”。这是生发祈望共同体的逆向思维，追求“大道之行”和“天下为公”、“理想国”和“乌托邦”之类社会理想的价值论根源。马克思主义创始人基于阶级压迫剥削和阶级斗争的社会现实，揭示了人类社会发展的客观规律和思想过程，指明共产主义社会是人类社会生活的“真正的共同体”。

实际上，关注和追问人类命运共同体，是马克思主义经典作家研究人类社会历史发展规律、发现唯物史观和剩余价值论的初衷。马克思和恩格斯在《德意志意识形态》中，在相对于因血缘和地缘关系而构成的“自然共同体”、因统治阶级为其统治的需要而设置的“虚幻共同体”、因“货币—资本”而连接的“抽象共同体”、空想社会主义者脱离“资本主义还很不发达的时代”却仅“求助于理性来构想自己的新建筑”的“虚构空想共同体”[①]的意义上，提出“真正的共同体”即共产主义社会的“自由人联合体”的概念，说：“在真正的共同体的条件下，各个人在自己的联合中并通过这种联合获得自己的自由。”[②]恩格斯后来在《反杜林论》之“社会主义”部分，在批评杜林唯心史观的“普遍的公正原则”时，对“真正的共同体”作了多角度的具体说明。纵观之，马克思主义关于共产主义社会的科学发展观，实则是基于把握人类社会发展的总体状态和客观趋势即命运共同体提出来的。关心所在命运共同体的前途，是人们应当具备的基本德性。

---

①《马克思恩格斯文集》第9卷，北京：人民出版社2009年版，第282页。

②《马克思恩格斯文集》第1卷，北京：人民出版社2009年版，第571页。

如同社会一般命运共同体一样，思想政治教育共同体本质上是社会和人关怀自身、实现发展进步的一种基本实践方式，是人的自觉能动性在精神活动与人格锻造领域表现出来的最高形式，具有层级、封闭和开放三大基本特性。

思想政治教育独特的学科属性和使命，决定了其共同体的本质特性与其他共同体有所不同。如上文提及的利益共同体多属于“精神”范畴，与经济活动共同体的利益关系有着根本的不同；再如管理共同体，其层级表现为从中央到地方的管理系统，如此等等，在于反映思想政治教育共同体整体内部存在的内涵和规模上的层次差别。封闭，反映思想政治教育共同体与其他共同体之间的不同之处，即其学科内涵、属性和使命的独特性。开放，一方面是指思想政治教育整体内部不同层级共同体之间应有的逻辑关联，另一方面是指思想政治教育共同体整体上与其他同类或相似的共同体的应有逻辑关系。思想政治教育作为一切工作的“生命线”和“中心环节”，作为马克思主义理论学科特设的二级学科，本性应当是开放的。近些年来，有学者力主思想政治教育要在“协同创新”中求发展，其立足点应是彰显思想政治教育共同体的开放特性。封闭与开放相统一，是思想政治教育共同体的内在要求和生命力所在。若是背离这种统一，要么会因自我封闭而走进死胡同，要么会因自我迷失而误入歧途，最终都会危及思想政治教育共同体的前途和命运。

思想政治教育命运共同体的构成和演绎是一种“自然历史过程”。这种历史过程的“现实基础”是“有法律的和政治的上层建筑竖立其上并有一定的社会意识形式与之相适应”的“社会的经济结构”[①]。它必然使得思想政治教育共同体成为一种历史范畴，具有国情和民族的特色，在阶级社会同时内含阶级的特质。

社会主义中国在总体上消灭了阶级，思想政治教育共同体构成的“现实基础”是社会主义市场经济及“竖立其上”的上层建筑包括作为观念的上层建筑的社会主义核心价值观，以及借助“自然历史过程”获得的历史

①《马克思恩格斯文集》第2卷，北京：人民出版社2009年版，第591页。

知识和理论的资源，它们主要是中华民族思想政治和道德教育方面的优秀传统文化、发达资本主义国家践行其人文关怀方面的有益知识和经验。

立足于主体的角度看，思想政治教育共同体构成遵循的是共同体与主体相一致的逻辑程式。一般说来，一个人的命运总是与其所在的共同体的命运息息相关、休戚与共的，因此其谋求生存和发展的方式不可违背共同体的规则。正是在这种意义上，马克思恩格斯基于“阶级共同体”，即“个人隶属于一定阶级”及其反映在“头脑”里的“一般观念”的历史事实，强调指出个体与共同体的逻辑关系是：“只有在共同体中，个人才能获得全面发展其才能的手段，也就是说，只有在共同体中才可能有个人自由。”[①]在思想政治教育共同体中，主体认同和尊重命运共同体构成的“现实基础”及其“自然历史过程”，与共同体同呼吸共命运，借助共同体的逻辑张力谋求个人的生存和发展，是共同体成员应当具备的基本德性和智慧。

四、思想政治教育共同体的维护和优化建构

（一）要摈弃“社会本位”抑或“个体本位”的两极思维范式，代之以共同体的思维方式

历史地看，“社会本位”和“个体本位”都是阶级对立和对抗社会的产物，与共同体的思维方式和价值观念不是那么一致。它们在封建专制社会和资本主义上升时期，对社会和人的发展进步都曾展现出重要的历史价值，一定程度上维护了全社会成员共同的命运，与此同时也都暴露出各自的历史局限性。资产阶级为此曾试图以“以人为本”的人本主义历史观和价值准则来调和“社会本位”或“个体本位”的对立，但事实证明，这种调和的作用在垄断私有制造就的阶级对立的“现实基础”上是有限的，在一些存在根深蒂固的种族主义的资本主义国家更暴露出其虚伪本质和虚弱

①《马克思恩格斯文集》第1卷，北京：人民出版社2009年版，第571页。

功用。当代西方一些有识之士，试图用诸如“社群主义”和“正义论”的价值思维方式应对和淡化资本主义社会的深刻矛盾，这种价值取向的旨趣是否可被视为一种向“共同体思维方式”转移的表征，值得我们关注。这里有必要指出的是，我们强调要用共同体的思维方式及其价值观维护和优化建构思想政治教育共同体，并不是要否认共同体内部客观存在的差别，更不是要反对源于差别而可能生发的矛盾和斗争。

（二）要厘清思想政治教育共同体的主体问题

讨论思想政治教育命运共同体问题，不能不涉论思想政治教育的主体问题。何谓思想政治教育主体？学界至今的观点大体有三种，即教育者主体、教育者和受教育者“双主体”、“主体间性”主体。这些主体观实则都是基于意识哲学或认识论哲学的二元论提出的，并未客观反映思想政治教育主体问题的实质。

哲学史上谈论的主体有两种视角，一是认识论视角，二是实践论视角。立足思想政治教育命运共同体的视角谈论的主体，属于实践主体范畴。思想政治教育共同体本质上是改造和塑造人的社会实践活动，而人在任何社会实践活动中都只能以主体担当的角色出现，虽然这样的担当总是存在“主体角色”的差别。讨论思想政治教育主体应持两个先决性的认知条件，一是所谓主体是指思想政治教育命运共同体之中的主体，不可在共同体之外或之上谈论思想政治教育的主体问题。二是思想政治教育命运共同体中的主体只有一种，这就是参与思想政治教育实践活动的具体的人，包括思想政治教育实际工作者、接受者、理论研究人员和管理人员四种人。作为主体，他们中的每一种人都是思想政治教育命运共同体的主体构成要素，制约和影响思想政治教育的前途和命运。他们之间只存在构成共同体的“主体角色”的不同，不存在是否为主体的差别。就命运共同体的维护和优化建构的客观要求来看，需要的是他们作为主体的和谐关系，而不是要做出主体与所谓客体的区分。在思想政治教育共同体中，他们都应承担着主体的责任，确立“当家作主”的主人翁意识，自觉发挥主体精神。

在思想政治教育实际工作中，受教育者要具备自觉担当接受教育的主体精神，积极主动而不是被动地接受思想政治教育，将接受教育看成是自己作为共同体成员的“主体责任”，是自己人生价值诉求过程中的必备环节。如果不这样看，只是自设或被他设为“客体”或“受体”，那么，实际上就让受教育者“物化”或“客体”化了，这就势必会在接受教育的前提上预设“主体性障碍”。或许有个别事例可以证明，在预设“主体性障碍”的前提下，教育者可以通过与受教育者“商谈”而使之受到某种教育，但是推而广之其结果会是怎样的呢？不得而知。思想政治教育借用经济活动中的“商谈伦理”或政治活动中的“协商原则”，不失为一种创新和有意义的探讨。但是，其前提条件应是教育者和受教育者之间互为主体，因为“商谈”和“协商”只有在平等主体之间才可能真实地进行。否则，只能依赖受教育者持有特定的信仰，并把教育者当成虔诚的“救世主”或“传教士”。然而，实际情况是没有多少受教育者会如此推崇教育者，教育者当中能够被当成信仰的对象、充当“救世主”或“传教士”的人也不多见。这样，“商谈”和“协商”就可能会带有某种虚拟、虚假的性质，未经科学的质性分析和实证支撑是难以被作为普遍原则来看待的。

从事思想政治教育理论研究的人，如果不能立足于共同体的角度发挥主体精神，只是搞纯粹的学问，其学术研究的活动和成果就可能会偏离主流，脱离思想政治教育学科整体创新和发展的客观要求，实则规避了自己作为思想政治教育共同体主体的责任。

由此观之，作为思想政治教育共同体的主体人，不论是在哪个岗位担当何种角色，都应当具有“当家作主”的主体精神。为此，就不能用“纯粹哲学”的“二元对立”的认识论，来理解和把握思想政治教育共同体中的主体。如此来理解和把握思想政治教育共同体中的主体问题，在实践上也应是完全可以逐步做到的。关键是要培育适应共同体建设和发展要求的意识和能力，即“共同体素质”。就此看来，如果回到上面受教育者的主体精神的话题，那么，高校思想政治理论课的第一课就应当是贴近思想政治教育共同体的整体功能特别是其各方面的价值诉求，讲明受教育者的主体责任及主体精神。

（三）共守思想政治教育共同体主流话语的基础

在科学研究中，主流语言的基础既是反映学科理念和价值取向的工具，也是表达学科内容和方法的载体，常言道的“行话”就是这个意思。在学科之林中，主流话语基础也是学科分类的“母语”和基本标志，其规范性要求是“一家人不说两家话”，既是维护学科“颜色”的需要，更是恪守学科属性和使命之需所在。思想政治教育共同体的维护和优化建构，共守主流话语基础至关重要，弄不好就可能会在整体上改变思想政治教育学科的“颜色”，甚至会在冥冥之中抽走或掏空国家和社会关于这门学科独特的规定性。

思想政治教育共同体的主流话语基础，与其他人文社会学科有着重要的不同，甚至有根本的不同。一方面，是“共享”话语的内涵不同。如思想政治教育之“思想”“政治”“教育”有其特定的内涵规定性，不可与其他一些学科关涉的“思想”“政治”“教育”混为一谈；其“方法”首先应是唯物史观意义上的方法论，是在根本上揭示思想政治教育的对象、本质、过程、规律等重大问题的原则，主要不是技术或工具层面的方法。另一方面，是拥有独特的话语内涵。如“中国共产党”“社会主义”“马克思主义”“历史唯物主义”“社会主义核心价值观”等，是思想政治教育共同体的必备话语，因为它们体现的是思想政治教育学科的意识形态属性。在这个问题上，应当看到，目前学界存在的淡化和弱化思想政治教育主流话语基础，以至有违思想政治教育使命和宗旨的言论的现象，是不利于维护和优化建构思想政治教育共同体的。这样说，当然不是主张要“言必称希腊”，更不是反对话语创新，而是强调思想政治教育共同体共守其主流话语基础，使之“万变不离其宗”以确保学科属性与使命的必要性和重要性。

共守思想政治教育共同体的主流话语基础是一项艰苦复杂的基础理论

研究工程，需要付出艰苦的努力。为此，有必要组织开展专题性的理论研究。如作为高校思想政治理论课教育教学重要内容的社会主义核心价值观，特别是诸如和谐、民主、法治、自由、平等、公正等，多是与中华优秀传统文化和发达资本主义国家主导价值观“共享”话语形式的价值原则，如果不能通过细致的专题理论研究，厘清其“共享”之下社会属性的差别，关于社会主义核心价值观的培育和倡导，实际上就很有可能会走到“复古”的老路或“西化”的邪路上去，从而失却社会主义核心价值观教育的意义。

在人类社会历史活动领域，每一种重要的新事物合乎逻辑地诞生之后都需要人们适时给予呵护，关注和把握其整体生态与发展趋势即前途与命运问题。不然，它就可能遭遇不应有的挫折，发生偏离或背离逻辑方向的裂变，直至走向质变和夭折。东欧剧变已经在社会制度层面提供了这种极其惨痛的反面经验和教训。

思想政治教育学科设立以来，我们为维护和优化这门新学科做了许多工作，促其内涵不断得到丰富，但我们在关注和把握其整体生态和发展趋势即前途与命运这个根本问题上，做得是不够的。如何在马克思主义理论整体性的视野里维护和优化建构思想政治教育这门新学科的前途和命运，是一个必须进行深入探讨的理论和实践话题，值得一代代人为此付出艰辛的努力，继往开来。

命运共同体的科学认知维度*

中共十八大以来，习近平总书记多次在国内外重要场合用共建命运共同体的话语形式，表达实现中华民族伟大复兴的中国梦及其关联人类命运的国际观念，这是基于人类社会发展进步之整体要求和全过程表达的哲学大智慧。所谓命运，一般用来比喻事物发展变化的趋势，泛指事物受其内在结构要素的作用和影响而呈现的发展趋势与前景。命运，用作喻称人类社会的发展趋势和前途即命运共同体，而命运共同体的现实形态则是人们通常所说的社会生活共同体。科学认知命运共同体，首先应看到共同体的两种不同形态。

人类在劳动中创造自身，同时也造就了谁也离不开谁的社会生活的现实共同体，从而使得维护和优化社会生活共同体并在此基础上认知和把握其发展变化趋势的命运共同体，成为人类对于自己生存方式的一种永恒追求。原始共同体分化解体之后，社会生活共同体的客观存在被阶级差别和对抗的严酷事实所遮蔽，这是催生脱离和超越社会现实的逆向思维，提出诸如“理想国”“大同世界”和“乌托邦”之类命运共同体空想的价值论根源。马克思主义创始人基于人类社会发展的客观规律和思想进程，在揭示阶级社会存在剥削和压迫的不平等制度的基础上，描绘了人类命运共同体发展进步的共产主义远景目标。在我国，科学认知和把握命运共同体，

* 原载《齐鲁学刊》2017年第2期。

应基于对一般命运共同体的现实形态及其“现实基础”进行逻辑分析，观照实现共产主义的远景目标，彰显中国特色社会主义命运共同体的“世界历史意义”，提出优化建构中国特色社会主义命运共同体的基本理路。

一、命运共同体的现实形态

任何社会的命运共同体都有特定的现实形态，一般由利益关系、精神关系和管理关系三种基本结构层次构成，每个结构层次的关系又都有其内在的逻辑结构，由此而构成独特的三个低一层次的共同体。在这里，我们可称有着现实形态的共同体为元共同体或母共同体，它的三种低一层次的共同体可称为分共同体或子共同体，分别为利益共同体、精神共同体、管理共同体。由此看来，科学认知命运共同体的前提，首先是科学认知其现实形态，三个低一层次的共同体及其内在的逻辑关系。

第一层次，利益共同体。因命运共同体成员为了各自利益“走”到一起而构成，基本内涵是物质的利益关系，大而言之一国一地区乃至整个人类、小而言之一个单位部门乃至一个“班组”，都是这样。不难理解，不同的人或人群（包括民族或国家）不会无缘无故地“走”到一起，形成相互依存、谁也离不开谁的关联各自命运的现实形态共同体，而是缘于各自利益，首先是物质利益的需求，由此而构成共同体中的利益关系，即利益共同体。

在唯物史观视野里，利益共同体中的利益关系归根到底是受一定社会的生产和交换的经济关系支配的。一国之中，人们怎样进行生产、交换和分配，也就处于什么样的利益共同体之中。在阶级对立和对抗的社会里，利益共同体必然存在不同利益集团之间的壁垒和冲突，因而也就必然会存在马克思所说的“虚幻”性一面。由此观之就不难理解，在阶级社会里统治阶级为何要惯于将本阶级的一己之私解释为“普遍利益”，并以其意识形态的“普遍形式”加以粉饰，染指社会上实际存在的共同体利益的“普遍性”，使之具有某种空洞的“虚幻”特性。也不难理解，在经济全球化的背景下，当今以美国为首的资本主义列强为何要力图以结盟方式构筑如同“跨太平洋伙伴关系协定”和“跨大西洋贸易与投资伙伴协议”那样的帝国利益共同体，并特别申明“不能让中国书写全球贸易规则”，刻意要将包括社会主义中国在内的广大发展中国家的利益需求排斥在全人类命运共同体之外，却又要扯着维护人类“公平”“正义”这类蛊惑人心的幌子。这表明，利益共同体的“共同性”与“普遍性”并不是同等含义的概念，科学认识和把握命运共同体中利益关系的共同性，需要对利益共同体持具体问题具体分析的科学方法。人类至今命运共同体之现实形态中的利益共同体，其共同性是相对的，一些剥削阶级特殊利益集团所宣示的“普遍性”并不具有普遍性的性质。中国共产党执政的中国特色社会主义社会实行人民当家作主，也在命运共同体的意义上代表着全人类发展进步的方向。

第二层次，精神共同体。因共同体成员利益需求“走”到一起而需要“想”到一起构成，主要表现为历史意识和社会认同感，实质内涵是一定的社会历史观、人生价值观和伦理道德观，而其核心则是作为特殊的“思想的社会关系”的伦理关系，亦即不同“辈分”和“身份”的人们之间的“思想的社会关系”。精神共同体同利益共同体一样，在其现实共同体意义上也是命运共同体中一种必然的结构层次。差别主要在于，精神共同体的“精神关系”是“趋同”的，对共同体成员的“共同性”和“普遍性”的要求严于利益共同体对其成员的要求。伦理关系作为精神共同体的核心，是一个需要特别澄明的理论话题。在伦理学等相关学界，人们过去长期不能分辨伦理与道德的学理内涵与边界，以为“伦理就是道德”。近些年来，伦理学界一些人对此作了深刻的检讨和反思。列宁在《什么是“人民之友”以及他们如何攻击社会民主党人》中，解释马克思在《资本论》第一卷序言中所说的“社会形态的发展是自然历史过程”时，把社会关系明确地划分为“物质的社会关系”和“思想的社会关系”两种基本类型，“思想的社会关系不过是物质的社会关系的上层建筑”[1]。伦理就是体现不同

①《列宁专题文集 论辩证唯物主义和历史唯物主义》，北京：人民出版社2009年版，第171页。

“辈分”和“身份”的人们之间一种特殊形态的“思想的社会关系”，它以“心照不宣”和“心心相印”、“同心同德”和“齐心协力”的思想相通和心灵秩序，在“人心所向”的价值取向上充当命运共同体内在的亲和力和凝聚力，深刻影响命运共同体现实形态的发展趋势与前途[①]。因此，自古以来的治国理政者都十分重视伦理的精神共同体建设，视其为“最大的政治”。

第三层次，管理共同体。承担着将“走”到一起和“想”到一起的共同体成员，特别是参与管理实务的共同体成员“管”到一起的双重管理责任，管理共同体在原始共同体解体后，演化成以执政共同体为主体和主导的形式。在阶级社会中，执政共同体直接代表剥削阶级的利益，也把握着精神共同体所需的实质内涵，力图通过其创建的意识形态建构适合其统治需要的精神共同体，同时也就在“共同命运”的意义上一定程度地体现了被剥削被压迫阶级的利益。这是中国历史上地主阶级能够以“独尊”的方式采纳儒家道德文化，将“仁者爱人”“为政以德”之类“民本”思想纳入“统治阶级思想”的内在动因，也是其执政共同体具有某种“人民性”、能够出现所谓“明君”和“名臣”之类杰出人物的原因所在。

据此而论，中国古代诸如“齐家，治国，平天下”“先天下之忧而忧，后天下之乐而乐”之类的价值祈求和思想观念，实际上都是关涉命运共同体之思维方式的产物，尽管其难免带有剥削阶级执政集团的历史局限性，但作为精神遗产仍然是我们今天认知命运共同体的思想资源，值得认真传承并加以发扬光大。

这里顺便指出，过去学界曾就剥削阶级的“阶级性”和“人民性”问题争论不休，莫衷一是，由此也对“明君”“名臣”在某些特定的伦理情境下会否持有“人民性”的道义立场见仁见智。而如果我们走出阶级对立和对抗的思维窠臼，基于管理共同体的视角认识和理解这个问题，这类分歧和争论也就迎刃而解了。

上述命运共同体之现实形态的三种结构层次，是相依共存、相得益彰

---

① 钱广荣:《伦理学的对象问题审思》,《道德与文明》2015年第2期。

的逻辑关系，舍一不可，但它们在命运共同体中的地位与功能是不一样的。其间，利益共同体是前提和基础，舍此命运共同体便不复存在。精神共同体尤其是当中的伦理精神是支柱和灵魂，是命运共同体中最重要的文化软实力，舍此命运共同体便会陷入“人心涣散”或“离心离德”的局面。管理（执政）共同体是关键和中枢，舍此命运共同体便会因缺少“大脑”功能而陷入整体瘫痪，这使得重视执政共同体建设成为自古以来一切国家治国理政的基本做法和经验。在当今经济全球化的世界格局中，各国各民族如何将自己的命运共同体融进全人类命运共同体，与其他国家和民族一道建构休戚与共、相得益彰的全人类命运共同体，是考量各国执政共同体的政治智慧的共同挑战。

中国共产党执政共同体代表广大人民群众的根本利益，以秉承《共产党宣言》宗旨、实现最终解放全人类的理想为己任，目前正通过从严治党优化和强化自身，把握中国特色社会主义的前途和命运。

二、命运共同体的“现实基础”

历史地看，人类命运共同体之现实形态的历史演变轨迹，如同马克思和恩格斯在阐述他们的唯物史观时多次指出的那样，是一种“自然历史过程”。它在这种过程中会呈现出各种不同的现实形态，不仅不同民族国家的命运共同体是这样，同一民族和国家在不同的历史时期也会是这样。这表明，命运共同体是历史的民族的范畴，因而也是国情范畴。其所以如此，从根本上来看是因为影响命运共同体之现实形态历史演变的“现实基础”不同。因此，科学认知命运共同体还必须理解其现实形态的“现实基础”。马克思曾指出：“这些生产关系的总和构成社会的经济结构，即有法律的和政治的上层建筑竖立其上并有一定的社会意识形式与之相适应的现实基础。”[①]在唯物史观看来，“现实基础”不同，“竖立其上”的社会意识形式必然不同，甚至存在根本性的差别。这使得每一个国家和民族的命运

①《马克思恩格斯文集》第2卷，北京：人民出版社2009年版，第591页。

共同体在其历史演变过程中必然会形成鲜明的国情特色和民族性格。基于“现实基础”来看这种社会历史现象，既可以通过回溯不同的原始部落特殊的共同生产和共同消费方式并共同拥戴特定的图腾和酋长之命运共同体而一目了然，也不难从解读专制社会力图将“小家”和“大家”整合成“家天下”及与之相适应的政治伦理和道德主张的逻辑建构中悟出，还可以从近代以来资本主义社会何以要以严密的法制体系和宗教信仰抑制与命运共同体相对峙的个人主义（利己主义）价值观的治理模式中看出来。进而也就不难理解，发源于地中海的西方共同体精神与发源于黄河的东方共同体精神何以会存在差别，而同为东方的共同体精神的中国传统与其他国家的传统何以有着明显的差异。

20世纪以来，社会主义国家相继诞生又接连被颠覆，资本扩张与竞争持续加剧，改变着人类命运共同体的现实形态的格局。有些资本主义国家通过结盟而成的共同体存在不合人类命运共同体的构成逻辑、侵害别的国家和民族命运共同体的突出问题，已经越来越引起国际社会的关注。其极端表现形式就是迷信和强力推行殖民主义和军国主义的霸权政治，试图以本国本民族的命运共同体掳掠和吞并别国别民族的命运共同体。这种现象，归根到底也是它们垄断私有制的“现实基础”及“竖立其上”之上层建筑包括与之相适应社会意识形态的使然。它们建构命运共同体的逻辑违背了人类共生共荣的基本伦理和道义原则，不合人类命运共同体的建构原则，曾给包括其自身在内的人类带来深重的灾难。所谓“大东亚共荣圈”，说穿了是侵略和掠夺的代名词，不过是假借“共荣”之名掠夺别的民族共同体的民族利己主义而已。德国法西斯和日本军国主义造成的“二战”悲剧给予人类的一个重要教训和启示就是：评判一国一民族命运共同体的文明与开化程度的标准，绝对不可以离开其对待别国别民族命运共同体的态度。由此看来，我们只能在相对意义上认知所谓经济全球化和世界趋同的共同体意义。

基于“现实基础”认识和把握命运共同体，是科学理解个体与集体（共同体）关系的入门向导。个人与集体（共同体）的关系究竟应当是怎样的？有史以来各家各派发表的伦理思想和道德主张的著述真是浩如烟海，其间不乏尖锐对立的意见。这种纷争的现象作为学术话题是正常的，也是有益的。但是，作为调节社会伦理关系和道德生活的价值观和行动规则，则是无益的，甚至是有害的。因为在任何一个国家和民族，一个人的命运总是与其所在的命运共同体息息相关的，其谋求生存和发展的方式不可能违背共同体的整体性规则。如是说，也不是要否认共同体成员的个人自由，而是要强调个人自由不能与共同体整体存在之客观要求相抵触，并且要确立和选择个人自由只有借助共同体才能实现的思想观念和行为方式。正是在这种意义上，马克思恩格斯在《德意志意识形态》中，基于“个人隶属于一定阶级”及其反映在“头脑”里的“一般观念”——个体本位主义价值观的历史事实，批判性地指出：“只有在共同体中，个人才能获得全面发展其才能的手段，也就是说，只有在共同体中才可能有个人自由。”[①]如此来看待和认知个体与共同体的关系，是每一个共同体成员在理解和把握自己人生发展和价值实现的过程中应当具备的思维品质和德性智慧。

这样说，显然不是要否认命运共同体对于其成员的依存关系，而是要强调这种依存关系不是凭借抽象的“形式哲学”建构的，其构成逻辑恰恰取决于个体的“共同体素质”。基于建构、维护和优化命运共同体的客观需要来看，个体是否确立“共同体素质”决定着命运共同体的命运。不难想见，如果命运共同体的成员普遍缺乏这种“共同体素质”，命运共同体就会陷于一盘散沙、名存实亡的厄运。由此看来，命运共同体与其个体成员的逻辑关系，说到底是共同体客观需求和个体“共同体素质”的关系。

三、命运共同体的优化建构

在我国，科学认知命运共同体旨在把握中国特色社会主义命运共同体，其关键是要立足于中国特色社会主义命运共同体的“现实基础”，优

①《马克思恩格斯文集》第1卷，北京：人民出版社2009年版，第571页。

化建构其现实形态的逻辑结构。

首先，要确立中国特色社会主义道路自信、理论自信、制度自信和文化自信。这是切实把握社会主义命运共同体的认识前提。要通过哲学和社会科学的理论创新，从理论、历史和实践的维度上说明社会主义是人类有史以来最为先进的社会。社会主义在整体和根本上消灭了阶级剥削和阶级压迫的不平等制度，为实现人类命运共同体无限美好的远景目标——共产主义社会生活共同体提供了“现实基础”的历史条件，从而使得社会主义社会成为推崇共同体生产方式和思维方式及其价值观念的社会。中国实行改革开放近四十年来取得的举世公认的辉煌成就，归根到底表明的是中国特色社会主义的胜利。苏东震荡和演变之后，中国共产党及其领导下的中国特色社会主义社会，责无旁贷和卓有成效地承担起推动社会主义命运共同体合乎规律地向前发展的历史使命。虽然包括中国在内的社会主义国家，目前在经济和科技等方面的发展水平还落后于具有先发优势的发达资本主义国家，但是从中国改革开放已经取得的巨大成就及其发展趋势和前景来看，中国特色社会主义对于其他社会主义国家命运共同体建构具有示范效应、代表着人类命运共同体的发展进步方向和美好前景，这是毋庸置疑的。在这个带有根本性的问题上，我们不能有理说不出，说出传不开，传开不能让人明白。

其次，要转变“两级”思维方式及其价值观，确立共同体的思维方式和价值观。长期以来，在看待个体与共同体（社会集体）的关系问题上究竟是遵奉“社会本位”还是遵奉“个人本位”，作为道德哲学和伦理学话题一直有争论，比较令人信服的看法是个人与社会集体“结合”或“兼顾”论，但同时又让人感到这是一个十分抽象的道德形而上学命题，缺乏可操作的“实践理性”。如今，我们把这个问题置于共同体的思维方式和价值观念体系来审视，所能获得的科学认识是不言而喻的。在中国特色社会主义命运共同体的大家庭里，运用共同体的思维方式和价值观来看待执政党与人民群众的关系，就要摈弃在阶级社会中形成的“官”与“民”相对立的旧有思维方式和价值观。中国共产党执政共同体与过去阶级社会里剥削阶级的统治集团有着根本的不同，其成员是为了践履《共产党宣言》的宗旨才如同当年毛泽东所说的那样，“我们都是来自五湖四海，为了一个共同的革命目标，走到一起来了。”[①]诚然，他们当中的干部也可以被称为“官”，但须知他们来自“民”，代表“民”，共产党的性质和纲领决定他们的身份实质是“民”。因此，把社会主义社会命运共同体划分为“官”与“民”两个部分是不合适的。这样说，并不是主张将执政党的“官”与“民”相提并论、混为一谈，也不是主张执政党的“官”可以不要正当的个人物质利益和精神需求，而是要强调执政党的“官”只能作为“民”的“公仆”和“勤务员”（马克思语）来为“民”服务，在这种服务中同所有的“民”一样共享命运共同体的福祉。在中国社会主义共同体内，“官”与“民”的关系说到底是共建共享的关系。为此，淡化和消解所谓“官二代”与“民二代”的思维方式和价值观，以及由此衍生的舆情话语和学术用语，也是必要的。

严格说来，“社会本位”和“个人本位”都是阶级对立和对抗社会的产物，与共同体的整体性思维方式和价值观是根本对立的，但是自从人类进入阶级社会以来，从来没有哪一种形态的社会真正实现过“社会本位”或“个人本位”。虽然“社会本位”和“个人本位”在封建专制社会和资本主义上升时期，对社会和人的发展进步都曾具有过重要的历史价值，但同时也都暴露出有悖命运共同体的历史局限性。克服这种历史局限性的根本理路，就是要用命运共同体的整体性思维来理解和把握社会与个人的逻辑关系。当代西方一些有识之士，试图用诸如“社群主义”和“正义论”的价值思维方式解读和化解资本主义社会的深刻矛盾，其理论旨趣是否可被视为一种向“共同体思维方式”转移的表象，是一个值得我们关注的理论话题。社会主义制度为从根本上纠正“社会本位”抑或“个人本位”的两极思维方式和价值观，提供了“现实基础”意义上的社会历史条件，我们应当乘势而为。

再次，要推动全面深化改革，夯实利益共同体基础。一方面，要通过

---

①《毛泽东选集》第3卷，北京：人民出版社1991年版，第1005页。

全面深化改革逐步解决利益共同体面临的诸多问题，大力推进实现中华民族伟大复兴的中国梦的历史进程。具体来说，就是要“多推有利于增添经济发展动力的改革，多推有利于促进社会公平正义的改革，多推有利于增强人民群众获得感的改革，多推有利于调动广大干部群众积极性的改革。”[①]另一方面，也要持宽宏胸怀和开放姿态面对国际社会，通过“一带一路”建设从利益共同体的角度强化与别的国家和民族命运共同体的联系，也要同时为维护全人类命运共同体建构的客观要求而坚决开展必要的竞争。而要如此，就要在全社会确立命运共同体的思维方式，切实倡导和践行社会主义核心价值观，并在处置国际关系中彰显中华民族和中国特色社会主义命运共同体的优化建构对于全人类命运的“世界历史意义”。

最后，要推动全面从严治党，培育共产党员的“执政共同体意识”。中国共产党作为执政党是一个执政共同体，每一位共产党员都是这个共同体中的一分子，合格的共产党员必须具备“执政共同体意识”。这是最重要的党性素养。培育“执政共同体意识”，一要破除“执政者”只是“领导者”的旧观念，要求全体共产党员确立“我党执政，我亦有责”的新观念。二要坚持反腐倡廉，依法依规全面从严治党、“打虎拍蝇”，同时在党内开展“执政共同体意识”的专项教育活动。三要按照党章规范党内组织生活，促使共产党员平时的言行为命运共同体的党外成员作出表率。总之，把握中国特色社会主义命运共同体的关键在于把握中国共产党作为执政共同体的命运，把握执政共同体的命运的根本在于广大共产党员具备“执政共同体意识”，必须将面向全党开展“执政共同体意识”的党性教育和锻炼，列入全面从严治党的题中之义。

① 霍小光、罗争光:《三年30次会:习近平的全面深改“加速度”》,新华网2016年12月6日。

第二编　思想政治教育学科现状反思与构建

十年来高校思想政治教育研究述评*

据笔者不完全统计，1994年以来全国有广泛影响的期刊发表的关于高校思想政治教育的研究论文已逾千篇。笔者试对这方面的研究成果作了一个大概的梳理和分析，现不揣浅陋将主要认识发表出来，供同行参考。

一、基本情况

（一）肯定了高校思想政治教育取得的成功经验，指出了存在的问题和面临的挑战

有论者指出，在大学生思想政治教育方面，高校过去已经取得的成功经验需要充分肯定。如，在指导思想上，坚持了社会主义的办学方向，坚持了党的教育方针，坚持把育人放在首位；在教育内容上，坚持用马克思列宁主义、毛泽东思想、邓小平理论和“三个代表”重要思想武装大学生的头脑，积极开展集体主义、社会主义、爱国主义教育，同时注意其他方面的人文素质的培养；在工作体制上，坚持党委领导下的校长负责制，坚持党对德育工作的领导，坚持党政齐抓共管的教育工作模式；在工作队伍

* 原载《思想理论教育导刊》2004年第9期，中国人民大学书报资料中心《思想政治教育》2004年第12期全文复印转载。

上，坚持专职为骨干、兼职为主体的思想政治工作队伍建设；在工作途径上，坚持以马克思主义理论课和思想品德课为主渠道，深入开展社会实践，大力建设校园文化；在工作方法上，坚持分层次教育，分类指导，教育与管理相结合，重视学生班集体建设，注重发挥学生自我教育、自我管理、自我服务的作用。这些做法，体现和展示了我国社会主义高等教育的本质特点和巨大优势[①]。

与此同时，也有论者指出，处于改革开放和发展社会主义市场经济形势下的高校思想政治教育所存在的问题和面临的挑战，需要引起高度重视。诚然，从总体上看，大学生热爱祖国，关心国家大事，渴望祖国振兴富强，能够从认识上接受国家和集体利益高于个人利益的价值标准，赞同在全社会倡导为人民服务和集体主义的价值观；同时民主参与意识、自主自立意识、平等公正意识、竞争进取意识、诚信守法意识也明显增强。但在这种进步和演变的过程中，一些大学生也出现了政治和道德观念模糊、缺乏道德责任感和心理失衡等问题。这些大学生在个人观念增强的同时集体观念和守纪守法观念趋向淡薄，在世界意识增强的同时祖国观念和政治观念趋向淡薄，在实际对待个人与国家和集体的关系问题上时常离开集体主义的价值标准，极端个人主义、享乐主义滋生和蔓延的现象比较普遍，存在不同程度的心理问题。在基础文明方面，大学生的素质缺陷更为突出，一项调查显示：100%的学生强烈反对校园里的不文明行为，但同时又承认校园里的种种不文明现象就发生在自己或同学身上[②]。

面对大学生的思想道德观念所发生的复杂变化，高校的思想政治教育出现了两种不适应，一是教育者不适应，二是运作机制不适应。教育者，包括专门从事大学生思想道德教育和思想政治工作的教师和管理人员，一方面自己的思想道德观念也在发生复杂的变化，滋生了一些消极的东西；另一方面面对工作对象的新情况新问题，自身的业务素质不大适应。运作的工作机制，没有多少适应变化的创新，基本上还是老一套，处于一种被

① 参见田建国：《弘扬高校思想道德建设的优势》，《发展论坛》1996年第5期。

② 参见李廷利：《高校道德建设存在的问题与对策》，《中原工学院学报》2002年增刊。

动应付的状态，效果不佳。而高校的“两课”（即如今的思想政治理论课）作为思想政治教育的主渠道，也存在着需要继续改革和完善、教师队伍整体水平有待提高，以提高实效性的问题。

（二）拓展了高校思想政治教育研究的诸多领域

与20世纪80年代的研究相比较，近十年来高校思想政治教育研究在对象、内容、原则方法和模式等领域，都有明显的拓展。

在研究对象上，过去一般局限于大学生，研究的领域主要是教师和管理工作者对大学生的思想政治教育。近十年来，研究对象不仅包括大学生，还拓展到教师、图书馆和后勤工作人员，其中又以论及教师最多，而这方面的研究一般又强调要高度重视青年教师的思想政治教育工作，尤其是师德师风的教育与培养。就大学生而言，还涉及成人高校的大学生，强调这部分大学生具有“成人”“业余”和“在职”三个基本特点，在思想政治教育过程中应当与普通高校的大学生有所区别，研究者认为要充分认识对这部分大学生进行思想政治教育的必要性和艰巨性。

关于教师道德，研究者论及最多的是敬业精神和教书育人意识的缺失及学术腐败问题。由于受到拜金主义的影响，一些教师为谋求私利而放松了对自身的职业道德要求，责任心和义务感趋向淡化。他们经不起物欲和金钱的诱惑，不能集中精力备课，上课照本宣科，应付了事，有的还把主要精力放在做生意上面。于是出现了只管教书、不注意育人，对学生的政治思想和道德品质不管不问的不良现象。有的研究者指出，学术腐败问题在高校教师队伍中日益突出，而高校对此一直重视不够，甚至采取规避或放任自流的态度。

研究者认为，从培养社会主义现代化建设人才、促进社会主义精神文明建设、加强高校思想政治工作和教师队伍自身建设出发，高校需要把教师队伍的思想政治教育工作放在最重要的位置，而青年教师的道德建设又是重中之重。有论者指出，当代中国高校的青年教师，虽然归属于特定的教学科研集体，但实际上是一个松散的、非正式的群体。由于他们的成长环境、社会地位和所处的年龄阶段的特殊性，他们的群体心理既具有鲜明时代特征的优良品质，又明显带有一些年龄特征的不足，表现出思想的开放与波动、行为的自主与被动、期望的高层次与现实的“低”层次之间的矛盾与冲突，常处于一种“道德心理失衡”状态，由此而产生一系列的思想道德问题[①]。

内容上，高校思想政治教育研究的内容大大拓宽了。为贯彻《公民道德建设实施纲要》和党的十六大报告“以诚实守信为重点”的精神，近两年来学界重视研究大学生的诚信教育问题，发表了数百篇研究论文。有论者认为目前大学生存在的诚信缺失问题主要表现在助学贷款上缺乏现代信用意识、考试作弊习以为常、自荐择业时弄虚作假等。据上海市人才服务中心自2002年6月以来的统计，大学生在自荐择业时弄虚作假者达30%左右[②]。研究者同时指出，大学生的诚信缺失问题虽然与社会上存在的失信于民、失信于消费者的“道德失范”和“法律越轨”现象有关，但与高校教育者自身存在的诚信缺失问题关系更为直接。如为了“升格”而大搞“注水工程”、选拔和考核不公、学术腐败、教学质量不高等。因此，要搞好对大学生的诚信教育，就必须解决好教职工诚信缺失问题，这是诚信教育收到应有效果的关键所在。

关于高校思想政治教育原则和方法的研究，在20世纪80年代已蔚然成风。进入90年代后，特别是邓小平南方谈话发表后，我国加快了社会主义市场经济的建设，高校道德建设面临一系列新情况和新问题，需要人们拓宽视野。许多研究者指出，在这种情况下如果仍然把“灌输”作为思想政治教育的基本原则和方法，教育者就会陷入被动。要重视组织机构及保障机制的研究。高校现有的思想政治教育工作队伍在思想观念、组织机构及作风建设等方面都存在着一些明显的缺陷，急需加强研究，加以改进。有的研究者特别指出，部分高校的思想政治教育工作者，缺乏现代教育理念，缺乏必要的知识和理论，基本上是“外行”。他们仍然固守“我

① 王俊杰:《高校青年教师群体心理探析》,《黑龙江高教研究》2001年第4期。

② 胡解旺:《浅析大学生就业过程中的失信行为》,《青年研究》2003年第4期。

讲你听”“我管你从”的工作方式，既缺乏大学生主体意识，也缺乏自我主导意识；加上一些人自律意识不强，人格形象不佳，往往得不到大学生应有的尊重，影响了教育效果。组织机构薄弱，主要表现为机构设置少且又不大合理，人员力量不足。

关于制度保障机制的研究不多，但所发表的见解却是值得深思的。一些学者从基础方法论的角度，探讨了高校思想政治教育中的制度建设问题，强调加强制度建设对于高校思想政治教育的保障意义，高校思想政治教育需要实行制度化[1]，这是令人深思的。

二、几点认识

（一）研究的基本特点

十年来高校思想政治教育研究的基本特点，首先表现在坚持运用马克思主义的基本原理和方法观察和思考问题，充分注意到社会主义市场经济对高校思想政治教育各个方面所产生的前所未有的双重影响。研究者普遍认为，社会主义市场经济一方面丰富了高校思想政治教育的内容，另一方面也对高校各种人群的思想道德观念产生了极大的冲击，这增加了高校思想政治教育的复杂性和难度，同时也为高校思想政治教育的新发展带来良好的契机。因此，在社会主义市场经济条件下，我国高校的思想政治教育只能加强，不能削弱，需要在研究探索和改革中求发展。

其次表现在具有鲜明的“干什么研究什么”的“自己研究自己”的研究风格。从十年来所发表的研究成果看，作者队伍基本上都是“圈中人”，即高校从事思想政治工作的专兼职教师，少数人是一些专门研究机构的专职人员。他们多是“大学人”，对新形势下高校各种人群尤其是大学生都比较熟悉，所发表的见解极少有“外行话”。所以，大多数研究成果都具有朴实无华的文风，让“圈中人”读起来感到比较实在、亲切，易于领

① 杜时忠:《制度变革与学校德育》,《高等教育研究》2000年第6期。

会，有些成果所提出的“对策”“应对措施”具有一定的可操作性。

（二）研究中存在的主要问题

一是关于马克思主义理论“进头脑”的问题研究不够，也就是说对“两课”的教学研究不够。任何科学理论的教育，目的都是解决受教育者的思想认识问题，提高他们的思想政治觉悟，因此“进头脑”应是第一要义。而由于受到社会环境诸因素的影响，以及教师和大学生自身多方面的主观条件的限制，“进头脑”问题并没有真正解决，需要我们今后开展深入研究。

二是关于教师的教书育人问题研究不够。我国高校专业课教师队伍存在教书不育人的现象，少数教师认为教师的天职是“教书”，“育人”是学校党团组织和专职学生工作人员的事情。这从根本上影响到党和国家关于德智体全面发展的教育方针的贯彻和落实。事实上，党和国家关于德智体全面发展教育方针的贯彻落实，大学生在思想道德上的健康成长，主要依靠专业课教师。这是因为，专业课教师是高校教职工队伍的主体，大学生在校读书期间接触最多的是教师，各个专业各门学科的教育教学内容包含了思想道德方面的内容，教师完全可以在传授文化科学知识和技能的过程中，给学生施加育人成才方面的积极影响。仅仅依靠专职从事学生思想政治教育与管理工作的机构和人员，是很难真正全面贯彻党和国家的教育方针的。

三是低层次重复劳动多，不少研究论文说的是一个意思，或是相近的意思，有的刊物前后发表的研究论文甚至也存在这种低层次重复劳动的现象，创新和深入发展的势头不明显。这一问题的存在，与研究队伍单一、素质不能真正适应高校思想政治教育研究深入发展的需要是很有关系的。如上所说，“圈中人”结合自己的工作实践研究自己，有其长处，但这在一个发展阶段是可以的、实用的，长期下去难免会出现“关门踏步”“原地转圈”的情况。实际上，近几年高校思想政治教育所面临的形势发生了很大的变化，提出了一些新的课题和新的挑战。如加入世界贸易组织给高校师生乃至领导者思想道德和价值观念带来的新变化，网络这个虚拟社会给大学生乃至青年教师造成的宽泛而又深刻的多重影响，高校自身的改革深化所产生的冲击力，国家关于“两课”改革和建设的新举措等，都给高校加强和改进思想政治教育提出了新的更高的目标和要求。解决这些新课题，迎接这些新挑战，离不开深入开展高校思想政治教育研究。毋庸讳言，研究这些问题仅靠“圈内人”是不行的。它需要更多的“圈外人”，需要高校相关人文社会科学专业和学科的教学科研人员参与，需要高校之外的人文社会科学包括伦理学、教育学、社会学、哲学等方面的专家学者积极参与。

另外，就组织和引导机制来说，笔者以为，国家和有关科研机构应当加大对高校思想政治教育研究的支持力度，在立项和经费投入及成果发表和出版等环节上，给予更有力的支持。

论思想政治教育学科研究之批评及其意义*

思想政治教育作为一门学科创立20多年来，其研究一直受到相关主管部门的高度重视，在科研立项和获奖方面给予了必要的扶持，投身这一研究领域的有志之士越来越多，发表这一领域研究成果的专业报刊不断增加，有些非专业性的期刊也为此增加了相关的栏目，一些出版社还坚持不懈地组织出版这一研究领域的学术专著。这些研究活动及其成果，不仅促进了思想政治教育工作的发展，而且促进了思想政治教育学科的建设，引导和培养了一大批乐于献身思想政治教育工作和思想政治教育学科研究的专门人才。对思想政治教育研究所取得的诸多方面的重要成就，需要总结经验，宣传典型，发扬光大。但是，在这期间思想政治教育的学科研究也出现了一些问题，有些问题正在变得越来越突出。对此，无疑需要通过批评加以梳理，分析其原因，提出改进和纠正的措施。而从思想政治教育理论和实践的创新研究正在全国范围内逐渐兴起的情势及其发展趋势来看，更需要对思想政治教育的学科研究展开经常性的批评，以保障其健康发展。为此，有必要开辟一个可称之为“思想政治教育学科研究批评”的新的研究领域。

为什么应当开辟“思想政治教育学科研究批评”这个新的研究领域?

* 原载《思想·理论·教育》2006年第19期，中国人民大学书报资料中心《思想政治教育》2006年第12期全文复印转载。

从逻辑的角度来认识，这是由人类思维特性和发展规律决定的。众所周知，任何事物的存在都是矛盾的存在，矛盾的对立统一构成事物的内在本质和整体性状，事物的发展和变化是其内部矛盾运动的结果。人的思维及某一成果体系的形成——学科的创建和丰富发展，也具有这一特性，所遵循的也是这一规律，而学科批评正是思维这一特性和规律的体现与要求。学科批评，简言之就是在思维活动领域发表不同意见，构建主观矛盾，自觉促进学科的建设和发展。人类科学发展史表明，一门学科的发展和繁荣离不开关于这门学科的研究，也离不开关于这门学科研究的批评。关于学科研究的批评，对于保障学科研究坚持正确的方向、改善学科研究的方法是至关重要的。在有些情况下，特别是在一门学科创建之初的情况下，其重要性甚至会超过学科研究本身。思想政治教育的学科研究目前正处于这样的发展阶段。

所谓思想政治教育学科研究之批评，是针对思想政治教育学科研究中存在的问题而言的，指的是运用批评的方式纠正学科研究背离马克思主义基本原理指导的不良倾向和问题，以确保学科研究健康发展，并不断走向繁荣的研究活动。这是思想政治教育学科建设一个亟待引起广泛关注的重要领域。

思想政治教育学科研究之批评的意义，总的来说是有助于思想政治教育学科的建设和发展，增强思想政治教育工作的科学性和实效性。具体来说，可以从思想政治教育及其学科研究的功能和使命来认识。思想政治教育的功能和使命，在全社会的意义上，它是宣传党和国家的方针政策，动员和组织人民群众投身社会主义现代化建设事业的基本保障，也是提高国家公务人员和整个中华民族思想道德素质的根本途径。在学校教育的意义上，思想政治教育是坚持社会主义办学方向，培养德智体全面发展的社会主义现代化建设人才的根本保障。

具体来看，思想政治教育学科研究的功能和使命，首先表现在适应思想政治教育作为一门学科建设和发展的实际需要方面。经过改革开放近30年的思索和争论，人们对思想政治教育应当是一门科学、必须作为一门学科来建设的认识，总的来看已经尘埃落定，不再存有根本性的分歧。但是，如何在这一认识的基础上，通过积极而又审慎的研究，阐明思想政治教育这门学科的对象和范围，厘清学科的内涵和边界，建立学科的范畴体系和话语系统，仍然是一个需要继续深入研究的突出问题。其次表现在适应思想政治教育理论与实践创新的实际需要方面。面对改革开放和发展社会主义市场经济的新形势，传统的思想政治教育观念和理论需要丰富和发展，实践操作方法和模式需要转换和改进，这些都依赖创新。最后表现在适应思想政治教育工作队伍建设的实际需要方面。开展和加强思想政治教育工作，需要建设一支相对稳定的专门化、专业化的队伍。这个队伍的专业人员究竟需要什么样的素质，这些素质应当通过怎样的途径才能真正获得，以及队伍的人员构成、建设的原则和方法等复杂的问题，只有通过认真仔细的研究，才能逐步弄清楚。这一切都表明开展思想政治教育学科研究是十分必要的。而过去这些方面的研究究竟在多大程度上适应了上述思想政治教育的实际需要，尤其是存在哪些亟待解决的问题，本身也是需要研究的，这样的研究就是批评。从这个角度来看，开展思想政治教育学科研究的批评，其实是关于思想政治教育学科研究的评判性、评论性研究。它是保障思想政治教育学科研究正确展现其功能，承担其重大使命，坚持正确的研究方向和运用科学的方法的必要措施，也是思想政治教育学科建设的必要环节和题中之义。依此而论，思想政治教育的学科研究总体上也可以划分为三大领域，即思想政治教育工作、思想政治教育研究、思想政治教育研究之批评。

从思想政治教育学科研究的现状看，开展思想政治教育研究的批评性研究，其意义也是毋庸置疑的。改革开放近30年来，为了适应新时期新形势发展的客观要求，我们在加强思想政治教育工作的同时也加强了思想政治教育研究，出了大量的科研成果，涌现了一大批热心投身这方面研究工作的专门人员，包括一些造诣深厚的专家学者，为从事思想政治教育工作的人群提供了个人成才和发展的广阔道路。这些长足的进步，对于加强和改进新时期的思想政治教育工作，优化思想政治教育工作队伍，起到了极为重要的积极作用。可以说，思想政治教育工作近30年的进步，与开展思想政治教育的学科研究是分不开的。但是，与此同时还应当看到，思想政治教育学科研究也一直存在一些问题，有的问题已经变得越来越突出，如果不认真对待，并通过开展必要的批评性研究加以纠正，就会影响到思想政治教育学科研究健康深入的发展，最终会妨碍思想政治教育工作的正常进行。

在学科研究的意义上，目前思想政治教育研究存在的突出问题，笔者以为可以归纳为如下几个方面。

其一，在研究的指导思想上，存在淡化思想政治教育政治属性的问题。集中表现为一些研究者头脑里的主流意识形态意识比较淡薄，研究工作时常偏离马克思主义基本原理的指导。这是一种最需要引起高度重视并给予批评纠正的研究偏向。这种不正常的现象，在一些研究论著中屡见不鲜。如有的研究者公开主张思想政治教育要与西方的价值观念和文化传统“接轨”，将宗教信仰引进思想政治教育的内容体系。有的研究者在其关于思想政治教育研究的著述中极力规避“政治”“党的领导”“马克思主义”“社会主义”这类基本范畴，话语系统很少有这些概念，在不得不提及的情况下所采取的态度也是羞羞答答，让人感觉不是那么理直气壮。而在论及“社会主义市场经济”与思想政治教育的关系时，总是回避“社会主义”这个关键的限制词，力图淡化思想政治教育的意识形态特性和社会主义的制度属性。恕笔者直言，这样的学科研究充其量只属于“思想教育研究”的范畴，并不是我们加强和改进思想政治教育所真正需要的研究。须知，人类自古以来的政治与道德方面的灌输和教化、人生观与价值观方面的宣传和传播，从目的到内容无不体现统治阶级的意志，因而都具有鲜明的政治属性。在中国共产党领导的社会主义制度下，我们开展思想政治教育研究绝对不能离开作为主流意识形态的马克思主义的指导，不能淡化主流意识形态意识，范畴体系和话语系统绝对不能离开政治，不能离开社会主义的制度属性。

其二，在思维方式上，存在思想观念跟不上时代前进步伐的问题。这种问题是相当普遍的，即使是在一些一贯强调思想政治教育的理论和实践需要创新的研究者身上也存在这种情况。比如，在社会主义市场经济所构建的“生产和交换的经济关系中”形成的“伦理观念”，本是一种包含公平和正义的观念体系，既体现社会主义新时期的道德伦理观念，也体现社会主义新时期的政治伦理观念和法伦理观念。如何将这些适应当代中国社会发展客观要求的新观念引进思想政治教育领域，对人们尤其是青少年进行确立社会主义的公平和正义观念方面的教育，是思想政治教育研究者责无旁贷的任务。然而，目前的思想政治教育研究却极少涉足这一领域内的问题。而从实际情况看，正如许多有识之士指出的那样，我们的青少年群体中的不少人包括一些大学生，不能以公平的方式看待个人与他人、集体及国家之间的关系，缺乏正义感，他们恰恰需要接受社会主义公平观和正义感的教育。这一问题的存在，使得目前的思想政治教育在一定程度上脱离了当代中国社会发展的实际需要，也从一个角度表明思想政治教育的学科研究不能跟上时代前进的步伐。在学科研究的方法论上，这一问题的存在也是背离了马克思主义历史唯物主义基本原理的表现，只不过是另一种意义上的背离罢了。

其三，在研究的成果上存在学院化、本本化的倾向。也就是说，思想政治教育的学科研究与思想政治教育的工作实践结合的根本目的不仅在于逐步建设和完善一门学科，更在于促进思想政治教育逐步走向科学化的轨道，切实加强思想政治教育工作。诚然，思想政治教育研究需要深入探讨一些深层次的问题，拓宽研究视野，为此需要进行多方面的抽象思考，提倡必要的“务虚”，提供必要的“本本”。但是，所有这些都应当从思想政治教育的实际需要出发，密切联系思想政治教育的实际，指导思想政治教育的实际工作。这么多年来，思想政治教育的学科研究在涌现大批成果的过程中培育了不少专家学者，但大批的作品却没有相应地培育出大批从事思想政治教育工作的专门家。思想政治教育是一门实践性很强的学科，衡量其学科研究的社会成效如何，根本标准归根到底还是应当看其成果转化为思想政治教育实践的实际情况，而要如此，就必须强调其研究应紧密结合实际，从实际出发，指导实际工作。虽然不能说思想政治教育实践需要研究什么就研究什么，但密切联系思想政治教育的实际需要开展研究工作，应当是思想政治教育学科研究不可动摇的理念和信念。

其四，在研究方法和表达方式上，存在生吞活剥西方文化和盲目创新、忽视运用中国化的话语系统分析和阐述问题的倾向。思想政治教育学科是一门综合性很强的学科，其知识体系和话语系统的构建及运用自然会涉及别的学科，如行为科学、心理学、公共关系学等，而这些学科多数都是西方人先于我国建立的。所以，在思想政治教育学科研究中借用别国的一些研究方法和表达方式是在所难免的，在借用的同时实行创新也是必要的。但须知，在人文社会科学研究中，对同一门学科的研究，不同的社会会有不同的方法，不同的民族会有不同的话语系统。在这里，联系和借用是相对的，区别和创新才是绝对的。而真正的研究和创新，应当做到致力于把复杂的问题说清楚，不把简单的问题说复杂；尽可能运用中华民族的语言表达思想，不用艰难晦涩的文字著述研究成果。

综上所述，开展思想政治教育学科研究领域内的批评，具有重要的理论意义和实践价值，应当认真加以提倡，使之在思想政治教育学科建设中发挥积极的作用。

“思想政治教育生态论”献疑*

改革开放以来，思想政治教育研究取得突出成就得益于坚持历史唯物主义前提下的方法创新。然而，近几年思想政治教育研究的方法创新出现了一些似是而非的主张，“思想政治教育生态论”就是其中之一。这样的方法创新，由于其自身的局限性，往往会误导思想政治教育研究，产生消极影响。

我国改革开放的序幕拉开后，传统的社会秩序和社会心理、人的政治思想和道德观念迅速发生着变化，思想政治教育工作面临从未有过的严峻挑战和创新性的发展机遇。为应对这种急剧变化的新形势，一些长期从事思想政治教育的工作者，以开拓者的人生姿态致力于思想政治教育的理论研究，在“原理”的层面为新时期思想政治教育工作的科学化乃至最终发展成为一门新兴的专业和学科，作出了奠基性的贡献。他们自己也在这种奠基性的辛勤劳作中成为我国思想政治教育理论研究和学科建设方面的著名学者和专家。现在回过头来看，这些先驱者的杰出贡献与他们坚持在历史唯物主义的指导下实行研究方法的创新是密切相关的。然而近几年，在思想政治教育研究方法创新问题上却出现了一些偏离历史唯物主义的学术主张，所谓“思想政治教育生态论”就是其中之一。

笔者通过研读相关论文发现，“思想政治教育生态论”是直接移植现

---

* 原载《高校理论战线》2010年第8期。

代生态学的“世界观”和“方法论”的产物。据研究者介绍，现代生态学“把世界，包括人、自然和社会都看作有机的生命体，这些生命体广泛而普遍地内在联系着，这就是生态的世界观”，这种世界观“用和谐、平衡、综合和内在关联的观点来认识世界和改造世界，这就是生态的方法论”[①]。在笔者看来，用这样的“生态世界观”和“生态方法论”研究思想政治教育理论与实践的重大问题，是一种不恰当的选择。

一、“思想政治教育生态论”的基本主张

用“生态世界观”和“生态方法论”来看思想政治教育，就是要在整体上把思想政治教育看成是一个有生命的“生物”或“生命体”。表面看来，这似乎只是一个生动有趣的“比喻”，其实不然。

正如“思想政治教育生态论”主张者反复申明的那样，现代生态学的“世界观”和“方法论”的立论前提和核心价值观念是坚决“反对人类中心主义思维的价值取向”的，它主张构成生态各要素关系的“整体性、系统性、平等性和协同进化的动态和谐性”。所谓整体性，“主要是指人与自然和社会共同构成一个大的生态系统”；所谓系统性，“是指以整体的、全面的、联系的观点把握生态系统中各要素之间的相互关系及其系统与环境之间的关系”；所谓平等性，“是指在整个生态系统当中，各生态要素都是构成系统的一个组成部分，它们之间是相互依赖、相互制约，其地位不存在任何差别，消解任何生态要素先验的价值霸权”；所谓动态和谐性，“主要表现为系统内部各生态要素的平衡互动及系统与外部环境的高度协调适应”[②]。

如果说，系统性即“以整体的、全面的、联系的观点把握生态系统中各要素之间的相互关系及其系统与环境之间的关系”，“动态和谐性”即要

① 薛为昶:《超越与建构:生态理念及其方法论意义》,《东南大学学报》(哲学社会科学版)2003年第4期。

② 李伟、邹绍清:《大学生思想政治教育生态论方法探究》,《思想政治教育研究》2009年第4期。

看到“系统内部各生态要素的平衡互动及系统与外部环境的高度协调适应”，尚能用来“比喻”思想政治教育“生命体”的某些“生态特征”的话，那么，用所谓整体性即“人与自然和社会共同构成一个大的生态系统”，来“比喻”思想政治教育“生命体”的“生态特征”，就不伦不类了；而用平等性即“各生态要素……地位不存在任何差别，消解任何生态要素先验的价值霸权”，来“比喻”思想政治教育“生命体”的“生态特征”，就更令人费解了。自古以来的任何国家和社会的教育，在目标和内容体系的设计与安排上，都必定具有以主流价值为核心取向的特性，思想政治教育更是如此。在这个意义上，我们完全有理由说：抽去了思想政治教育中的主流价值核心，再凸显“反对人类中心主义思维的价值取向”，思想政治教育的“生命体”也就将失去其“生命”特质、徒有虚体了。

直言之，用“生态世界观”和“生态方法论”把思想政治教育解读和描述为一种“性命体”，势必会淡化思想政治教育所承担的社会意识形态功能和极为重要的历史使命，这对思想政治教育理论研究和实践来说无疑是十分有害的。

二、多样性与统一性的辩证关系

“思想政治教育生态论”的倡导者，一般都会涉及“思想政治教育生态系统优化”的问题。“系统优化”是他们方法创新的核心命题和价值目标。他们认为，实现“思想政治教育生态系统优化”的关键是要贯彻主导性原则。所谓主导性原则，是由整体性原则、多样性原则和开放性原则构成的，其中又以多样性原则最为重要。在“生态方法论”视野里，贯彻多样性原则就是要承认和尊重“生态系统”中每个物种的个性差异特征。这无疑是合乎逻辑的，因为世界上的事物总是千差万别的，自然生态系统中的事物也存在着个体、种、群的个性差异。在思想政治教育的人工智能系统中，无疑也要承认和尊重受教育者的个性差异特征。但是，这种承认和尊重，与承认和尊重自然生态系统中的个性差异特征有着本质的不同。

"生态方法论"推崇的多样性原则，旨在承认和尊重个性差异特征的天经地义的合理性，而思想政治教育承认和尊重受教育者的个性差异特征，并不是教育的目的，而是教育目的的实现途径，其实质是遵循和贯彻一般寓于个别的认识论路线，旨在尊重和激发不同受教育者个体的认知个性和能力，促使受教育者用其独特的个体方式承认和接受马克思主义的世界观和方法论以及社会主义核心价值体系，以使其成为合格的公民。就高校的思想政治教育而论，就是促使大学生成为中国特色社会主义现代化事业合格的建设者和可靠的接班人。简言之，多样性原则运用在自然生态系统中，目的是尊重和实现个体（包括群种）的"价值霸权"，运用在思想政治教育系统中，目的是在承认和尊重个体差异的前提下，实现社会主导价值的传播和渗透。

有的研究者认为在高校思想政治教育工作中落实多样性原则，就是要"在充分尊重学生个体的差异性、主动性和选择性的基础上，实现教育目标的全面化"[①]。不难看出，这里所说的"教育目标的全面化"其实就是主张全面实现个体差异性的"价值霸权"，这样的无限度的"教育内容的丰富化"则可能导致核心价值观的淡化。由此，我们可以合乎逻辑地推导出这样的结论：全面贯彻这样的"多样性原则"，是以否认和排斥统一性、普遍性为前提的，其实是一种推崇个性主义、个人主义的教育主张。在高校思想政治教育中贯彻这样的"多样性原则"，客观上难免会产生淡化乃至否认思想政治教育的统一性要求的不良倾向。

没有统一性要求，也就没有教育，知识教育旨在帮助受教育者认识和把握规律，按照规律办事；价值教育旨在促使受教育者认识和遵循规则，按照规则办事。规律和规则的立足点都不是个体，而是自然的规律和社会的规则。思想政治教育是集知识与价值教育于一体的教育，应正确理解和谨慎使用"多样性原则"。

---

① 吕新云、李海霞:《高校思政教育生态系统优化分析》,《人民论坛》2009年8月26日。

三、不应淡化思想政治教育的意识形态功能

在现代生态学的知识体系中，生态位是指在生态群落中，一个物种和其他物种相关联的特定时间位置、空间位置和功能位置。有的“思想政治教育生态论”论者就此发挥说，生态位理论是生态学研究物种之间的竞争性、物种对环境的适应性、生态系统的多样性和稳定性等问题的重要理论，它揭示了生态个体、种群和群落生存与竞争的基本规律。这样的生态位理论应当如何运用到思想政治教育中，在思想政治教育中能够发挥怎样的作用呢？研究者并没有作明白的分析和论述，而只是含糊其辞地说：“良好有序的大学生思想政治教育生态系统要以生态位理论为理论基础，以教育主客体之间的关系为核心，以教育目的为指向，以教育内容为载体，以教育环境为中介，发挥它们在各自的生态位置上的作用，并且使它们之间协调运作、相互积极影响。”[①]这里的“它们”指的是什么呢？如果是指“主客体之间的关系”“教育目的”“教育内容”“教育环境”，那么为什么不直言之而非得用所谓“生态位”这个新名词呢？实行这样的“方法创新”究竟有何必要？直接叙述为“良好有序的大学生思想政治教育，要以教育主客体之间的关系为核心，以教育目的为指向，以教育内容为载体，以教育环境为中介，并通过必要的调节机制使它们之间协调运作、发挥积极作用”，不是一目了然吗？毛泽东当年批评的“不能反映真理，而是妨害真理”的“党八股”，一个突出表现就是“装腔作势，借以吓人”[②]，从事思想政治教育研究，写文章、做学问都是为了让人看的，都是为了展现和发挥研究成果的社会效益的。而目前一些力主方法创新的研究者似乎对此不大感兴趣，他们偏爱用新名词，把简单的问题说复杂、把复杂的问题说得令人费解。这其实不是方法创新，而是方法贫困的表现，真的该认真地改一改这种文风了！

---

① 杨世英、李素芳：《基于生态位理论的大学生思想教育》，《高校辅导员学刊》2010年第1期。

②《毛泽东选集》第3卷，北京：人民出版社1991年版，第834页。

思想政治教育，就其属性和功能来看，在战争年代是我们党领导工农大众克敌制胜的法宝，新中国成立后特别是改革开放以来是我们党凝聚全国力量、领导全国人民进行社会主义现代化建设的基本保障，其意识形态属性是毋庸置疑的。我们并不反对在思想政治教育方法创新中引进现代生态学的方法或其他“西学”的方法，但不应因此而偏离历史唯物主义，脱离中国特色社会主义现代化建设的基本国情，放弃思想政治教育研究的优良传统，淡化以至遮蔽思想政治教育的意识形态属性。

21世纪以来思想政治教育基本理论研究之哲学成果反思*

21世纪以来，为适应改革开放和中国特色社会主义现代化建设事业的客观要求，思想政治教育基本理论研究取得了具有哲学特性的丰硕成果。在唯物史观的视野内梳理和说明这些成果形成的社会机理和主要类型，展望其今后发展的逻辑方向，有助于推动思想政治教育基本理论建设的科学化进程。

每一种思想理论或精神文明的成果，都有其独特的结构方式和范畴体系、建构机理和功能属性，我们称这种独特性为文明样式。1842年，马克思在《〈科隆日报〉第179号的社论》中进一步发挥自己在博士论文中提出的关于哲学与现实的关系的论点时指出：哲学作为“自己时代的精神上的精华”，“不仅在内部通过自己的内容，而且在外部通过自己的表现，同自己时代的现实世界接触并相互作用”[①]。所谓“时代的精神上的精华”及其同自己的时代的“相互作用”，就是哲学作为世界观和一般方法论的文明样式。

马克思主义哲学在当代中国，借助改革开放和推动中国特色社会主义现代化建设的社会机缘，在丰富和创新“自己的内容”的同时，又以“实

---

* 原载《思想政治教育研究》2013年第4期，原标题为《本世纪以来思想政治教育基本理论的哲学样式成果述评》。

①《马克思恩格斯全集》第1卷，北京：人民出版社1995年版，第220页。

践是检验真理的标准”和“可持续发展”等时代精神精华的重大命题展示其社会历史观和方法论的科学意义。在这个过程中，运用哲学的思维方式和范畴形式研究思想政治教育基本理论问题逐渐成为一种新的科研风尚，表明人们对思想政治教育的本质与发展规律等基本问题的认知和追求有了崇尚科学世界观和方法论的自觉。

本文试对21世纪以来运用马克思主义哲学方法研究思想政治教育基本理论的成果及其形成的社会机理，在哲学样式的意义上作一些简要梳理和述评，并就其今后发展的逻辑方向发表一些粗浅的分析意见，以期引起学界对运用唯物史观研究思想政治教育基本理论问题的应有关注[①]。

一、哲学样式成果形成的社会机理

促成思想政治教育基本理论研究之哲学样式成果的社会机理，总的来说是改革开放和推进社会主义市场经济发展的客观要求及由此产生的综合效应。改革开放的序幕拉开之后，中国传统社会的秩序和社会心理、人的政治思想和道德观念发生着巨大变化，思想政治教育工作面临从未有过的严峻挑战和创新性的发展机遇。为应对这种急剧变化的形势，一些过去长期从事思想政治教育工作、深爱这片热土的思想政治工作者，以开拓者的人生姿态致力于思想政治教育基本理论问题的研究，而他们一开始采用的基本方法就是唯物辩证法和历史唯物主义，恪守的学术立场则是变革中的中国社会现实。

正因为如此，21世纪以来思想政治教育基本理论的哲学样式成果，可以追溯到20世纪80年代陆庆壬主编的《思想政治教育学原理》、邱伟光的《思想政治教育学概论》和90年代邱伟光与张耀灿主编的《思想政治教育

① 这里所涉论思想政治教育基本理论研究成果的“哲学样式”不同于“哲学范式”。范式或研究范式，是托马斯·库恩发现并在其《科学革命的结构》中正式提出和加以系统阐释的，本义是指自然科学研究史上“科学共同体”及其共同拥有的研究传统、理论框架、研究方式和话语体系整合而成的研究模式。从实际情况来看，运用哲学的方法研究思想政治教育基本理论至今尚未形成这样的哲学范式，但其已经形成的哲学样式却应是值得高度关注的。

学原理》。这些关涉思想政治教育基本理论问题的原创性成果，虽然很少直接使用“哲学”的话语形式，但其分析和阐述的路径却多充分运用了唯物辩证法和唯物史观的方法，既开创了我国思想政治教育作为一门新学科研究之先河，也开创了运用马克思主义哲学方法研究思想政治教育基本理论问题之先例。此后，不断出现带有“哲学”或其基本范畴字样的论著，如“加强和改进思想政治教育的哲学思考”“思想政治教育的哲学根基”“哲学视野中的思想政治教育反思”“思想政治教育哲学”“论主体性思想政治教育的现代建构”等。

2010年，李合亮的《解析与建构：当代中国思想政治教育的哲学反思》出版。该著作针对思想政治教育“生命线”一直存在“短路”的现实问题，运用主体、客体、本质、价值等一系列哲学范畴仔细分析了思想政治教育中的基本问题，力图揭示和说明“什么是思想政治教育”这一带有根本性的问题。这部著作未冠之“学”却自成体系的哲学样式成果，在思想政治教育基本理论研究和实践中应该受到广泛关注。

就思想观念准备的理论条件和人力资源而论，考察思想政治教育基本理论的哲学样式成果形成的社会机理，不可忽略这样一些因素：哲学领域内广泛开展的关于真理标准问题的大讨论及其渲染和营造的社会自由氛围、引发的“人生的路啊，怎么越走越窄”之类的“青春近视”和“青春烦恼”，吸引哲学专业人士投身其中。这些机理要素，是思想政治教育基本理论研究之哲学样式成果形成的内在推动力。正如田鹏颖、赵美艳在其著述中开门见山地指出的那样：“改革开放30多年以来，我们躬逢其盛。但在信息爆炸、矛盾丛生的时代里，当代年轻人在面对未来人生道路选择时，思想容易迷失，心理容易浮躁，甚至一定程度上可能变成‘井底之蛙’。这些可爱的‘掌上明珠’，一时难以静下心来寻求事物的本来面貌，这也致使许多年轻朋友们在思想上走了弯路，甚至走向极端，导致人生观、价值观的扭曲，以致于错过人生中本应属于自己青春时代的美丽风景。”[①]由此不难看出，思想政治教育基本理论研究之哲学样式成果的形

① 田鹏颖、赵美艳：《思想政治教育哲学》，北京：光明日报出版社2010年版，前言第1页。

成，一开始就不是出自思想政治教育工作者和哲人们做学问或学术的个人兴趣，而是出自他们关怀下一代和关注国家前途与命运的历史使命感——国内形势的发展需要我们从形上层面考量思想政治教育的基本问题。这种科学研究的志趣和情操，实在是难能可贵的精神财富，值得从事思想政治教育理论研究者认真汲取和承接。

经济全球化及西方哲学人文思潮涌进国门所产生的复杂影响，是促成思想政治教育基本理论研究形成哲学样式成果的外来动因。对此，早在21世纪初就有学者指出："由经济全球化带动的全球化发展趋势，深刻地影响着世界历史进程，无疑也影响着中国的历史发展。全球化发展趋势开拓了新的发展领域，开阔了人们的视野，催生了新的思维方式——面向世界的开放思维。"[①]陈立思在《当代世界思想政治教育的理论研究述评》一文中，分析和叙述了当代思想政治教育深受西方教育哲学和道德哲学之影响、教育哲学和道德哲学又受整个西方社会哲学思潮的影响之间的逻辑关联，指出：诸如"二战后广泛流行的人本主义思潮和主体论哲学"等，在全球范围内引发人们"对教育的目的、培养目标、师生关系、课程、教学方法乃至教育科学研究等进行了全面的反省和变革"。就思想政治教育中的道德教育而论，道德教育已经"结束了多年来一直在哲学的边缘徘徊的状态，实现了教育学、伦理学与心理学和社会学的结合，真正开始了实证的研究，涌现了众多的道德教育模式"[②]。近年来，一批专论西方社会思潮对中国青年思想政治或思想道德教育的影响的研究成果，如刘书林的《社会思潮与青年教育研究》、林伯海的《当代西方社会思潮与青年教育》等，以及专论中外思想政治教育或思想政治教育比较研究的成果，如苏振芳主编的《思想道德教育比较研究》等，就是在这种外来动因直接推动下陆续面世的著作。

在思想政治教育基本理论研究如何应对西方哲学复杂思潮影响的问题上，一些关于"思想政治教育的主体间性"的哲学样式成果是值得特别注

① 张彦、郑永廷:《加强和改进思想政治教育的哲学思考》,《现代哲学》2001年第3期。

② 陈立思:《当代世界思想政治教育的理论研究述评》,《教学与研究》2000年第11期。

意的，因为有一些是自觉运用唯物辩证法和唯物史观看待、抵制“主体间性”等西方哲学观某些消极影响的产物。如有的学者明确指出，运用主体间性的哲学话语分析和研究我国思想政治教育基本理论问题，目的应当是对思想政治教育主体性的传统理解实行“积极扬弃”，而不是要模糊主体与客体之间的界限，将教育者与受教育者混为一谈[①]。这些警示性的学术观点无疑是真知灼见，值得重视。从实际情况看，由于人们至今对主体间性的哲学意蕴不甚了解，把握不当就可能会模糊教育者与受教育者之间的学理界限，淡化甚至漠视思想政治教育主体的地位与作用，因此，借用西方哲学的主体间性范式研究思想政治教育中的主客体关系，是需要持慎重态度的。

二、哲学样式成果的主要类型

21世纪以来，思想政治教育基本理论研究的哲学样式成果很多，有如下几种被学界广泛关注的主要类型。

（一）学科论样式

学科论样式的成果，是沿用传统学科体系的惯用体例、运用唯物辩证法和唯物史观建构的思想政治教育学体系。邱伟光和张耀灿主编的《思想政治教育学原理》及其后来修订的版本、郑永廷的《现代思想道德教育理论与方法》、陈秉公的《思想政治教育学原理》等，可视为21世纪以来哲学样式成果早期的代表作。它们多论及思想政治教育的对象与本质、原则与方法、过程与规律、本体与环境、领导和管理等基本问题，影响广泛，为思想政治教育发展成为一门新兴学科奠定了哲学样式的科学基础。

学科论样式一开始就注意凸显“什么是思想政治教育”和“为什么要

---

① 张耀灿、刘伟在《思想政治教育主体间性涵义初探》(《学校党建与思想教育》2006年第12期)中,赵华灵在《思想政治教育主体间性转向的理论探讨》(《思想教育研究》2011年第2期)中,对此作了较为中肯的分析和说明。

有思想政治教育”这两个带有根本性的本质问题，强调指出思想政治教育是中国共产党的优良传统和政治优势，具有鲜明的阶级性和时代属性，在学校思想政治教育中反映的是培养什么样的人的问题，事关国家和民族的前途，因此必须以领导干部和青少年为重点对象。这些体现唯物史观的哲学意见，立意高远、思路清晰，给人以鲜明的历史主题和深刻的逻辑力量[①]。有学者认为，思想政治教育有“三重本质形态”，其中“目的性本质是最为深层、最为根本的本质”，因为这一本质属性对科学提出德育（思想政治教育）的任务、内容与方法起着决定性的支配作用。本质反映事物内在的本质联系，是事物存在和发展的根据和根本动力之所在，对思想政治教育本质问题的认识自然也应作如是观。这是思想政治教育基本理论之哲学样式成果的内核所在，必须坚决维护。

学科论哲学样式问世后，社会反响强烈，人们纷纷以专题形式对其展开拓展性的深入研究，有的还写成专题性的论著，如韦冬雪的《思想政治教育过程矛盾和规律研究》。该论著力图充分运用唯物辩证法的矛盾学说，在将自然规律与一般社会规律作比较的前提下，细致地分析和阐述了思想政治教育过程中的各种矛盾和规律性现象，并在思想政治教育学作为一门实践学科的意义上进一步指出，研究思想政治教育过程的矛盾与规律的目的，是为了使思想政治教育“有一个更加清晰的可操作的方向和目标，进而增强思想政治教育的实效性”。在全国哲学界出现向实践哲学和实践智慧转向的语境中，思想政治教育基本理论问题研究提出这种“更加清晰的可操作的方向和目标”的理念和意见，是值得重视的。

2006年底，张耀灿、郑永廷、吴潜涛、骆郁廷等合著的《现代思想政治教育学》，对此前的学科论哲学样式作了全面的调整和扩充，内容丰富而全面，不论是从立意还是语言表述风格来看，这部著作使得思想政治教育作为一门独立学科的哲学样式更为凸显。然而毋庸讳言，这部40余万字的著述同时又似乎淡化以至淡出了思想政治教育的本质与对象特别是重

① 参见郑永廷:《论思想政治教育的本质及其发展》,《教学与研究》2001年第3期;孙其昂:《关于思想政治教育本质的探讨》,《南京师大学报》(社会科学版)2002年第5期。

点对象、领导与管理等极为重要的基本问题，其学科论的哲学样式特性因此而有所褪色。有的学者也许是因为注意到这种不应有的扩充和蜕化，在其著述中设置了专门章节，以较多的篇幅重申和强化了关于思想政治教育的对象（本体）及其本质问题的专题论述[①]。每一门学科的基本理论都有自己的学科论样式，它是整个学科体系赖以建构和发展的“原理”或“原理学”的逻辑基础。从这种角度来看，对思想政治教育基本理论的学科论样式关于对象和本质问题的理论进行更新和创新，是需要持慎重态度的。

（二）主体论样式

主体论样式是对思想政治教育对象之基本理论问题研究的专题性拓展和深入。21世纪以来涉足这一领域的研究者众多，成果一度甚丰。具体而言，其成果又可以分为主体和主体性两种相互关联的哲学样式。后者较为引人注目的成果，有张彦的专著《思想政治教育主体性研究》与论文《主体性思想政治教育的四维向度》，以及张革华和彭娟的《从教育者角度看思想政治教育主体性》等论文。

建构思想政治教育主体和主体性的哲学样式成果多认为，由于思想政治教育者和受教育者都是具有一定价值取向和主观能动性的人，所以思想政治教育主体性应当包括思想政治教育者的主体性和受教育者的主体性两个方面。所谓思想政治教育主体性，就是指思想政治教育者和受教育者在思想政治教育活动中所表现出来的主观能动性、创造性和自主性。因此，思想政治教育要实行主体性原则，将社会要求和受教育者的合理需要结合起来，尊重受教育者的主体地位，调动受教育者的积极性、主动性和创造性。同时，也必须注意坚持思想政治教育的方向性、严肃性和纯洁性，防止出现教育者淡化主体作用和教育责任、迁就受教育者随意选择“自我教育”的不正确主张[②]。一些著述还涉论思想政治教育的“主体间性”问题。

---

① 田鹏颖、赵美艳：《思想政治教育哲学》，北京：光明日报出版社2010年版，第1—35页。

② 参见叶需：《略论思想政治教育的主体性原则》，《中共四川省委党校学报》2004年第2期；蓝江：《思想政治教育的哲学根基》，《探索》2006年第1期；王瑞娜、陈蕾：《对思想政治教育主体性的再认识》，《河南广播电视大学学报》2008年第2期等。

所谓主体间性，实则是主体论哲学样式的另一种具体形态，与此相关的尚有所谓“双主体”的成果样式。有学者指出，思想政治教育基本理论研究对“主体间性”的成果实行肯定和推广，必须持慎重态度。因为它不仅是一个研究思想政治教育基本理论的哲学方法选择问题，更是一个关涉如何理解和把握思想政治教育的本质和对象的根本问题；如果人们在形上思辨中模糊了教育者与受教育者的必然和必要的界限，势必就会遮蔽思想政治教育实际过程中的主要矛盾，淡忘教育者主体的使命和责任，失落思想政治教育的社会属性和功能，陷入一种自设的“理论困境”，造成“实践困扰”[①]。

近年来，思想政治教育基本理论其他一些重要问题的研究出现了自设“理论困境”的现象。其突出表现就是：把简单的问题说得很复杂，把复杂的问题说得“很哲学”；把本已清晰的问题说得很模糊，把模糊的问题说得让人别想弄明白。这种学风其实是有悖思想政治教育基本理论研究宗旨的，于思想政治教育实务也并无益处。

（三）主导论样式

郑永廷的《现代思想道德教育理论与方法》，是最早运用主导论的哲学样式较为系统地研究思想政治教育基本理论问题的专著。该专著的核心主张是，在价值多元化的现代社会，思想政治教育必须正确看待和适时把握主导性与多样性的关系，在理论与实践的结合上坚持主导性的价值理念和原则，在主导性指导下发展多样性的问题。石书臣指出，所谓思想政治教育的主导性，是就居于主要地位和发挥引导作用的思想政治教育元素而言的[②]。从马克思主义哲学来看主导论样式，它是运用关于主要矛盾和矛盾的主要方面的方法论原则的产物。毛泽东在《矛盾论》中指出：“任何过程如果有多数矛盾存在的话，其中必定有一种是主要的，起着领导的、决定的作用，其他则处于次要和服从的地位。因此，研究任何过程，如果

① 祖嘉合：《试析“双主体说”的理论困境及化解途径》，《思想政治教育研究》2012年第1期。
② 石书臣：《思想政治教育主导性概念的界定与内涵》，《学校党建与思想教育》2004年第7期。

是存在着两个以上矛盾的复杂过程的话，就要用全力找出它的主要矛盾。”又说事物“矛盾着的两方面中，必有一方面是主要的，他方面是次要的。其主要的方面，即所谓矛盾起主导作用的方面。事物的性质，主要地是由取得支配地位的矛盾的主要方面所规定的”[①]。由此，主导性问题的提出及其哲学样式成果，立意取向其实并不是要说明思想政治教育实际过程中的具体矛盾，而是要主张对思想政治教育整体及其基本理论体系作一种实践论意义上的总体性的考察和把握，在基本理论的深刻内涵上彰显思想政治教育的现时代特征和意识形态特质。因此，坚持思想政治教育主导性就是坚持思想政治教育的本质要求，担当思想政治教育最为重要的社会责任和历史使命。这正是主导论哲学样式成果的价值真谛所在[②]。

研究者多指出，在价值多元化、多样化的时代，坚持思想政治教育的主导性并不是要排斥多元性和多样性，发展多元性和多样性不是要淡化以至挤走主导性。有学者指出：“社会主义市场经济条件下，坚持思想政治教育主导性与多样性的统一，是我国社会主义初级阶段经济的主体性与多样性的要求，也由思想政治教育发展变化的规律性和文化全球化背景下思想文化领域互渗性与冲突性所决定。”坚持思想政治教育主导性原则，就是“要弘扬主旋律，坚持马克思主义在意识形态领域的主导地位毫不动摇，同时要批判地继承中华民族的优秀传统文化和借鉴、吸收国外一切有益的思想文化”[③]。

在新增的思想政治教育博士点上成长起来的一批青年学者，围绕思想政治教育的主导性原则、思想政治教育学科建设的主导性、大学生思想政治教育的主导性、社会主义意识形态的主导性等问题，对思想政治教育主导性展开了多角度的探讨，形成了一系列的主导论哲学样式成果。如石书臣的《现代思想政治教育主导性研究》和《主导论：多元文化背景下的高校德育主导性研究》、骆郁廷的《提升国家文化话语权》、万美容的《论高

①《毛泽东选集》第1卷，北京：人民出版社1991年版，第322页。

② 参见李辉：《现代性语境下的思想政治教育主导性探析》，《思想政治教育研究》2009年第4期；陈凤平：《思想政治教育主导性研究综述》，《学理论》2011年第32期。

③ 于林平：《论思想政治教育主导性与多样性的统一》，《思想政治教育研究》2009年第1期。

校德育文化建设的基本原则》、曹群和郑永廷的《社会多样化与个体特色化发展的核心价值主导——兼论大学生社会主义核心价值体系教育》等，立足于文化多元化背景下从主导性的角度研究了思想政治教育的本质规定及其对高校思想政治教育的要求，受到学界的广泛关注。

总的来看，思想政治教育基本理论研究的主导论哲学样式正是基于马克思主义哲学的矛盾学说选题和立意的，它彰显的是思想政治教育的本质属性，维护了思想政治教育作为中国共产党的优良传统和政治优势的地位。

（四）人学论样式

重视人学方法对于思想政治教育基本理论研究的方法论意义，起于21世纪初。石义斌在《试论人学的兴起对思想政治教育的意义》[①]一文中，从考察和分析中国现当代思想史立意出发，最早提出要将人学样式引进思想政治教育基本理论研究的主张。其基本理由是："中国没有经历西方社会那样的文艺复兴运动，资产阶级的自由、平等、博爱等民主主义"包括"孙中山的民权主义"，"都远远没有在中国广大人民的意识形态上生根，相反，民族自尊和爱国义愤压倒了一切"，而人学则具有揭示了当代思想政治教育的任务和主题，奠定了当代思想政治教育的哲学基础，规定了当代思想政治教育的核心内容，提供了当代思想政治教育的科学方法的方法论意义。此后，关于从人学的角度研究思想政治教育基本理论问题的主张曾一度销声匿迹。

七年以后，一些关涉"思想政治教育的人学解读"的论文纷呈于各类期刊，重提和推崇思想政治教育基本理论研究的人学论方法，并很快促成一批特别引人注目的哲学样式成果。这些成果的一个共同特点是，强调人是思想政治教育的目的，认为："在马克思主义人学视野中，思想政治教育的本原目的是促进人在社会中的生存和发展，思想政治教育的最高目的是促进人的自由全面发展，我国思想政治教育的现实目的是促进和谐的社

① 参见石义斌：《试论人学的兴起对思想政治教育的意义》，《理论探讨》2000年第5期。

会主体之生成。”[①]进一步看，思想政治教育是人的一种实践活动和精神生活；是人的一种存在方式或生存方式；是人之生成和人之解放的重要过程和环节。不难看出，就哲学样式及其话语形式而言，思想政治教育基本理论研究的人学主张所要观照的是思想政治教育基本理论的“本体论”问题，因而带有某种“元理论”的特征。因此，评论人学样式成果之学科价值的前提必须是：思想政治教育基本理论是否需要构建哲学样式意义上的本体？如果需要，能否将其抽象为“人”？

我国马克思主义哲学之人学创建者黄楠森先生在其早年人学著述中曾开门见山地指出，人学是关于作为整体的人及其本质的科学，它不同于人类学，也不同于人的哲学[②]。从这种立论前提和基础来看，人学关于人的理解范式，与马克思主义关于人的本质“在其现实性上，是一切社会关系的总和”的著名命题是一致的。因此，黄先生在进一步阐述人学的对象时又指出，人的问题虽然归根到底，是人与自然的关系问题，但更主要的是个人与社会、自我与他人的关系问题，这是一个贯穿整个人类社会的问题[③]。由此看来，硬要借用人学在将“人”与“社会”严格相区分的意义上来言说思想政治教育的基本理论问题以刷新所谓的“元理论”，究竟有何必要呢？学界不少人对此感到有些费解。

众所周知，哲学本体论或存在论是在“本原”的意义上，用最抽象的思辨形式认知和把握世界，可以在本原的意义上把世界抽象为“单一”的“物质”或“精神”。这样的抽象显然是不适合思想政治教育基本理论研究的。思想政治教育历来都是用实践形式理解和把握社会的，是否可以不在存在论或本体论的意义上把社会历史抽象为“人”来研究，是需要慎重考虑的。人，在马克思主义哲学视野里可以“在其现实性上”被抽象为“一切社会关系的总和”的一般本质，而在思想政治教育学视野里则只能被理解为“在社会历史领域内进行活动的，是具有意识的、经过思虑或凭激情

---

① 张耀灿、曹清燕：《论马克思主义人学视野中思想政治教育的目的》，《马克思主义与现实》2007年第6期。

② 黄楠森：《人学的足迹》，南宁：广西人民出版社1999年版，第3页。

③ 黄楠森：《人学的足迹》，南宁：广西人民出版社1999年版，第5页。

行动的、追求某种目的的人”①这种具体本质，当代中国思想政治教育所面对的“人”，则只能是实践中的需要中国化、大众化、时代化的人。这就决定了作为思想政治教育学哲学样式的“人学”与作为一般哲学样式的人学不应当是同一种“人学”，直接用马克思主义哲学样式的人学来替代作为思想政治教育基本理论哲学样式的“人学”，以至以样式替代范式、期许实行“人学范式（样式）转换”，显然是不合适的。人与社会的存在和发展本是互动的历史过程，不论是在基本理论还是在“元理论”的意义上，把思想政治教育的对象归结为“本体论”意义上的一般本质的“人”，都是有失偏颇的。如果说思想政治教育基本理论确有“本体论”或逻辑起点的“元理论”问题需要研究，那么它就应当是人参与和主导思想政治教育实践的逻辑与历史，如此建构的思想政治教育“本体论”学说显然不可能是人学。

（五）价值论样式

价值论样式成果属于价值哲学范畴，其核心是关于思想政治教育有效性的理论。最早见于20世纪80年代，2004年中共中央和国务院颁发《关于进一步加强和改进大学生思想政治教育的意见》之后迅速增加，很快成为思想政治教育基本理论研究成果的一个亮点，然而多缺乏基本理论意义上的学术品位。2001年武汉大学出版社出版沈壮海的专著《思想政治教育有效性研究》，以价值论样式的标志性成果，弥补了这种缺陷。该专著运用唯物史观的方法论原理，以人类社会关注思想政治教育有效性问题2000多年的历史为学术史背景，以当代中国改革开放和社会转型的社会现实为基础，对思想政治教育有效性问题进行了多侧面、多纬度的探究和分析，从理论上阐明了至今依然困扰我国思想政治教育的有效性问题。

闵永新的《论整体性视野中加强思想政治教育有效性研究的价值维度》认为，研究思想政治教育有效性问题，要以马克思主义理论学科建设的整体性要求为指导，遵循思想政治教育有效性实现的自身规律与特点。

①《马克思恩格斯文集》第4卷，北京：人民出版社2009年版，第302页。

该文是思想政治教育基本理论研究之价值论样式的拓展。

思想政治教育基本理论研究的价值论哲学样式，其价值不论怎么说都不为过，因为它所要反映和彰显的是思想政治教育的实践本质，是思想政治教育的生命力所在，因而也是思想政治教育之宗旨和目的所在。由此观之，思想政治教育有效性问题的价值研究，应是整个思想政治教育研究的内在驱动力和价值轴心。

三、哲学样式成果演变的逻辑方向

评述21世纪以来思想政治教育基本理论研究的哲学样式成果，最终需要提出这样一个逻辑问题：作为一种极为重要的精神生产活动，思想政治教育基本理论问题的研究应当坚持在唯物史观方法论原理的指导下，运用“优先逻辑”探讨、设计和把握其应然意义上的逻辑方向。

（一）实践哲学样式的逻辑方向

其目标是在唯物史观的指导下建立“实践思想政治教育学”或“思想政治教育实践哲学”。唯物史观与唯心史观的根本不同在于，它是向实践开放的理论指南，“不是在每个时代中寻找某种范畴，而是始终站在现实历史的基础上，不是从观念出发来解释实践，而是从物质实践出发来解释各种观念形态”[①]，它认为“人的思维是否具有客观的真理性，这不是一个理论的问题，而是一个实践的问题。人应该在实践中证明自己思维的真理性，即自己思维的现实性和力量，自己思维的此岸性”，“社会生活在本质上是实践的”[②]。

思想政治教育作为一门实践学科，其基本理论问题归根到底应是实践问题。思想政治教育基本理论问题应是实践中的问题，它的理论思维必须是在实践中，把需要理论解决的哲学思维看成是实践的一个部分，一个逻

①《马克思恩格斯文集》第1卷，北京：人民出版社2009年版，第544页。

②《马克思恩格斯文集》第1卷，北京：人民出版社2009年版，第503—505页。

辑环节。因此，思想政治教育基本理论的哲学样式成果不应当是离开思想政治教育实践的“纯粹学术”产品，也不应当只是研究者个人的“精神家园”物品。离开实践中的问题，我们可以在纯粹思维中使自己的理论表达完美化、理想化、“元理”化或原理化，然而这样的理论也许就会离实践越来越远，成为学究、学院式的理论，最终出现思想政治教育研究学术繁荣与其实践贫困的“两张皮”的悖论现象，削弱以至丢掉思想政治教育作为中国共产党的优良传统和政治优势。马克思主义哲学对于思想政治教育基本理论研究的方法论意义，应在于指导和建构“思想政治教育实践哲学”。对此，学界不应当有任何异议。不论是宏观还是微观的，思想政治教育的基本理论本质上都应当是实践的。在“哲学家们只是用不同的方式解释世界，而问题在于改变世界”[①]这一著名命题上，思想政治教育的基本理论应当能够得到最合乎逻辑的阐释。所谓思想政治教育学，本质上应当是“实践思想政治教育学”，是对“思想政治教育原理学”与“思想政治工作学”实行贯通的产物。

建构“实践思想政治教育学”，将是一个艰难探索的过程。人在思维活动中可以借助哲学和逻辑的方法消除一切问题和矛盾，把所有的问题“说圆”，然而人在实践中却无论如何做不到这一点。人在实践中，需要面对各种各样的矛盾，固然需要“说圆”，但更主要的是实践，“说圆”了的学术还是要回到实践中去，看其是否可以“圆梦”。这是当代人类的哲学思维包括马克思主义哲学特别关注“实践哲学”的根本原因所在。认识的对象和实践的检验，不是一回事。

（二）社会哲学样式的逻辑走向

其目标是创建宏观思想政治教育学的哲学样式。可以说，沈壮海的《宏观思想政治教育学初论》是这一逻辑走向的先声之作。该文在总结以往关于思想政治教育基本理论问题之哲学样式建构所取得的经验和存在问题的基础上，在历史与现实、国情与世情相关联的大视野里，视有史以来

①《马克思恩格斯文集》第1卷，北京：人民出版社2009年版，第506页。

的思想政治教育为一种“自然历史过程”和“世界历史意识”的产物，据此而提出“宏观思想政治教育学”的新概念，认为思想政治教育宏观、微观之学应当共生互促，努力与实践的发展同步，并与哲学社会科学乃至自然科学相关学科的发展同步。

该文所论，凸显了社会哲学的方法论范式和叙述风格，让人耳目一新。笔者所受到的启发是：《宏观思想政治教育学初论》从思想政治教育基本理论的哲学样式成果“向何处去”的逻辑方向问题出发，探讨这一问题的价值和意义是不言而喻的。该文主张“着眼于从整体、全局、战略等层面”理解和把握思想政治教育的对象及相关问题。认为在对中国传统哲学样式的承接和创新的基本认识前提下，中国深厚的历史文化基础和哲学思想资源，可以将当代中国思想政治教育研究与中国传统思想政治和伦理道德文化合乎逻辑地贯通起来，建构“宏观思想政治教育学”是完全可能的。这种把“世界历史意识”与“中国历史意识”结合起来的哲学方法，给读者以深刻的印象①。

中国传统哲学注重在人、家、国乃至天道与自然的“全局”和“整体”中，把握“成人”的生成和发展过程中的伦理道德和思想政治问题，却缺乏“战略”的眼光，而当代思想政治教育基本理论问题的哲学思维却不能没有战略眼光。身居经济全球化的地球村，思想政治教育唯有具备战略眼光，才能真正把握全局和整体，促使“思想政治教育宏观、微观之学共生互促，努力与实践的发展同步”。这应当是思想政治教育基本理论问题研究之哲学样式成果的一个重要发展路向。提出创建“宏观思想政治教育学”开辟了构建思想政治教育学的哲学样式的新思维，对于繁荣思想政治教育基本理论研究很有意义。人们在期待其涌现更多哲学样式成果的过

① 马克思恩格斯在《德意志意识形态》中基于“新的历史观”指出：以“世界市场的存在为前提”，“人们的世界历史性存在而不是地域性的存在已经是经验的存在了”，“无产阶级只有在世界历史意义上才能存在，就像共产主义——它的事业——只有作为‘世界历史性的’存在才有可能实现一样”。实际上，从逻辑上来分析，任何“地域性的存在”都同样具有“世界历史意义”，以至于越是地域性（民族性）的存在就往往越具有“世界历史意义”。从这个角度看，善于把“中国历史意识”与“世界历史意识”整合起来，应是思想政治教育基本理论研究者应当具备的思维品质。

程中同时也应当明白：学科对象内涵越大，对象物就越模糊，本质就越抽象，能够获得的真知灼见就可能会越少，把握其“实践理性”以指导思想政治教育实践的机缘也就可能会越少。

（三）探讨“元问题”哲学样式成果的逻辑方向

实际上，纵观21世纪以来思想政治教育基本理论研究的哲学样式成果，其形成的内在机理和推动力多与追问思想政治教育中的“元问题”相关。然而，思想政治教育中的“元问题”究竟是什么，却至今没有被明确地提出来。近年来，有学者试着把人学论样式所涉论的“人的问题”与思想政治教育的“元问题”关联起来，并未得到积极响应。是不是思想政治教育基本理论没有“元问题”？回答应当是否定的。

元，在中国人的传统话语系统中有始、大、第一、首要、基本之义，作为哲学范畴则一般是指“本原”。运用哲学的方法研究思想政治教育的基本理论，无疑会遇到这样的“元”问题。党的十八大报告在论述“扎实推进社会主义文化强国建设”的战略任务时，做出“全面提高公民道德素质”的重大工作部署，其中要求“加强和改进思想政治工作，注重人文关怀和心理疏导，培育自尊自信、理性平和、积极向上的社会心态”。这必将会推动思想政治教育基本理论研究的深入发展，以“元问题”为对象的哲学样式成果势必会不断地涌现出来。现在需要探讨的问题是：思想政治教育的“元问题”究竟是什么？反映“元问题”的哲学样式成果应当是怎样的？笔者看来，不应将思想政治教育的“元问题”等同于最一般的问题，因而也不应视思想政治教育基本理论的“元问题”成果为最抽象的理论形式。思想政治教育的“元问题”，在很多情况下恰恰是“蜗居”在思想政治教育微观世界中的问题，如一些领导干部和青少年的理想信念缺失、社会责任感淡化、价值观念和行为方式偏离以至违背社会主导价值问题等。它们多是“第一”“首要”“基本”的问题，带有“元问题”的特征，需要思想政治教育基本理论研究立足于唯物史观的视野，给予“本原”式的建构和阐发。康德做道德学问最终所感悟到的“元问题”，只有

"两样东西，我们愈经常愈持久地加以思索，它们就愈使心灵充满日新月异、有加无已的景仰和敬畏：在我之上的星空和居我心中的道德法则。"[①]应当说，这位哲学大师的"元问题"观及其思辨方向，对于建构思想政治教育基本理论"元问题"的哲学样式成果，是颇具启发意义的。

概言之，思想政治教育基本理论研究之哲学样式成果演变的逻辑方向，应是立足当代中国社会发展的重大实践和思想实际问题，在历史唯物主义指导下引领人们科学认识和把握社会与人生。

① [德]康德:《实践理性批判》,韩水法译,北京:商务印书馆1999年版,第177页。

思想政治教育理论创新要坚持唯物史观*

思想政治教育作为中国特色社会主义现代化建设进程中的“生命线”“中心环节”和马克思主义理论的实践学科，是中国共产党和社会主义国家的优良传统与政治优势，其理论创新必须接受唯物史观方法论原则的指导。基本理路是立足当代中国社会转型的伟大实践，从创建思想政治教育的“实践哲学”、凸显社会主义核心价值体系的主体地位、推进唯物史观青年化等方向和领域展开，并建构以唯物史观为主导的创新方法体系。

改革开放以来，思想政治教育作为马克思主义理论一级学科下设的一门二级学科和中国特色社会主义现代化建设的“生命线”和“中心环节”之社会工程，其理论研究与创新取得了积极的丰硕成果。观其获得成功的主要经验，就是坚持以历史唯物主义为指导。然而，思想政治教育理论创新近几年却出现了一些力图避开唯物史观指导的不正常现象，如果任其蔓延势必会最终改变思想政治教育作为马克思主义理论学科的应有品格，毁损思想政治教育作为中国特色社会主义现代化建设进程中的“生命线”和“中心环节”的应有地位。

因此，探讨和说明坚持运用唯物史观指导思想政治教育理论创新的必要性和基本理路，是很有意义的。

* 此篇原系作者在安徽省马克思主义哲学应用学会2011年年会上的发言稿，后在《淮南师范学院学报》2011年第6期摘要发表。

一、思想政治教育理论创新坚持唯物史观是历史必然选择

众所周知，唯物史观是马克思、恩格斯创建的“唯物主义哲学的上层”[①]，它揭示了社会存在和发展的总体性状和基本规律，认为“不是人们的意识决定人们的存在，相反，是人们的社会存在决定人们的意识”，“生产关系的总和构成社会的经济结构，即有法律的和政治的上层建筑竖立其上并有一定的社会意识形式与之相适应的现实基础。物质生活的生产方式制约着整个社会生活、政治生活和精神生活的过程”[②]。这里所说的“相适应”于法律和政治的“一定的社会意识形式”所指，是经过思想家理性加工的“社会意识形态”，本质上是反映一定社会的经济政治制度属性的产物。思想政治教育理论就属于这样的社会意识形态。

马克思在分析社会意识形态对于上层建筑的“构成”性功能时指出：“在不同的财产形式上，在社会生存条件上，耸立着由各种不同的，表现独特的情感、幻想、思想方式和人生观构成的整个上层建筑。”[③]在唯物史观视域里，我国思想政治教育是运用马克思主义理论与方法，专门研究人们思想品德形成、发展和思想政治教育规律，培养人们正确世界观、人生观、价值观的理论学科[④]，也是实践其理论学科之理性品质的社会工程，其价值观念和理论体系所富含的“表现独特的情感、幻想、思想方式和人生观”，无疑必须具备社会主义意识形态之“上层建筑”的属性。因此，从逻辑上来分析，坚持以唯物史观为指导，是思想政治教育的必然选择。如果离开唯物史观视域“创新”思想政治教育理论，势必就会淡化以至“终结”思想政治教育的社会主义意识形态属性，带来极其严重的后果。

中国社会没有经历过完整资本主义的发展阶段，事实证明这在政治和

---

①《列宁选集》第2卷，北京：人民出版社1995年版，第179页。

②《马克思恩格斯文集》第2卷，北京：人民出版社2009年版，第591页。

③《马克思恩格斯文集》第2卷，北京：人民出版社2009年版，第498页。

④ 参见《关于调整增设马克思主义理论一级学科及所属二级学科的通知》(学位[2005]64号)附件二。

经济制度的变革和更新上是完全可以做到的，只有社会主义才能救中国，只有共产党才能领导中国人民建设社会主义现代化国家。这是中华民族和中国人民所做出的历史必然选择。然而，应当同时看到，人们的“情感、幻想、思想方式和人生观”不可能随同政治经济制度完成这样的超越，我们与专制和唯权、唯上等封建腐朽的思想观念“彻底决裂”、创建与社会主义制度“相适应”的新的意识形态体系将会是一个长期的过程。我们没有必要也不可能为了解决“情感、幻想、思想方式和人生观”等和构建新的社会主义意识形态体系问题，而在社会制度层面上走回头路，接受资本主义文明的“洗礼”，实行“全面西化”或“根本西化”。我们的选择只能是在唯物史观指导下实行时间和空域的“刷新”，一方面批评和廓清唯权、唯上等封建主义思想观念的残余影响，学习和吸收资本主义文明中的先进因素，另一方面化解随开放之风涌进来的资本主义的腐朽东西，特别是要抵制和消解其对于社会主义制度及其执政者的政治偏见。在这样的创新和发展的历史进程中，思想政治教育理论创新担负着责无旁贷的特殊使命，既是创新和发展历史进程的应有之义，也是这种历史进程的思想观念基础和内在推动力。

由此可以推论，轻视以至忽视唯物史观对于思想政治教育理论创新的指导地位和作用，势必就会淡化思想政治教育理论内容的社会主义意识形态属性，遮蔽思想政治教育工作的应有目标，冲击思想政治教育领导管理体制，最终会在制度层面上危及中国共产党的执政地位和社会主义国家的安全。这是苏联共产党垮台和社会主义制度被颠覆留给我们最深刻的教训。有学者概要地指出，这种深刻教训就是放松共产党领导下的文化软实力建设，任凭一些别有图谋的人在思想政治领域肆意诋毁丑化执政党的领袖，致使包括思想政治教育在内的整个意识形态工作背离了唯物史观，最终导致社会主义意识形态彻底崩溃①。

① 张国祚:《苏共亡党在于意识形态彻底崩溃》,《中国社会科学报》2011年3月22日。

二、坚持以唯物史观指导思想政治教育理论创新的基本理路

一是要立足当代中国社会转型的伟大实践。马克思创立历史唯物主义一开始就明确指出，唯物史观与唯心史观的根本区别在于，“它不是在每个时代中寻找某种范畴，而是始终站在现实历史的基础上，不是从观念出发来解释实践，而是从物质实践出发来解释各种观念形态”[①]，它认为“人的思维是否具有客观的真理性，这不是一个理论的问题，而是一个实践的问题。人应该在实践中证明自己思维的真理性”，“社会生活在本质上是实践的”[②]。

立足于当代中国社会转型的伟大实践，就需要正视社会风险。中国的社会转型，是“经济社会”“技术社会”“文化社会”及其管理和运行的转型，不是根本政治制度的转型。但是，“世界历史性”的生态环境会使社会转型存在两种不同的前途和命运。一种是为中华民族的振兴和繁荣富强带来空前的历史机遇，激励我们奔向中国特色社会主义现代化强国的伟大目标；另一种是为中华民族脱离中国共产党领导的社会主义制度造成历史风险，这种风险甚至会致使我们重演近代史上的历史悲剧。安东尼·吉登斯在其《失控的世界》中指出，风险社会存在两种基本类型的风险，即外部风险和被制造出来的风险：外部风险就是来自外部的、因为传统或者自然的不变性和固定带来的风险；被制造出来的风险，指的是由我们不断发展的知识对这个世界的影响所产生的风险，是指我们没有多少历史经验的情况下所产生的风险[③]。毋庸讳言，这两种风险在当代中国社会转型中都是真实存在的，虽然与安东尼·吉登斯所警示的风险的社会属性不同，但类型是一样的。彻底的唯物主义者是无所畏惧的，我们应当勇于承认和面对这种风险现实。接受这个重大的历史考验，实践这个重大的历史课题，

①《马克思恩格斯文集》第1卷，北京：人民出版社2009年版，第544页。

②《马克思恩格斯文集》第1卷，北京：人民出版社2009年版，第503—505页。

③ 转引自庄友刚：《跨越风险社会——风险社会的历史唯物主义研究》，北京：人民出版社2008年版，第93页。

思想政治教育理论创新面临创建自己的“实践哲学”的任务。

二是创新思想政治教育内容，将社会主义核心价值体系融入思想政治教育内容体系之中。党的十七大报告指出：“社会主义核心价值体系是社会主义意识形态的本质体现。要巩固马克思主义指导地位，坚持不懈地用马克思主义中国化最新成果武装全党、教育人民，用中国特色社会主义共同理想凝聚力量，用以爱国主义为核心的民族精神和以改革创新为核心的时代精神鼓舞斗志，用社会主义荣辱观引领风尚，巩固全党全国各族人民团结奋斗的共同思想基础。”将社会主义核心价值体系融入思想政治教育内容体系之中，不仅要合乎逻辑地凸显社会主义核心价值体系在思想政治教育内容体系中的主体地位，而且要从理论上研究和说明凸显这种主体地位的必要性、可行路径与方法。

三是将基于唯物史观的思想政治教育理论创新的教育与研究，列入思想政治教育学科和学位点的建设规划。应开设以唯物史观的学习和研究为基本内容的学位课程，如“思想政治教育理论创新方法论”等，或者直接设置思想政治教育理论创新方法论的研究方向，培养精于思想政治教育理论创新方法论问题的专门人才和中青年马克思主义者。与此同时，思想政治教育学位点还应开展面向全社会的唯物史观教育与普及的调查和研究工作。

三、建构以唯物史观为主导的思想政治教育理论创新方法体系

在“世界历史性”的发展模式中，思想政治教育理论创新不可能也没有必要拒绝活跃在西方社会人文社会科学研究领域的一些旨在理论创新的方法。问题是，如何吸收和运用诸如“生态论”“生活世界”的理论构想、“生活教育”和“生活化”等方法主张为我所用，又不至于任其淡化、搁置和取代唯物史观方法论原则的指导地位。正确的理路应当是把这些方法纳入唯物史观的方法论视野，建构以唯物史观为主导的思想政治教育理论的创新方法体系。

首先，要认识和把握上述这类外来创新方法的本质属性。“现代生态学”的方法的合理性在于尊重自然物存在的有序性及其与人类社会的逻辑关联，但其知识理论形态不可直接用作观察、描述和安排人类社会生活之秩序的社会历史方法，因为社会生活各种要素之间的秩序不是自然物关系，而是社会实践的“人工智能系统”。“生活世界”的理论构想和“生活教育”理论，作为推崇思想政治教育和德育须密切联系实际生活的学说佐证，乃至在这种意义上夸张地发表“德育（思想政治教育）生活化”的主张，也是具有学术价值的。但是，若是由此而提出“德育（思想政治教育）目标来自生活”和“向生活回归”这种核心命题和主张，就显然不是理论创新而是“离经叛道”了。因为德育（思想政治教育）目标是“培养什么样的人”的问题，关涉德育和思想政治教育的本质属性和根本宗旨，反映的是特定历史时代的国家意志和社会理性，因此一般是以国家法规或法令的形式向教育界和全社会颁布的，明晰而统一，绝对不是“来自生活”，在其贯彻实施过程中应当联系和贴近生活，因而也就不存在“向生活回归”的问题。

其次，要反对和纠正“方法移植”和“方法套用”的文牍主义或形式主义的思维方式和作风。如果读了罗尔斯的《正义论》，就用罗尔斯的正义观来解读和解决中国社会转型进程中出现的不公问题，晓得西方社会有“通识教育”“博雅教育”“大学生事务管理”，就试图以此替代我国高校思想政治理论课、人文素质课的教育和大学生日常思想政治工作，以至于照搬“公共意识”“世界公民”“公共知识分子”“文化全球化”“政治全球化”等“普世价值”的概念。在我看来，这种方法创新实则是“方法移植”和“方法套用”，不过是搁置、避开唯物史观的一种“方法贫困”的表现而已。坚持唯物史观的方法论原则，创建以唯物史观为主导的创新方法体系，是一项关涉思想政治教育理论创新的思维方式变革的事业，需要我们付出艰苦的劳动。在这个探索和创新的过程中，任何望词生义、生搬硬套、投机取巧的作风都是十分有害的。

最后，要在推进马克思主义中国化、时代化和大众化的历史进程中，广泛开展普及唯物史观方法论原理的教育，推进唯物史观青年化。苏联共产党垮台和社会主义制度被颠覆的根本原因并不在于他们不重视唯物史观和社会意识形态的教育，而是在于他们把这种教育的重点放在少数精英群体上，忽视大众化尤其是青年化的教育，使得马克思主义理论成为只为少数人自我欣赏、曲高和寡的文案和自得其乐的“精神家园”。我们当从中得到启发。

推进唯物史观青年化的重点对象应是涉身思想政治教育理论学习与研究的青年群体。随着思想政治教育作为一门新兴学科的创立和学位点的增设，越来越多的青年投身到思想政治教育理论研究与创新的领域，给思想政治教育理论创新增添了新的活力，他们之所为是思想政治教育理论创新与发展事业的希望之所在。青年易于接受新东西。在思想政治教育理论创新方面，青年易于接受前文提到的那些并非唯物史观的方法，而与此同时却又不能自觉接受和运用唯物史观的方法论原则，有的甚至站到了唯物史观的对立面。推进唯物史观青年化的工作可以与青年马克思主义者培养工程结合起来进行。由此看，青年马克思主义者培养工程，应把培养青年具备唯物主义社会历史观作为重要的目标和任务。

概言之，建构以唯物史观为主导的思想政治教育理论创新方法体系，就是要用一切行之有效的色彩为遵循唯物史观方法论原则设计和勾勒的思想政治教育理论之基本蓝图着色，使蓝图清晰而又丰富多彩，具有最佳的认知意义和实践价值，而不是要涂鸦蓝图，更不是要篡改蓝图。

在改进中加强思想政治理论课建设之逻辑关系*

习近平在全国高校思想政治工作会议上的讲话中强调指出：高校思想政治工作“要用好课堂教学这个主渠道，思想政治理论课要坚持在改进中加强，提升思想政治教育亲和力和针对性”。从目前实际情况看，贯彻这一重要指示精神，需要从认识和实践两个方面理顺一些基本的逻辑关系。

一、尊重基础与循序推进

思想政治理论课自1950年10月教育部出台《关于高等学校政治课教学方针、组织与方法的几项原则》而设置以来，特别是进入改革开放历史新时期以来，虽曾受到“左”的思潮干扰和资产阶级自由化思潮的冲击，却一直呈现在改进创新中求发展、不断得到加强的总体趋势，形成了现在的基础。

党和国家主管部门在不同的历史时期为实行对思想政治理论课的宏观调控和指导颁发了一系列政策性很强的文件。如：1958年4月12日教育部政治教育司的《对高等学校政治教育工作的几点意见（草稿）》，1961年4月中宣部和教育部的《改进高等学校共同政治理论课教学的意见》，1964年7月全国政治理论课工作会议之后中宣部、高教部和教育部于10月11

* 原载《思想理论教育》2017年第4期。

日联合颁发的《关于改进高等学校、中等学校政治理论课的意见》等；教育部1978年4月的《关于加强高等学校马列主义理论教育的意见》和1980年7月7日的《改进和加强高等学校马列主义课的试行办法》，1982年10月9日的《关于在高等学校逐步开设共产主义思想品德课程的通知》和1984年9月12日的《关于高等学校开设共产主义思想品德课的若干规定》等；特别是1985年8月1日中共中央颁发的《关于改革学校思想品德和政治理论课程教学的通知》（即“85方案”）、2004年8月26日中共中央和国务院颁发的《关于进一步加强和改进大学生思想政治教育的意见》（即“16号文件”），以及中宣部和教育部颁发的《关于普通高等学校“两课”课程设置的规定及其实施工作的意见》（即“98方案”）和《〈中共中央宣传部教育部关于进一步加强和改进高等学校思想政治理论课的意见〉实施方案》（即“05方案”）等。2005年12月23日，国务院学位委员会和教育部的《关于调整增设马克思主义理论一级学科及所属二级学科的通知》（学位［2005］64号），基于马克思主义整体性的视野，对思想政治理论课创新提出了更高的要求[①]。

在这些顶层设计文件的精神指导下，通过广大教师不懈的共同努力，思想政治理论课现有基础已经具备了较为丰富的科学理性和实践经验。

其一，明确了思想政治工作是一门科学。既为高校思想政治工作和思想政治理论课实现科学化和学科化奠定了学理前提，也为思想政治工作作为中国共产党的政治优势——各项工作的“生命线”和“中心环节”赢得了学理依据。

其二，明确了思想政治理论课在思想政治工作中的主渠道地位和主导功能。从而澄清了在这个关涉“培养什么人”的根本问题上长期存在的模糊认识，促使思想政治理论课成为高举马克思主义理论及其中国化形态的旗帜、抵制和批判反对四项基本原则的各种错误思潮的主阵地。

其三，明确了思想政治理论课的学科归属和课程体系，从而结束了它

① 以上文献名目均引自教育部社会科学司组编:《普通高校思想政治理论课文献选编(1949—2008)》,北京:中国人民大学出版社2008年版。

在高等教育体系中曾经“无家可归”的状态。虽然从目前人们认知的实际情况看，思想政治理论课的学科归属或许还存在需要争鸣和澄明的不同意见，课程体系也还可能有待完善，但其作为马克思主义理论学科重要领域的“家庭属地”和“门牌号码”已不容置疑。

其四，明确了思想政治理论课的领导管理体制及相应的运作机制。虽然这方面的现有基础或许还存在需要进一步厘清和夯实的问题，但对其管理逻辑关系已基本理顺的现状，应确信无疑。

在改进中加强思想政治理论课，旨在针对现有基础存在的问题和不足推陈出新，促使其在适应新形势客观要求的过程中切实地得到加强，故而不可轻视以至无视已经取得的成就，更不是要改弦更张、另搞一套。这就要求贯彻在改进中加强的精神，首先就要注意充分尊重思想政治理论课现有基础已经具备的科学理性和实践经验，遵照课程建设自身的规律循序渐进地推陈出新，既要提倡勇于探讨和积极实验，也应审慎推广新的做法，防止出现可能无助甚至危害大局的急躁情绪和轻率举措。

二、秉承宗旨与优化内涵

所谓宗旨，一般是指社会和人在把握自己前途和命运的过程中所持的根本目的和旨趣，是一切认识和实践活动的内在逻辑张力，受一定的社会历史观和人生价值观支配。稳定性和一贯性是宗旨的本质特性。虽然宗旨的内涵会随着人的认识和实践活动的变化发展，不断得到丰富和优化，以至在不同的历史时期和情景下会以不同的方式表现出来，但宗旨的“初心”实质不会改变，也不能发生改变。这种历史逻辑，大而言之如同人类自诞生开始便以共同体方式把握自己生存繁衍之需及命运与前途、却在不同的历史时期有着不同的共同体形态及对命运共同体的不同理解一样；小而言之则如同思想政治理论课教学宗旨这样，在新中国成立后的不同时期内涵虽有所不同，但坚持对受教育者进行马克思主义基本原理的教育、培养社会主义事业建设者和接班人的根本旨意没有发生改变。

历史地看，一切社会的思想政治教育宗旨都是立德树人，为执政者及其统治下的国家与社会培养接班人和建设者。这在我国，若以“大学”之名为标志始于夏商，以稷下学宫及孔子创私学为标志则始于春秋战国，以机构和教学为依据则始于西汉。在外国，可追溯到古埃及的海立欧普立斯大寺、古印度的塔克撒西拉大学、古希腊经久不衰的“学园”等。《礼记·学记》总结此前中国“思想政治理论教育”的历史经验时说道：“君子如欲化民成俗，其必由学乎。玉不琢，不成器；人不学，不知道。是故，古之王者，建国君民，教学为先。”这里所说的“教学”，实质内涵是关于思想政治（包括伦理道德）的知识理论与做人规则的教育，宗旨就是培养“君子”具备“建国君民”的品格素质。新中国成立以来的思想政治理论课的改进和加强，其实都是基于这样的根本宗旨而设置的。

从自然规律来看，一代代新人通过接受高等教育成为“建设者”和“接班人”是必然的，关键在于他们成为什么样的建设者和接班人。在改进中加强思想政治理论课的宗旨就是要立德树人、培养德智体美全面发展的社会主义事业的建设者和接班人。这里的关键词是“德智体美全面发展”和“社会主义”。它要求在改进中加强思想政治理论课的推陈出新、创新发展，必须确保我国高校培养的建设者和接班人具有衷心拥护共产党的领导和“四个自信”的思想政治觉悟。倘若可以用现今时髦话语称他们为国家和民族的一群“精英”的活，那么，他们必须是真正懂得和真心乐意为当家作主的广大人民群众服务的“精英”群体，而不能成为像西方发达资本主义国家那样占据特殊利益、脱离“草根”的“精英阶层”。由此来看，在改进中加强思想政治理论课秉承思想政治教育的宗旨，维系着中共执政和中国特色社会主义国家的命运与前途。

习近平指出，做好高校思想政治工作，要因事而化、因时而进、因势而新。思想政治理论课作为思想政治工作主渠道要贯彻“三因”精神，就要秉承培养社会主义事业建设者和接班人这个根本宗旨高屋建瓴，与时俱进，切实优化课程的内涵。

一要优化教学培养目标，促使大学生能够自觉把个人的理想追求融入国家和民族的事业中，具备勇做走在时代前列的奋进者和开拓者的品格素养。思想政治理论课作为思想政治工作主渠道，要跟进中国社会改革发展和国际竞争的大趋势，丰富和优化社会主义建设者和接班人之人才培养规格的内涵与结构，包括把握竞争环境的识别能力、学习能力、自我更新能力，以及心理适应能力等。

二要优化教学内容，依据优化的培养目标对教学内容进行调整，增强教学内容的针对性和实用性。有些课程，如马克思主义基本原理，应紧密联系当代中国社会改革与发展的实际，借助哲学社会科学理论创新之势，彰显唯物史观关于社会经济基础与上层建筑基本矛盾运动、人民群众的历史主体地位与作用、“自然历史过程”等基本理论的科学原理。再如，形势与政策课应增加当代中国国情、世情和党情的内容，还可以考虑增设治国理政的基本理论的教学内容，在此基础上对“形势”和“政策”实行学理性的科学抽象，促使学生具备从理论上自主认识和把握各种复杂形势的思维能力。

三要优化教学方法，促使教学活动具有亲和力。要坚持问题导向，运用唯物史观的科学方法分析教学内容涉及的理论与现实问题，促使学生在理解鲜活问题中接受教育。优化教学方法，在话语使用上借用一些“网络语言”是必要的，但也不应为迎合学生的“口味”而刻意规避或“羞于”使用“马克思主义”“社会主义”“中国共产党领导”之类的标识性课程话语。

四要优化教师队伍，逐步解决“身在马家不是马家人”的身份问题，“姓马不信马”的头脑问题，“信马不善马”的能力问题。教师是改进和加强思想政治理论课的关键所在，要通过必要的教育培训和考核解决教师队伍目前存在的突出问题。优化思想政治理论课教师队伍的立足点在于促使教师应具备思想政治理论课教学的神圣感、庄重感、尊严感和自信心的品质，能够理直气壮地承担立德树人的使命。优化教师队伍应健全教师培训和研修机制，既要有“典型引路”的示范观摩，也要有实行全覆盖的全员培训。

三、增强效果与确保质量

思想政治理论课教学效果与教学质量是彼此相关的两个不同命题，关涉两个不同的教学领域。两者在改进和加强思想政治理论课过程中的逻辑关系，可以简要地表述为：在改进中加强思想政治理论课的直接目的是增强教学效果，根本目的则是确保和提升教学质量。

评判教学效果的标准，是受教育者的“可接受性”和“亲和力”，评判教学质量的标准是党和国家主管部门统一制订的，体现的是执政党和国家的意志及社会文明进步对人才规格的客观要求。教学效果可因地（区）因校因人因专业因课而有所不同，进行评价的依据是受教育者的“可接受性”和“亲和力”，故而离不开学生“打分”，而对教学质量的理解和评判则不可以作如是观，它是建立在评判者依据课程质量标准的要求进行深入、中肯的分析的基础之上的。

事实表明，在思想政治理论课教学活动的评价中，一直存在将教学效果与教学质量相提并论、混为一谈，甚至以教学效果代替教学质量的现象，致使受教育者担当教学质量评判的主体，一些教师为了赢得学生的“打分”而“不得不”迁就学生接受课堂教学的情绪，从而在无形之中降低了对教学质量的自觉要求。这种现象，在改进中加强思想政治理论课是应当加以辨析和纠正的。笔者曾撰文指出：“效果不好或不大好的教学，质量不一定就不高或没有质量，效果好的教学不一定就质量高。这里问题的关键是，学生‘入耳’的内容是否‘入脑’了，‘入脑’的内容是否为国家‘给定’的思想政治教育理论课的内容，若是‘给定’或基本上是‘给定’的，学生能‘入耳’、有‘笑声’和‘掌声’，那就达到了效果与质量的统一，反之则不一定。我们希望教学质量和教学效果能够达到完美的一致性，但须知这在不少情况下是很难做到的，在做不到的情况下，应当把确保实现党和国家给定性的课程内容、标准和基本要求放在第一位。”[①]

在如今开放的社会，大学生特别关注社会现实而又易于受到社会上一些错误思潮和负能量因素的影响，一些人对思想政治理论课教学中的某些重要内容抱有“先在”性的反面认知和抵触情绪，并不足为怪。从立足于培养社会主义事业的建设者和接班人的要求来看，他们不想听或不“喜欢”听的课，可能恰恰是他们应该和必须听的课，不应以他们是否“喜欢”为转移。因此，对教学效果的“可接受性”问题应作具体分析。教师的责任在于通过自己的努力，增加学生“喜欢”的系数，以增强教学效果。关于思想政治理论课的教学效果问题还一直存有这样的情况：有的教师讲什么样的课都会受到学生欢迎；有的课任凭什么样的教师去讲也不一定受到欢迎；有的专业，不论什么样的教师和课程，学生都不会“喜欢”，都不会有好的教学效果。思想政治理论课教学增强教学效果的旨趣在于，确保和提升教学质量，力求实现提升教学质量与增强教学效果的有机统一。如果把是否“入耳”、有“笑声”和“掌声”等效果反应，当作教学质量的评价标准甚至是唯一的标准，那就可能会与确保和提升思想政治理论课教学质量的宗旨背道而驰了。从这种角度看，应注意发掘和彰显时下那些具有“轰动效应”的教学创新对于提升教学质量的实际价值。

总之，通过增强教学效果以确保教学质量是两者之间应有的逻辑关系，理解和把握这种逻辑关系应防止为片面追求“掌声”和“入座率”而降低质量的偏向，也不应把那些缺少“掌声”和“入座率”不高的课堂教学统统归于质量不高。

四、因材施教与统一要求

因材施教主张具体情况具体分析和区别对待，适用于一切教育教学活动，无疑也是改进和加强思想政治理论课一个至关重要的着力点。思想政

① 钱广荣、李靖：《关于思想政治理论课教学质量问题的若干思考》，《思想理论教育》2012年第5期。

治理论课的统一要求是依据课程质量标准而确定的，因材施教要以统一要求为出发点和目标。

当代中国大学生的特点是朝气蓬勃、好学上进、视野宽广、个性张扬、自尊自信，同时，他们知识体系搭建尚未完成，价值观塑造尚未成形，情感心理尚未成熟。这些特点在接受思想政治理论课教学中多表现出两面性，既是优点也是缺点，呈现优缺点并存的个性特征。对思想政治理论课教学而言，这既是因材施教的依据，也是提出统一要求的必要性所在。

如果说，因材施教在高校日常思想政治工作和专业课教学中的运用是主张“一把钥匙开一把锁”，那么在思想政治理论课教学中的运用则主要应被理解为“一把钥匙开一种（类）锁”，即因专业、年级和课程的不同而选择不同的教学方法。在这里，“因材”的真谛在于把握“一种锁”的特性，以选择适用“一种锁”的方法。不论选择何种方法，目的都在于“施教”，因此必须有统一的质量要求。这就要求教师在因材施教的过程中，基于大学生健康成长的客观需要，一方面要显扬大学生特点中的优点，另一方面也要矫正大学生特点中的缺点，并要善于引导大学生发现自己的优缺点。这样看因材施教，也正是自古以来思想政治教育的基本经验。古人曾告诫：“学者有四失，教者必知之。人之学也，或失则多，或失则寡，或失则易，或失则止。此四者，心之莫同也。知其心，然后能救其失也。教也者，长善而救其失者也。”[①]这个道理运用在改进和加强思想政治理论课的教学过程，就是要求教师（“教者”）要善于发现学生（“学者”）的长处和短处，并且能善于引导学生纠正自己失误的过错与失当的缺陷。在因材施教的问题上，教师不可以把学生的特点等同于优点，放弃统一要求，以至不加分析地对那种不懂感恩和敬畏、无视法纪和公德的“个性张扬”也给予迁就和包容。

大学生毕业后就要走向社会，开始担当起社会主义事业建设者和接班人的社会责任，也开始告别“衣来伸手饭来张口”的生活方式、担当起个

①《礼记·学记》。

人谋求生存和发展的自我责任。从这个角度来看，思想政治理论课不同于基础教育阶段的思想品德课，也不同于大学课程体系中一般的“通识课程”，它是促使大学生尽快“成人”的“成人教育”课程，必须被赋予进行“思维矫正”“价值澄清”乃至“思想改造”之“成人礼遇”的某些特性。教育历来不是万能的，思想政治教育更是如此，有的学生因拒绝接受思想政治理论课的教育教学而落伍直至被淘汰，与专业课教学出现这种情况一样是合乎教育规律的。这种“自然而然”的淘汰如同战争年代被淘汰的现象叫作“大浪淘沙”一样，在今天培养社会主义事业建设者和接班人的高等教育实践中不可能不上演，不必为此大惊小怪。如今在党和国家各条战线上担当社会主义事业建设者和接班人历史重任的人们，在当初大学里接受思想政治理论课教育，确立马克思主义世界观、社会历史观、人生价值观和伦理道德观的过程中，多不是那么自觉自愿和感到轻松愉快的，实际情况是多得益于他们在大学教育阶段的统一要求之下所接受的思想政治理论课教育，特别是其间的马克思主义基本原理的教育。虽然今天的情况与那时不可同日而语，但就其秉承思想政治教育之根本宗旨的统一要求而言，并不存在本质的不同。

坚持在统一要求之下因材施教，把因材施教与统一要求合乎逻辑地统一起来，是改进和加强思想政治理论课一个不可忽视的基本环节。为此，在有些情况下加强思想政治理论课教学过程的管理和监控，包括严格执行必要的教学纪律以确保实施教育必须的“到课率”，也是不能忽视的。

五、强化本位与观照整体

在改进中加强思想政治理论课，旨在强化这门课程作为思想政治工作主渠道的主体地位和主导功能。为此，要在全方位和全过程的意义上观照与课程建设密切相关的整体性逻辑关系。

首先，要观照高校思想政治工作整体，在学理上理清“主渠道”与“分渠道”的内涵和边界，主动纠正思想政治教育课程与思想政治教育实务至今依然存在的“两张皮”问题。这应从两个方向上改进和加强，一是采取必要措施督促思想政治理论课教师改变教学方式和作风，参与一些思想政治工作的实际过程，了解情况，积累经验，推进课堂教学与日常思想政治工作相结合。二是丰富和改善执业身份的内涵，实行思想政治理论课教师与辅导员相互兼职，改变目前辅导员兼任思想政治理论课教师大有人在而后者兼任前者却寥若星辰的不正常情况。作为思想政治工作主渠道的教师却普遍存在缺乏“主渠道身份”和情结的情况，是很不正常的。改变这种情况，有必要积极探讨和创新思想政治理论课教师兼任辅导员工作的新途径和新方法，如新任专职教师必须担任一段时间实职辅导员等，促使他们熟悉高校思想政治工作的基本情况和一般规律，形成贯通“主渠道”与“分渠道”的自觉意识，具备将课堂之外的思想政治工作经验吸纳进课堂教学之内、又将课堂传授思想政治理论课的理论和知识拓展到课堂之外的能力。

其次，要观照思想政治教育学科整体，在学科范式的整体性视野内改进和加强相关课程的教学。国务院学位委员会和教育部联合颁发的《关于调整增设马克思主义理论一级学科及所属二级学科的通知》（学位［2005］64号）在叙述学科属性和使命中高度肯定了思想政治教育在我国革命和社会主义现代化建设中发挥“生命线”和“中心环节”的作用，所积累的丰富的实践经验和理论成果，同时明确规定：“思想政治教育是运用马克思主义理论与方法，专门研究人们思想品德形成、发展和思想政治教育规律，培养人们正确世界观、人生观、价值观的学科。”这就要求思想政治理论课作为思想政治工作的主渠道必须观照思想政治教育学科的整体。一方面，要如上所说将教学及其创新活动自觉地纳入高校思想政治工作改进和创新的视野，另一方面要主动与思想政治教育专业特别是该专业的硕士和博士授权点建立协同创新机制，在教师队伍培养工程的平台上牵起手来，开展经常性的创建活动。

最后，观照马克思主义理论学科整体，通过改进和加强促使思想政治理论课成为宣传马克思主义及其中国化理论成果、抵制和批判各种反马克思主义反社会主义错误思潮的坚强阵地。这就要求改进中加强思想政治理论课的整个过程，要置于马克思主义理论学科整体性视野内来运作，逐步与马克思主义理论一级学科统摄下的相关学科建立起对应的逻辑关系，使思想政治理论课的课堂教学获得包括思想政治教育学科在内的其他二级学科的科学资源的支撑。

六、结语

在改进中加强思想政治理论课上述五个基本方面的逻辑关系，彼此之间也存在一种逻辑关联，整体上呈现一种与创新发展密切相关的逻辑结构。其中，尊重现有基础和强化本位是创新发展的逻辑起点，秉承教学宗旨和统一要求是创新发展的逻辑主线，增强教学效果和确保教学质量是创新发展的逻辑方向和目标，而优化教学内涵和观照整体则是创新发展之逻辑演绎的实际过程和轨迹。

理解和把握思想政治理论课上述基本逻辑关系及其逻辑结构和张力，旨在把改进中加强的合目的性与合规律性统一起来，促使思想政治理论课健康发展。为此，需要党和国家主管部门在顶层设计上实行宏观调控和管理，适时推广先进做法和经验，同时防止可能出现淡化思想政治理论课应承担的历史使命、淡忘“高校培养什么样的人、如何培养人以及为谁培养人这个根本问题”的偏向。

在学科视域内解决日常教育与课程教学“两张皮”问题*

在高校思想政治教育中，“两张皮”的问题一般是指大学生日常思想政治教育与思想政治理论课教学工作不能相互配合，各自为阵、各行其是的现象。长期以来，这一问题严重地妨碍了高校思想政治教育形成整体合力，却又很难得到根本性的解决。一些一直潜心研究高校思想政治教育的人，也多是从阐明“两张皮”问题的危害性和解决这一问题的必要性、通过加强合作以“形成合力”等角度发表他们的看法，既不能深刻揭示“两张皮”存在的逻辑基础，也不能提出从根本上解决这一“老大难”问题的可行方案。2005年年底，国务院学位办在原有的学科目录中新增了马克思主义理论一级学科，并将思想政治教育作为二级学科置于这个一级学科之下。笔者认为，这一重大举措为从根本上解决“两张皮”的问题提供了一个契机和先决条件。本文试立足思想政治教育的学科视域，就如何从根本上解决“两张皮”的问题发表几点粗浅的看法。

一、确立“学科意识”：解决“两张皮”问题的认识前提

为什么会长期存在“两张皮”的问题？当然与两支队伍缺乏整体意识和合作精神有关，但是若要问为什么会缺乏整体意识和合作精神，又当作

* 原载《思想理论教育》2007年第21期。

何解释呢？是两支队伍的人们思想政治觉悟不高或工作责任心不强？显然不是。恰恰相反，思想政治教育的性质和任务，思想政治教育工作者的基本素质和知识分子的人格特点，决定了两支队伍的人们一般是不会以各自为政、各行其是的思维方式和态度来看待对方的。因此，“两张皮”的问题之所以长期存在，根本的原因是没有用“学科意识”来统摄思想政治教育的全局。

改革开放近30年来，为适应加强和改进高校思想政治教育的客观要求，希望把思想政治教育作为一门独立学科来建设的呼声从未中断，一批有识之士为创建这门新学科孜孜不倦地探索，其与时俱进的创新精神和历史使命感及所取得的丰硕成果，为创建这门新学科作出了历史性的贡献。但是，仅仅创建思想政治教育学科并不能解决“两张皮”问题，而必须确立一个认识前提：确立“学科意识”。高校思想政治教育由于长期没有建立独立的学科，游离在专业学科群之外，所以两支队伍的思想观念乃至情绪也一直游离在学科之外，没有形成关于思想政治教育的学科意识，在学科的视域内看待各自的职责，从事日常思想政治教育的人们只有“工作意识”，从事思想政治理论课教学的人们只有“教学意识”。这就势必会在认知上造成“两张皮”的思想观念，不能用“学科意识”来看待自己的职责，自觉地在认识上把思想政治教育与思想政治理论课教学统一起来。所谓思想政治教育的“学科意识”，通俗地理解，就是思想政治教育的整体意识。从内涵来说，思想政治教育与思想政治理论课教学都是“日常”的，两者在教育培养的目标与任务、内容与价值导向等方面都是一致的，具有内在的质的统一性，所不同的主要是教育与培养的形式。就是说，日常思想政治教育与思想政治理论课教学，不是两种教育，而是一种教育的两种形式。形式的不同，只是“分工”的不同，学科内的“工作面”不同，不是本质的不同。

日常思想政治教育“工作面”主要是思想政治教育学科的实践教育，思想政治课教学的“工作面”主要是思想政治教育学科的理论教育，两者作为一个整体的统一是思想政治教育学科建设的内容与形式的统一、理论与实践的统一。这种统一与高校其他学科的教育和培养活动内含的统一性关系是一致的，如化学学科的教育与培养就是由课堂的理论教学与实验室的实验教学这样两个“工作面”构成的统一体。由此不难看出，用学科的整体观念即“学科意识”来打通、统摄日常思想政治教育与思想政治理论课教学工作，对于解决“两张皮”的问题是一个非常重要的认识前提。不论是从事日常思想政治教育还是从事思想政治理论课教学的人员，都应当站在“思想政治教育是一门学科”的认识高度来看待和处置自己的工作。日常思想政治教育，包括辅导员的日常管理，它们本身可以不是理论性的，但必须是合乎学科理性的。同样，思想政治理论课教学，不论是哪一门课程，都应当富含思想政治教育的“工作特色”，贴近思想政治教育的实际，贴近大学生的思想实际。

换言之，在思想政治教育学科意识的统摄和支配下，日常思想政治教育者应将自己的工作看成是思想政治教育学科建设的“实践形式”，思想政治理论课的教师应将自己的教学看成是思想政治教育学科建设的“课程形式”。

二、创建“学科体制”：解决“两张皮”问题的关键环节

思想政治教育学科得到国家政策性的确认已近两年，但是目前高校思想政治教育的领导管理体制并没有发生相应的变化。其突出标志就是：从学校到班级，依然是两个主管领导、两套工作班子和两种工作制度。这种状况及其内含的违反学科逻辑的问题至今并没有引起人们的广泛注意。社会存在决定社会意识，形成和确立思想政治教育学科意识的关键是要健全思想政治教育的领导管理体制，如果体制还是“两张皮”，就不可能形成和确立思想政治教育的学科意识，从根本上解决“两张皮”的问题。

无疑，高校思想政治教育应归口党委领导，目前高校的做法一般也是由一名党委副书记分管的。但由于缺乏学科意识和整体观念，主管思想政治教育的党委领导一般只管日常思想政治教育，不管思想政治理论课教

学。思想政治理论课教学一般是由分管教学的副校长领导的。两个主管，领导管理理念不一样，管理模式和套路不一样，这种体制在关键环节上就设置了形成思想政治教育学科意识、解决“两张皮”问题的障碍。因此，应当按照思想政治教育学科建设的客观要求，高度重视改革和创建高校思想政治教育的领导管理体制。创建“学科体制”，首先是党委特别是主管思想政治教育的党委领导，要在确立思想政治教育的“学科意识”的前提下大力倡导全校思想政治教育“一盘棋”的领导管理理念。

这就要求，从学校到班级，在领导和管理思想政治教育的过程中要主动吸收思想政治理论课教师参与，听取他们的意见，自觉地把班级管理和教育的理念与目标设计，与思想政治理论课的教学内容和活动有机地结合起来。同样，思想政治理论课教师对班级的管理和教育也应积极地参与，主动地给予有效的配合，改变“局外人”的传统思维方式。此外，要制订必要的工作制度，对思想政治教育的领导管理理念和“一盘棋”的工作思路与工作方式加以保障，这无疑是关键的关键。

思想政治教育“学科体制”的创新，还应包含思想政治教育的评价体制和评价体系的创新。长期以来，由于受“两张皮”问题的限制性影响，高校思想政治教育的评价体系实行的是两种评价体制和评价体系。日常思想政治教育的评价体制是党和共青团组织的工作系统及其制订的评价制度与评价标准，评价的核心通常是“活动”，标准是“活动”的丰富多彩和创新程度，以及对大学生“精神面貌”有无积极的影响。但是，不大注意大学生思想道德和政治观念方面的进步。思想政治理论教学的评价体制则是教学领导机构的相关主管部门及高校的教学管理系统，核心观念是“教学质量”即课堂理论教学的效果，标准是专业课评价使用的统一标准。这样两种截然不同的评价体制和体系，显然是不利于在整体上培育和形成“学科意识”和“学科体制”并最终解决“两张皮”问题的，因此应当通过深入研究逐步加以改进和创新。

三、培养“学科人才”：解决“两张皮”问题的根本所在

能否在学科的视域内通过确立“学科意识”、创建“学科体制”，以最终解决“两张皮”的问题，取决于高校思想政治教育两支队伍的人们能否成为“一种人”——“学科人才”。在传统意义上，高校思想政治教育一直是由“两种人”承担的，一种人是专门从事日常思想政治教育的“专职干部”，一种人是专门从事思想政治理论课教学的“专职教师”。前者养成了只在“活动”的意义上开展思想政治教育的思维方式和行为习惯；后者只考虑“教学”，养成了只在“教书”的意义上开展思想政治理论教育的思维方式和行为习惯。这就在根本上为“两张皮”问题的存在提供了“人才资源”的保障。因此，要解决“两张皮”的问题，必须将“两种人”转变为“一种人”——“学科人才”。

在高等学校，思想政治教育也是一种教育培养人才的专业和学科，其教育培养者应当是“学科人才”或专业人才。他们应当具有“学科意识”，善于在“学科体制”的统一运作下履行各自的职责。培养这样的人才，首先要从分管思想政治教育的领导者做起。据调查，目前我国高校分管思想政治教育的党委领导乃至其职能部门，多为“专职干部”。他们一般都有自己的专业背景，而且多是当初自己专业学习领域内的尖子，但由于他们在“两张皮”的思维方式和工作体制下走的是“专职干部”的发展路子，不仅渐渐地生疏和丢弃了他们原来的专业，而且也承担不了思想政治教育方面的教学工作。这使得他们在领导思想政治教育学科建设的全局方面成为“半外行”，不仅缺乏统管思想政治理论课的意识和观念，而且缺少统管思想政治理论课的胆略和能力，变为“职业革命家”了。这种状况必须改变。高校思想政治教育的主管领导应当同时是思想政治教育学科领域内的专家学者。

如果说培养“学科人才”是解决“两张皮”问题的根本，那么培养“学科人才”型的思想政治教育主管领导，则是培养“学科人才”的根本。

令人感到欣慰的是，在一些思想政治教育学科建设搞得比较好的高校，这样的人才已经崭露头角。

此外，还要培养“学科人才”型的辅导员和思想政治理论课教师。“学科人才”型的辅导员，也就是“专业化、职业化”的辅导员，即以思想政治教育为专业的职业人员。他们懂得和擅长做学生的思想政治教育，这是他们的主业，同时他们中的多数人还应当具备承担一些思想政治理论课教学的知识结构和能力。“学科人才”型的思想政治理论课教师，当然要具备从事思想政治理论课教学与科研的专业知识结构和能力，但也应具备“教书育人”的能力，不仅自己要为人师表，而且要善于发掘教学内容中的思想道德内涵并将其融汇到教学内容中去，同时也应具备一定的从事日常思想政治教育的能力。思想政治理论课教师尤其是青年教师，应有兼任辅导员或班主任的工作经历，通过这一途径了解大学生的思想道德和心理方面的情况，学会做日常思想政治教育，锻炼理论联系实际的教学能力。

四、改变“冷战思维”：解决“两张皮”问题的逻辑起点

在学科视域内，高校思想政治教育要从确立“学科意识”、创建“学科体制”和培养“学科人才”三个角度彻底解决“两张皮”的问题将会是一个长期的过程，需要循序渐进，不可操之过急。

从实践逻辑的角度看，这一工程的建设需要从改变“冷战思维”做起。所谓“冷战思维”是一种借喻的说法，指的是一种“不合作”的思维方式和“软对立”的行为倾向。“不合作”，不是“不要合作”，而是“不愿合作”；“软对立”，不是“公开对立”，而是“隐蔽对立”。在高校思想政治教育的两支队伍中，明确表示“不要合作”和“公开对立”的情况实际上是不存在的，不仅如此，在许多公开场合两支队伍的人们反而还会讲一讲诸如“注意大局”、“团结合作”、“构建合力”、克服“两张皮”问题的重要性。这是“冷战思维”的总体特征，也是“两张皮”问题长期存在

的心理基础。就解决“两张皮”问题的实际需要看，必须从改变这种不良的心态和情绪做起。

具体来说，一要培育相互肯定的意识，营造相互肯定的氛围。过去，在心理上，两支队伍习惯于强调各自工作的重要性，同时又习惯于责备对方工作的局限性。从事日常思想政治教育的人普遍存在轻视思想政治理论课的思想与情绪，认为课程教学不能解决大学生的思想实际问题，因此不能心甘情愿地承认思想政治理论课教学的“主渠道”和“主阵地”的地位与作用；而从事思想政治理论课教学的人也普遍存在轻视日常思想政治教育的思想倾向，认为日常工作多属于“表层文化”，缺乏科学性，缺乏意识形态的特征。由于目前高校思想政治理论课确实存在脱离大学生思想实际的问题，日常思想政治教育确实存在以“管理”和“活动”替代思想政治教育的问题，所以两支队伍的人们都可以非常容易地为“冷战”对方找到“有力”的根据。改变这种互相贬低的心态是当务之急，要通过接受教育和加强自我修养，逐渐形成多看对方长处和优势、少看对方短处和不足的思维定式。

二要培养相互沟通和相互支持的行为习惯。从事日常思想政治教育的队伍在做什么、怎么做，从事思想政治理论课教学的队伍应当主动地了解，做到胸中有数，在具体的教学和研究的行动上适时地给予必要的支持和配合，反之亦是。

三要自觉发扬团结协作精神和工作友谊。由于长期存在“不合作”和“软对立”的“冷战思维”现象，在不少高校，两支队伍的人们缺乏必要的协作精神和工作友谊，在有的高校甚至形同陌路人。毫无疑问，这种状况如果不改变，是不可能真正确立“学科意识”、培养“学科人才”的，“学科体制”即使建立起来也不能发挥作用，“两张皮”的问题不可能最终得到解决。

四要开展研究性合作。“冷战思维”现象的长期存在，使得两支队伍在思想政治教育研究方面也处于一种“不合作”和“软对立”的“两张皮”状态。比如，在同一所高校，申报各级各类思想政治教育方面的科研课题时不能做到相互通气、相互接纳以形成合力，而是习惯于单兵作战、孤军突进，结果往往难以成功。再如，高校成立思想政治教育研究会，一般都不吸收从事思想政治理论课教学与研究的人员参加，包括那些在思想政治教育博士点和硕士点上长期从事思想政治教育和高校辅导员工作研究的人，也被排斥在外。

夯实以“根本问题”为导向的学理基础

习近平在全国高校思想政治工作会议上的讲话中强调指出，高校思想政治工作关系高校培养什么样的人、如何培养人以及为谁培养人这个根本问题。这一讲话的主旨思想以三个“根本问题”为导向，为我国高校思想政治工作及其所属的思想政治教育学科奠定了学理基础。

学理这一概念，学界一般是在“科学原理或科学法则”的意义上使用的。科学原理指的是反映科学对象的本质及其发展规律的理性认识，科学法则是指依据理性认识推演的思维和行为的准则或规范，两者相一致便在真理观和方法论相统一的意义上构成一门科学或学科的学理基础。科学史表明，一门科学或学科在发展进步中其学理基础的内涵会不断得到丰富，但其“科学原理或科学法则”之学理基础的科学属性不会发生根本性改变，否则就会发生蜕变或分化而演变为另一种科学或学科。毫无疑问，我国高校思想政治工作作为一门科学特别是作为其主渠道的思想政治理论课教学体系，既是整个高等教育体系的重要组成部分，也是马克思主义理论及其下设的思想政治教育学科的教育实践领域，不能没有自己作为学理基础的“科学原理或科学法则”。学习贯彻习近平在全国高校思想政治工作会议上的讲话精神，最重要的就是要以“根本问题”为导向，构建“为谁培养人”“培养什么样的人”和“如何培养人”的逻辑维度，夯实高校思想政治工作及其所属思想政治教育学科的学理基础。

一、恪守"为谁培养人"的办学宗旨与目标

"为谁培养人"这个"根本问题",历来反映的是高校办学宗旨与培养目标。在我国,这个"根本问题"就是要培养德智体美全面发展的社会主义事业建设者和接班人。这是我国高校思想政治工作及其所属思想政治教育学科之学理基础的核心要素。

从逻辑上来分析,任何统治者(集团)办高等学校都会持有特定的教育目的,依据本阶级治国理政的需要制订人才培养目标,并通过"培养什么样的人"和"怎样培养人"的教育方针和基本策略反映出来。而从人认识和改造世界包括人自身的自觉能动性来看,任何人愿意接受高等教育都不会是无缘无故的。恩格斯在《路德维希·费尔巴哈和德国古典哲学的终结》中说到社会发展史与自然发展史"根本不同"时指出:"在社会历史领域内进行活动的,是具有意识的、经过思虑或凭激情行动的、追求某种目的的人;任何事情的发生都不是没有自觉的意图,没有预期的目的的。"[①]如果说,人在接受基础教育阶段还多未持有特定的目的,那么到了接受高等教育阶段情况则完全不同。一个立志和置身接受高等教育的人都必然会抱有一定的"自觉的意图"和"预期的目的"。这就必然会使得受教育者在初始和过程的意义上,"自然而然"地与高校"为谁培养人"的办学宗旨和培养目标相关联,或者相一致或大体一致,或者不大一致、不一致甚至截然相反,由此而决定高等教育的思想政治教育特别是与此相关的社会历史观和人生价值观的课程教学,必须要作为一门科学来看待,并因归于相应学科而纳入高等教育体系。尽管不同国家和历史时代的统治者(集团)对此所表达的理性认知和话语形态存在差异,但将办学宗旨和培养目标定位在"为谁培养人"这个"根本问题"上是完全一致的。我国高校将这个"根本问题"定位在立德树人、培养社会主义事业建设者和接班人的基本点上,所演绎和遵循的正是人类高等教育有史以来的这种逻辑程

①《马克思恩格斯文集》第4卷,北京:人民出版社2009年版,第302页。

式。其间显现的历史辩证法真谛正如黑格尔所指出的那样：历史之所以为历史，皆因其内含“共同性和永久性的成分”[①]。

历史地看，高等学校自创立以来一直把“为谁培养人”——为执政者集团及其治下的社会培养接班人和建设者作为办学的根本宗旨和培养目标。这在我国可以回溯到夏商繁盛一时的稷下学宫（“公学”）及孔子创办的尚未成型、教学曾无定所的“私学”。孔子生逢社会大变革大动荡的春秋战国时期，颠沛流离而矢志不渝，一心一意要将追随他的弟子培养成“为政以德，譬如北辰，居其所而众星共之”[②]的治国经世之才，开创了中华民族政治伦理与道德文化及其教育之先河。西汉初年统治者采纳董仲舒谏议实行“罢黜百家，独尊儒术”的基本国策，根本原因正在于孔子开创的“儒术”提出的是“为谁培养人”这个“根本问题”。《礼记·大学》说：“大学之道，在明明德，在亲民，在止于至善。”虽然那时的“明德”“亲民”和“至善”的宗旨和目标与今天不可同日而语，但其“为谁培养人”的基本义理与今天是相通的。在外国，“为谁培养人”这个“根本问题”可回溯到古埃及的海立欧普立斯大寺、古印度的塔克撒西拉大学、古希腊苏格拉底创建的学术共同体特别是经久不衰的“学园”等。西方中世纪特别是文艺复兴以来，那些影响整个西方高等教育发展史的著名大学，如意大利的都灵大学、法国的巴黎大学、德国的柏林大学、英国的牛津大学等，虽然多没有明确用“为谁培养人”的话语形式表达自己的办学宗旨和培养目标，但从办学理念到开设的专业与课程无不是围绕“为谁培养人”而设置的。西方思想史上一些著名思想家，如卢梭、康德等也都对高校“为谁培养人”发表过独到见解。当今西方发达资本主义国家，无不将培养本国“精英”和吸引别国同类人才以建构其“精英阶层”，放在安邦强国、参与国际竞争最重要的战略地位，“为谁培养人”的办学宗旨和培养目标更为凸显。

---

①［德］黑格尔：《哲学史讲演录》第1卷，贺麟、王太庆等译，上海：上海人民出版社2013年版，第10页。

②《论语·为政》。

以培养社会主义事业建设者和接班人这个“根本问题”为导向，有必要澄清“以学生为本”或“以学生为中心”的教育观念。从实际情况看，这种似是而非的思想政治教育观念容易模糊和混淆三个学理界限。其一，容易模糊和混淆教育者与受教育者的界线，将教育者置于思想政治教育工作的“末端”和“边缘”，误导教育者弱化以至放弃自己的教育责任，迷失“为谁培养人”的宗旨和目标。其二，容易模糊和混淆教育对象与教育目的的界限，将受教育的主体方面与实施教育的主导方面混为一谈。诚然，大学生作为教育对象是高校立德树人的主体，思想政治工作要“围着他们转”。但从教育的目的来看，受教育者不是上帝，不可用“顾客是上帝”的市场观念和运作原理与法则来处置教育者与受教育者之间的逻辑关系。其三，容易模糊和混淆教育方法与教育要求的界线。就教育方法看，高校思想政治工作的一切活动都要尊重大学生的可接受性，遵循他们健康成长的客观规律，实行因材施教，增强思想政治工作的亲和力和针对性。而从“为谁培养人”的宗旨和目标所体现的国家意志和社会理性来看，必须促使大学生成长为德智体美全面发展的社会主义事业建设者和接班人，把尊重他们健康成长的客观规律与推进社会发展进步的客观要求统一起来，并彰显后者的主导功能。如果说高校思想政治工作及其所属学科确实需要提出以什么“为本”的话，那么这个“本”不能是别的，只能是培养社会主义事业建设者和接班人这个“根本”。

总之，不论是从逻辑上来分析还是历史地看，我国高校思想政治工作及其所属学科必须遵循“为谁培养人”的“科学原理或科学法则”，恪守培养社会主义事业建设者和接班人作为办学宗旨和培养目标。

二、明确“培养什么样的人”的品质规格与结构

我国高校思想政治工作能够做到恪守“为谁培养人”的办学宗旨和培养目标，自然就会合乎学理逻辑地推导出“培养什么样的人”这个“根本问题”，进而明确我国高校所培养的社会主义事业建设者和接班人应具备

“德智体美全面发展”的品质规格及结构。

理解和明确“德智体美全面发展”的品质规格和结构，应从“一般本质”和“特殊本质”两个逻辑向度展开。在“一般本质”的意义上，社会主义事业建设者和接班人的品质规格与马克思和恩格斯当年关于“人的自由全面发展”的美好祈望是一脉相承的，而在“特殊本质”或“更深刻的本质”的逻辑向度看，则必须体现中国特色社会主义建设事业对高校人才培养的特殊要求。

马克思和恩格斯在《共产党宣言》中展望未来共产主义社会人的“自由本质”时指出：“代替那存在着阶级和阶级对立的资产阶级旧社会的，将是这一个联合体，在那里，每个人的自由发展是一切人的自由发展的条件。”[①]后来，他们在《德意志意识形》中谈到“单个人”的自由与“共同体”（“一切人”）的实践逻辑关系时，又进一步指出：“只有在共同体中，个人才能获得全面发展其才能的手段，也就是说，只有在共同体中才可能有个人自由。”[②]社会主义事业建设者和接班人“德智体美全面发展”的品质规格，正是“人的自由全面发展”之“自由本质”在当代中国社会的生动体现。同时也应看到，对社会主义事业建设者和接班人的品质规格仅作如是“一般本质”的理解是不够的，还必须同时放到“特殊本质”或“更深刻的本质”的层面上来审读，这可以借助列宁关于事物本质的辩证法智慧。列宁认为，事物的本质是一种矛盾的发展的过程存在。他在研读黑格尔《逻辑学》时指出：“辩证法是研究对象的本质自身中的矛盾”，“人对事物、现象、过程等等的认识深化的无限过程，从现象到本质、从不甚深刻的本质到更深刻的本质”是“辩证法的要素”之一，因此，要促使“人的思想由现象到本质，由所谓初级本质到二级本质，不断深化，以至无穷”[③]。他在这里所说的“更深刻的本质”所指的就是事物的“特殊本质”，包含人在实践中把握事物本质的特殊规定性。列宁的这种辩证法

①《马克思恩格斯文集》第2卷，北京：人民出版社2009年版，第53页。

②《马克思恩格斯文集》第1卷，北京：人民出版社2009年版，第571页。

③《列宁全集》第55卷，北京：人民出版社2007年版，第191、213页。

思想对于我们理解和把握“德智体全面发展”内含的“特殊要求”，是颇具启发意义的，这就是：要在阐发“人的自由全面发展”的“一般本质”之品质规格要求的基础上，凸显我国社会主义建设事业对“德智体美全面发展”的特殊要求。为此，首先需要基于学科分类从四个方面来考察和言说“人的自由全面发展”的品质结构，因为品质规格是受品质结构制约的。

一般说来，高校培养的人才的品质结构大致可以分为四个基本层次。其一，思维品质，包含思维方式及其达到的水平。思维方式既关联世界观和方法论，也涉及具体的逻辑分析与归纳。思维水平作为思维方式的成果直接表现为人的思想水准和行动的实际效益。其二，政治品质，主要表现在对承担的社会责任和历史使命的理性认识和实际践履，在国家政治生活中表现出来的忠诚态度和执著的行为方式。其三，道德品质，通常表现为处理个人与国家和集体、个人与他人的各种利益关系的“实践理性”。其四，心理品质，包括良好的个性和积极向上的体魄。品质结构的四要素中，思维品质是基础，没有良好的思维品质，其他品质的形成就会受到前提性的影响。政治品质反映所培养的人的社会属性，在阶级社会里带有阶级特性，因而是品质结构的根本要素和主导方面，深刻影响品质结构的形成和发展。正因如此，任何社会的高校对其所培养的建设者和接班人的品质要求，都把对人才的政治方面的品质要求放在第一位，要求所培养的人才能够坚持当时代所要求的政治方向。道德品质是品质结构的主体部分，赋予思维品质、政治品质和心理品质以“心灵秩序”，在“伦理共同体”或“精神家园”的意义上深刻影响品质结构及其规格的“品性”。心理品质作为所培养的人的一种个性素养是品质结构的“心理底色”，与品质结构中每一种要素都有内在关联。

在唯物史观视野里，“培养什么样的人”的品质结构是历史范畴，不仅不同社会制度下的高校存在差别，同一社会制度下的高校在不同的历史时期也有所不同，这就势必使得“培养什么样的人”的品质结构同时存在一种品格规格的问题，从而必然使得品质规格也成为一种具体的历史范畴。西方一些著名大学甚至将这种规格和要求作为鞭策受教育者的座右铭。如在意大利都灵大学的校门口矗立着两尊大理石雕塑——一只被饿死的鹰和一匹被剥了皮的马[①]，旨在告诫学生要确立求真务实、脚踏实地的工匠精神。中国封建社会培养和选拔经国治世人才长期奉行科举制度，实行“读书做官”的办学机制，引导读书人忠诚于君主和国家，笃信“书中自有黄金屋，书中自有颜如玉”，“两耳不闻窗外事，一心只读圣贤书”。因此，所培养和选拔的一律为“官”，品质规格和要求一般都具有忠于封建统治者、脱离和鄙视普通劳动者的特性，与今天社会主义高校培养的建设性和接班人的品质规格是不可同日而语的。

基于上文分析的品质结构来看，“德智体美全面发展”的社会主义事业建设者和接班人的品质规格的“特殊本质”或“更深刻本质”的内涵，大体上应当是：思维品质方面能够运用马克思主义的基本观点、立场和方法，观察、思考和解决现实社会的问题和自身发展存在的问题，确立对于马克思主义基本原理及其中国化形态的信仰，能够识别和自觉抵制历史虚无主义、新自由主义、民主社会主义、“普世价值论”、宪政民主、“新闻自由”等危害中国共产党执政和社会主义国家安全的错误思潮。政治品质方面表现为衷心拥护中国共产党的领导，确立社会主义的“四个自信”和真心实意为广大人民群众服务的人生价值观。道德品质方面的规格要求，应是能够遵照社会提倡的道德价值观和行为准则处理各种利益关系，严于自律，模范遵守国家法制，具备适应现代社会竞争和创新发展的工匠精神，亦即“高度认同、敬业乐业”“专注专一、全情投入”“精益求精、追求卓越”[②]的职业情操。心理品质方面的规格要求，应是具备能够应对竞争社会的和谐心态和优良个性，勇做走在时代前列的奋进者和开拓者。综合四个方面的规格要求来看，社会主义事业的建设者和接班人在国民中应是接受和践行社会主义核心价值观的模范。其中一些人还应能够逐步成长为党和国家优秀的各级领导者，带领广大人民群众在实现中华民族伟大复

① 小刀:《都灵大学门前的鹰和马》,《人才资源开发》2011年第11期。

② 刘建军:《工匠精神及其当代价值》,《思想教育研究》2016年第10期。

兴的社会主义建设事业中发挥先锋模范作用。

质言之，高校思想政治工作要以“培养什么样的人”这一“根本问题”为导向，就要明确所培养的人在国家建设和国际竞争中都必须具备中国特色社会主义的“国别标记”。由此看来，防止出现将我国高校培养的人才的品质规格定位在“普通公民”或“世界公民”的思想倾向，是十分必要的。

三、厘清“如何培养人”的路径与方法

以“如何培养人”这个“根本问题”为导向，总体上就是要坚持党对高校的领导和社会主义的办学方向，在恪守“为谁培养人”的办学宗旨和培养目标、明确“培养什么样的人”的前提下，厘清培养德智体美全面发展的社会主义事业建设者和接班人的主要路径和基本方法。

其一，要厘清人才成长一般规律与特殊规律之间的逻辑关系，把握大学生思想品质形成与发展的特殊规律和客观要求。人才成长之思想品质的形成与发展，是一种从“立”家庭之“德”到“立”人际相处和交往的社会公德之“德”、继而“立”职业道德之“德”、再到“立”国家（政治）之“德”的过程。在基础教育的“立德”阶段，需要特别重视学生的“可接受性”问题，实行因材施教和养成教育。而在高等教育的“立德”阶段，应赋予“立德”以“成人教育”的特质和要求，引导和鞭策大学生成长为社会主义事业的建设者和接班人。在这个问题上，康德所说的“人只有靠教育才能成人。人完全是教育的结果”①的论断，是完全正确的。大学生正处在成为德智体美全面发展的社会主义事业接班人和建设者的关键时期，高校思想政治工作在“如何培养人”的问题上，应把促使大学生具备必要的政治品质和职业品质的“成人”教育作为重点。因此，高校的思想政治工作特别是其主渠道思想政治理论课的教育教学，应高度重视关于马克思主义基本原理及其中国化基本形态，包括社会主义核心价值观的必

① [德]康德：《论教育学》，赵鹏、何兆武译，上海：上海人民出版社2005年版，第5页。

要“灌输”，赋予这样的思想政治教育具有庄重和严肃的特性。为此，不应片面强调“可接受性”甚至以学生是否“喜欢”为转移，迁就一些大学生“自觉”抵触和拒绝接受马克思主义理论教育的错误认识和不良情绪。须知，不恰当地强调大学生的“可接受性”而放松对他们“成人”教育的严格要求，实际上就是放弃或偏离了以“如何培养人”这一“根本问题”为导向，也违背大学生健康成长的客观规律和要求。

其二，厘清高校思想政治工作与其主渠道思想政治理论课之间的逻辑关系，充分发挥思想政治理论课教育教学的示范和主导功能。习近平在全国高校思想政治工作会议上的讲话中指出：高校思想政治工作“要用好课堂教学这个主渠道，思想政治理论课要坚持在改进中加强，提升思想政治教育亲和力和针对性”。在改进中加强思想政治理论课的基本路径和方法，应聚焦和纠正长期存在的“两张皮”问题，真正确立和创建高校思想政治工作整体性观念和运行机制，推进课堂教学与日常思想政治工作相结合，让主渠道之“营养水”通过日常思想政治工作实务之“分渠道”流进和滋润学生的心田。为此，一要改变身份，创建和逐步完善思想政治理论课教师与辅导员相互兼职的工作体制和机制，改变目前辅导员兼任思想政治理论课教学大有人在而鲜有后者兼任前者的不正常情况。二要改变作风，采取可行的必要措施督促思想政治理论课教师改善教学方式和作风，积极探讨和创新思想政治理论课教师兼任辅导员工作的新途径和新方法，如规定新任专职教师必须担任一段时间实职辅导员等，促使他们熟悉高校思想政治工作实务的基本情况和一般规律，形成和确立贯通“主渠道”与“分渠道”的教学教育新观念，具备将课堂之外的思想政治工作经验吸纳进课堂教学之内、又将课堂传授思想政治理论课的理论和知识拓展到课堂之外的能力。在充分发挥思想政治理论课主渠道作用这个根本性的问题上，需要积极改进课堂教学方法，切实提升“灌输”的实际效果以切实增强课程教学的针对性和亲和力。

其三，厘清高校思想政治工作与高校其他事务之间的逻辑关系，实行“全程育人、全方位育人”。“全程育人”是一个时程概念，是就大学生在校期间接受教育和培养的全过程而言的，要求思想政治工作贯穿于大学生健康成长的全过程。“全方位育人”是一个空域概念，是就过去实行的“教书育人”“管理育人”和“服务育人”而言的，要求在大学生接受教育和培养期间所接触到的高等教育事务都能发挥思想政治工作的功能。换言之，这种路径和方法也就是要从纵横两个方向上打造有益于“如何培养人”的思想政治工作生态环境，实行“全员育人”。为此，有必要增强教职员工立德树人的意识和责任感以提升他们具备必要的思想政治和道德教育的素质，创设专项法规以优化有益于思想政治工作的校园文化环境。与此同时，在改进加强的过程中防止淡化以至抽走思想政治教育内涵的形式主义和表面文章，也是必要的。

其四，厘清高校思想政治工作的话语传承与创新之间的逻辑关系，在坚持主流话语导向的前提下推动思想政治工作话语创新。“话语是语言的具体实施，是承载一定思想、观念和价值的对话性语言，是在特定语境中通过主体间话语交往体现特定话语价值、意义属性的符号系统。”[①]话语体系是开展任何一项科学活动的必备条件，科学学视其为学科范式的一种结构要素。

一般语言学认为，每一种语言都是由语形与语义构成的统一体，语形包括语音和文字，语义反映语言的特定对象和实质内涵。语形与语义相统一的情况大体有两种，一种是语形不同而语义却可能相似或相同；另一种是语形相同或有相似之处而内涵却有所不同甚至本质差别，表明“语言符号具有任意性，所以，同样的语音形式可以代表不同的语义内容”[②]，反之亦是。科学活动中使用和创新语言一般遵循两大原则：一是语形与语义一致原则，防止“词不达意”；二是主流话语原则，防止出现“一家人不说一家话”的问题。对高校思想政治工作的话语使用和创新，自然也应作如是观。

我国高校思想政治工作目前的主流话语体系正在走向成熟，与此同时也存在一种需要引起特别注意和加以纠正的不良倾向。这主要表现在轻视以至忽视使用反映高校思想政治工作“根本问题”与学理基础的话语。其

① 孙丽芳、戴锐：《思想政治教育话语的症候探察与多维建构》，《思想教育研究》2016年第12期。

② 邢福义、吴振国主编：《语言学概论》（第二版），武汉：华中师范大学出版社2010年版，第3页。

突出表现就是“羞于”以至刻意回避关涉“中国共产党领导”“社会主义”“辩证唯物主义和历史唯物主义”“社会主义事业建设者和接班人”等主流话语。同时，也存在热衷于用“词不达意”的网络语言替代思想政治教育的专门话语，所“创新”的话语与高校思想政治工作的“根本问题”和学理基础毫无关系。否则，就难免会在冥冥之中引导人们背离我国高校思想政治工作“如何培养人”的话语原则，直至淡忘“培养什么样的人”和“为谁培养人”的根本要求。当然，这样说并不是要主张话语守旧，更不是要反对思想政治工作及其所属思想政治教育学科的话语创新。

四、余论

上述我国高校思想政治工作以三个“根本问题”为导向的学理基础是一个完整结构。其中，“为谁培养人”是学理前提，决定和主导着“培养什么样的人”和“如何培养人”。这样的学理基础，无疑也适用于高校思想政治工作所属的思想政治教育学科，其科学属性应体现在这门学科建设的方方面面，特别是思想政治理论课的教材编写和教学实践过程。为此，需要国家相关部门实行宏观管理和调控。

新中国成立后，我国高校思想政治工作曾受到“左”的思潮干扰和“文革”的破坏，“培养什么样的人”和“如何培养人”的“根本问题”被误读和曲解，“为谁培养人”的办学宗旨和培养目标因此而变得模糊起来，或者被弃之不用，或者被抽象为一种空洞的口号。深入学习和贯彻习近平总书记在全国高校思想政治工作会议上的讲话精神，实质就是要以三个“根本问题”为导向，立足于培养德智体美全面发展的社会主义事业建设者和接班人的办学宗旨和培养目标，针对高校思想政治工作目前在“培养什么样的人”和“如何培养人”上存在的问题与不足，通过改革和创新夯实高校思想政治工作及其所属思想政治教育学科的理论与实践的学理基础。

马克思主义理论学科存在的不平衡关系及调整与建设思路*

在党中央的关怀下，国务院学位委员会和教育部2005年底决定在《授予博士、硕士学位和培养研究生的学科、专业目录》中增设马克思主义理论一级学科及其所属的五个二级学科。这项重大举措对于坚持马克思主义在我国社会主义意识形态中的指导地位，教育和培养从事马克思主义理论工作的高级专门人才，具有重大的现实意义和深远的战略意义。

马克思主义理论工作者，特别是在高校从事马克思主义理论教育的思想政治理论课教师，倍感亲切，深受鼓舞。经过两年多的积极探索和努力工作，这个新增一级学科的建设和发展取得了明显的成效。但同时也应当看到，它存在的一个突出问题即学科整体不平衡，缺乏应有的逻辑结构，至今依然没有得到明显的纠正。更应当值得注意的是，这一制约着学科的建设和发展的突出问题，似乎渐渐地被人们淡忘了。在2006年10月全国第一次马克思主义理论学科建设博导论坛上，这一问题曾引起与会者的广泛重视，有的主管部门领导和学者还具体阐述纠正不平衡的结构关系的必要性和紧迫性，而在2007年11月的第二次论坛上就没有人再提这样的问题了。

党的十七大报告强调指出，“要巩固马克思主义指导地位，坚持不懈地用马克思主义中国化最新成果武装全党、教育人民”，要“推进马克思

---

* 原载《思想理论教育》2008年第5期。

主义理论研究和建设工程，深入回答重大理论和实际问题，培养造就一批马克思主义理论家特别是中青年理论家”。毫无疑问，马克思主义理论学科建设在实现这个战略目标的过程中，承担着不可替代的重要的历史使命。从这种意义上完全可以说，认真对待马克思主义理论学科目前存在的不平衡关系问题，厘清调整和建设思路是十分必要的。

一、马克思主义理论一级学科的内在关系不平衡

一是马克思主义理论一级学科下设的五个二级学科的数量关系不平衡。这是一个老话题了。2006年，据国务院学位委员会公布的数字，全国马克思主义理论一级学科的博士点21个，硕士点73个，很显然，有些二级学科数量严重偏少。不仅如此，据笔者所知，这些数量偏少的二级学科特别是拥有博士点的二级学科，真正能够担任教育和培养博士生的教学研究人员数量也严重不足，有的实际上并不能正常招生和培养。这种数量关系不平衡的状况，反映的是马克思主义理论一级学科所属的二级学科之间的结构不合理，不能适应开展马克思主义理论学科整体性研究和建设及教育和培养高层次专门人才的实际需要，亟待调整。当然，这并不等于说，马克思主义理论一级学科内含的五个二级学科在数量分布上必须相等或大致相等。客观要求是，由于学科的对象和范围及其应对的教育和培养人才的目标和任务存在差别，五个二级学科在数量与结构上存在差别不仅是正常的，也是必要的。但是，目前存在1：44或30、2：197或153这样的差距，无疑是严重失衡了。

2005年，国务院学位委员会和教育部在《关于调整增设马克思主义理论一级学科及所属二级学科的通知》（学位［2005］64号）附件二中指出：马克思主义理论学科建设要同时“研究马克思主义基本原理及其形成和发展的历史，研究它在世界上的传播与发展，特别是研究马克思主义中国化的理论与实践，同时把马克思主义研究成果运用于马克思主义理论教育、思想政治教育和思想政治工作”，严重的失衡显然是不利于这一建设和发

展的宗旨的。

二是马克思主义理论学科的科学性与其意识形态属性内在的统一性关系不平衡。《关于调整增设马克思主义理论一级学科及所属二级学科的通知》在决定增设马克思主义理论学科时强调指出，要“从整体上研究马克思主义基本原理和科学体系”。如何理解“整体性”一直是学界关注的一个热点问题，但至今并没有取得较为一致的看法。笔者以为，整体性是一个复合性的概念，可以从马克思主义理论体系的完整性和内在统一性、学科内部结构的合理性等方面加以理解和阐释，科学性与意识形态属性的内在统一应是马克思主义理论整体性特征的一个重要表现。马克思主义理论是科学的世界观和方法论，是反映客观世界特别是社会与人的本质及发展规律的科学真理，同时又是反映无产阶级和广大人民群众根本利益的社会意识形态，因其科学性与意识形态属性具有的内在统一性而成为中国共产党的指导思想的理论基础，居于社会主义核心价值体系的指导地位。在这种内在的统一性关系中，科学性是意识形态属性的逻辑基础和前提，离开了科学性，马克思主义理论的意识形态属性就失去应有的科学根据，就缺乏说服力和凝聚力，就会被作随意性的解释。目前的不平衡问题，主要还是对马克思主义理论的意识形态属性认同度不高，而这一问题的存在又与宣传当代中国马克思主义的科学真理、推动其大众化进程的工作做得不够很有关系。因此，需要在整体性要求的统摄之下进一步研究和阐释当代中国马克思主义的科学真理及与其意识形态属性之间的辩证统一性关系，并通过坚持不懈的宣传教育活动推动其大众化进程。这将是一个长期的过程。

三是马克思主义理论学科发展的内部机制与其外部环境机制的关系不平衡。突出的表现是环境机制不能与内部机制相适应，不能反映学科建设与发展的客观要求。任何一项科学事业的发展都必须依靠建设，而建设又离不开适宜的机制，这样的机制一般包括内部机制和环境机制两个方面，两种机制相互作用、相得益彰才能推动科学事业得到相应的发展。新中国成立后，马克思主义理论的建设和发展虽然曾经受到来自不同方面的干扰和冲击，但其内部机制和环境机制较为协调的关系却长期存在。马克思主义理论作为一级学科增设两年多来，由于受到党中央和国家有关主管部门的高度重视和宏观指导，内部机制建设发展很快，从指导思想到具体方针政策，从领导管理体制到具体的规章制度，从理论人才的教育培养目标到具体的实施方案等，都能够或正在落到实处。虽然尚存在一些有待加强的薄弱环节，如理论研究和学术研讨基本上还是处在“民间活动”的状况，没有建立相应的管理和激励机制等，但基本能够适应目前学科建设与发展的实际需要。相比之下，环境机制较为薄弱，如一些高校没有将马克思主义理论学科的建设作为“党委工程”列入学校党委的议事日程和工作程序，不能适时给予必要的人力和财力方面的支持，一些分管马克思主义理论学科和思想政治理论课教学的校领导自己系“非科班出身”，对马克思主义知之不多却又不注意学习和提升自己，因此对马克思主义理论学科建设的指导显得“力不从心”，难以投入必要的热情、智力和精力；校园存在着不利于马克思主义理论学科建设和发展的公开舆论，这些舆论也不能得到应有的批评和纠正。再比如，目前发表马克思主义理论研究成果的专业期刊很少，其他综合类刊物基本上没有开辟发表马克思主义理论研究成果的专栏，其他学科轻视马克思主义理论学科的“门户之见”的现象普遍存在，等等。这些不良的环境因素，无疑都是不利于马克思主义理论学科建设和发展的。就马克思主义理论的一般生态环境看，社会上远远没有形成尊重马克思主义理论的指导地位、重视学习和了解马克思主义理论的良好的社会风气。这些环境机制的不足，使得马克思主义理论学科建设在机制方面存在着“跛腿”的情况，制约着马克思主义理论学科的平衡发展。

四是马克思主义理论学科队伍的结构关系不平衡。这主要表现在三个方面：其一，队伍成员中“借船出海”和姓“马”非“马”的人不少，这种情况在博士点上表现得尤其突出，实际上是当初申报博士点留下的“后遗症”。其二，队伍成员中不少人的知识结构和思维方式不能适应学科建设和发展的实际要求，这突出地表现在思想政治教育二级学科的硕士点和博士点上。如今，在思想政治教育学科点上，不少担当建设重任的教学研究人员并没有系统接受过马克思主义理论的教育和训练，理论基础比较薄弱，缺少应有的马克思主义理论素养。其三，专门从事马克思主义理论教学和研究的人员年龄偏大，中青年学者不多，青黄不接的现象严重存在，而学界和有关主管部门对这种后继乏人的情况还没有引起足够的重视。应当看到，新增马克思主义理论学科的建设及其发展前景如何，取决于这一学科队伍中的中青年学者的成长。学科队伍的结构关系不平衡，从根本上影响到马克思主义理论学科的建设和可持续发展。

五是马克思主义理论学科建设和马克思主义理论学科批评的关系不平衡。这方面的不平衡关系，目前还很少有人注意到，但作为一个问题已经相当突出了。事物的发展和变化是其内部不同方面的矛盾运动和斗争的结果。人的思维及其某一成果体系的形成——学科的创建和丰富发展，也具有这一特性，所遵循的也是这一规律。

人类科学发展史表明，一门学科的发展和繁荣离不开关于这门学科的研究，也离不开关于这门学科的研究的批评。马克思主义的原典精神就是马克思、恩格斯在批判前人的研究成果的基础上创立的，其后续发展乃至其中国化过程与成果也是马克思、恩格斯的后续者们在新的历史条件下，在批评先驱者的研究成果的情境下实现的，没有批评就没有马克思主义理论的今天。从实际情况看，开展马克思主义理论学科研究和建设的批评，对于保障这一学科的建设和发展坚持正确的方向，改善学科研究的方法，是很有必要的。

要运用批评的方式，纠正目前马克思主义理论学科研究和建设中存在的一些突出问题和不良倾向，如不注重从整体上研究马克思主义理论的科学体系，习惯于走“三大块”“三段式”的老路。在思想政治教育学科研究中，津津乐道于运用心理学、社会学和管理学的方法取代马克思主义的历史唯物论的方法；喜欢创造违背汉语言逻辑习惯的新名词与新概念，构建在学界缺乏公认度的“学科体系”；偏爱把简单的问题说得很复杂、把复杂的问题说得让人看不懂的学风等。

二、促进马克思主义理论学科建设需要厘清调整和建设的思路

不难看出，加强和促进马克思主义理论学科的建设与发展，需要高度重视其目前存在的多方面的不平衡关系，有针对性地厘清调整和建设的思路。

首先，要科学认识不平衡关系的两面性。事物内部不同方面存在的不平衡关系，是事物发展变化的内在根据，对事物的发展方向的影响具有两面性，既可能是事物发展的内在动力，也可能是事物发展的内在阻力，究竟是动力还是阻力取决于人在事物发展过程中创设的特定条件。在人类社会文明发展的历史进程中，社会事物内部不同方面存在的不平衡关系历来是人们关注的重心；通过创设相关的条件整合推动事物发展的内在动力，促使事物内部关系由不平衡向相对平衡转化，正是人类社会实践的真谛所在。目前马克思主义理论学科内部事实存在的不平衡关系，对于这一学科的建设和发展来说无疑也具有两面性，既可能演变成推动学科发展的内在动力，也可能成为制约学科发展的内在阻力。究竟是动力还是阻力，取决于我们对其内部事实存在的不平衡关系的理性认识和把握，取决于我们由此出发厘清调整思路，积极创造有利条件促使其走向相对平衡，整合学科发展的内在动力。从某种意义上说，这种过程既是学科建设的过程，也是赢得学科发展的过程。

其次，应立足于二级学科之间的逻辑关系建构的整体性要求，研究和提出调整方案。马克思主义理论学科的建设和发展，不仅需要从整体上研究和把握其科学的理论体系，也需要从整体上研究和调整其如前所述的不平衡关系，这应是整体性要求的题中之义。《关于调整增设马克思主义理论一级学科及所属二级学科的通知》从整体上阐明了马克思主义理论一级学科及其所属五个二级学科的“学科概况”“培养目标”“业务范围”“主要相关学科”等方面的学科内涵和外延，如今需要在整体上阐明其内部应有的相对平衡的结构关系。与此同时，需要做出相关的政策规定，给予适

时的扶持。马克思主义理论作为中国共产党的指导思想的理论基础，作为社会主义意识形态的主导方面，其学科建设不能用“纯粹学术”的眼光来看待，不能视同于一般人文社会科学的建设和发展模式，任其“自由发展”，而应当通过相应的调整思路和建设方案对学科建设和发展的目标与任务、方针与原则、领导与管理体制、队伍构成与标准、学科内在的结构关系等做出政策性的规定，从而使其具有“硬性”的可操作性的特点。

再次，应研究和提出高校马克思主义理论学科建设的专门方案。高校是促进马克思主义理论学科建设和发展的主要阵地，高校思想政治理论课和有关专业课的教学研究人员是马克思主义理论学科建设的主要力量，承担着特殊的历史使命和责任。因此，党和国家相关主管部门应当就高校的马克思主义理论学科包括思想政治理论课建设，研究和制订专门的方案，提出宏观性的指导意见，制订相关的政策和条例，以确保这一学科建设在高校能够落到实处。要对高校党委提出相应要求，做出相应规定，以逐步改变目前一些高校存在的党委抓马克思主义理论建设和教育工作不力的现象。

最后，应当就加强马克思主义理论在全社会的宣传和普及工作，研究和制订相关的专门方案。要动员和组织相关的社会力量，特别是大众传媒，在全社会开展马克思主义理论的普及性教育，努力营造马克思主义理论在全社会的生态环境，并以此影响全民族的价值意识结构。改革开放以来，我国的大众传媒发展很快，构建社会舆论环境的能力很强，国民的文化知识素质明显提高。相比之下，马克思主义基本理论知识的传播相对滞后了，没有形成有利于马克思主义理论传播和发展的环境，包括一些共产党员和思想政治教育工作者也缺乏马克思主义理论的基本素质。

综上所述，分析和阐明马克思主义理论学科建设目前存在的诸方面不平衡关系，对于这一学科的建设发展来说既是一种极好的机遇，也是一种严峻的挑战。只要我们厘清调整和建设的思路，采取相应的措施，就能抓住机遇，加强这一新兴学科的建设，推动其不断向前发展。

关于思想政治理论课教学质量问题的若干思考*

讨论思想政治理论课教学质量问题，需要在把握“什么是质量”的学理前提下，明确思想政治理论课教学质量特殊的给定性和规定性，理清教学质量与教学效果的逻辑关系，纠正关于教学质量评价的一些误解和不当做法，如误读错解评价主体和评价内容，以及不当的质量评价方式等。

质量作为一般哲学范畴是指事物自身固有的质与量的客观规定性，作为价值哲学范畴所指是价值物客体“有用（有益）”于主体的特定关系性状，质量亦即价值量。在质量或价值关系中，主体始终处于建构和评价质量（价值量）的轴心地位。质量（价值量）物的“有用性”不是绝对的，既有自在的规定性，也有被赋予的给定性，质量（价值量）本质上是给定性与规定性相统一的实践范畴，体现人追求合目的性与合规律性之统一的实践本性。这就决定了，在社会历史领域内活动的人所追求的质量（价值量）目标和进行的质量（价值量）评价总是历史范畴的，人们关于质量高低问题的认知和评价意见总是见仁见智的，社会因此而总是要制订与其给定性相关联的质量目标和标准。这是我们认识和说明一切质量问题包括高校思想政治理论课教学质量的学理性前提。

---

* 原载《思想理论教育》2012年第5期，作者为钱广荣、李靖，征得第二作者李靖同意，收录于此。

一、明确思想政治理论课教学质量特殊的给定性和规定性

人的实践本性，决定了“在社会历史领域内进行活动的，是具有意识的、经过思虑或凭激情行动的、追求某种目的的人；任何事情的发生都不是没有自觉的意图，没有预期的目的的”[①]。这是唯物史观的一个基本观点。它告诉我们，人为自己安排的任何认识和实践活动的规律即客观规定性本质上都是人“给定”的。人类进入文明发展时期以来，对于自己的认识和实践对象的给定多是经由国家意志和社会理性实现的，这个特点在教育活动特别是思想政治和道德教育活动中尤其凸显。这里所说的国家意志，通常经由国家颁发的方针和政策来表达。而社会理性多表现为社会意识形态属性。马克思在分析社会意识形态对于上层建筑的建构性功能时指出：“在不同的财产形式上，在社会生存条件上，耸立着由各种不同的，表现独特的情感、幻想、思想方式和人生观构成的整个上层建筑。”[②]由此从逻辑上推论，一切教育活动的客观规定性或规律都不会是自在、固有的，而是一定的国家意志和社会理性给定和安排的。我国高校思想政治理论课，从教学目标和内容的设定到教学过程的总体安排，都充分体现了中国特色社会主义建设的国家意志和社会发展的客观要求，其教学的一切要素具有特殊的给定性和规定性，不可按照一般的高校教学来理解和把握其质量问题。

高校课程体系的教学目标和内容大体有三种类型，即知识传授型、知识和技术传授综合型、知识传授和思维与行为方式培育整合型。思想政治理论课程多数属于第三种类型的课程。从国家意志和社会理性给定性要求和学生的可接受性程度这两个质量因子来看，理解和把握三种不同类型课程教学质量的内涵和指标是不一样的。通俗地说，第一类是“懂不懂”的问题，第二类是“懂不懂”和“会不会”的问题，第三类是“懂不懂、会

① 《马克思恩格斯文集》第4卷，北京：人民出版社2009年版，第302页。

② 《马克思恩格斯文集》第2卷，北京：人民出版社2009年版，第498页。

不会、信不信、愿不愿”的问题。懂（掌握知识理论）、会（能够运用）、信（相信和信念）和愿（身体力行）是思想政治理论课教学质量评价的四个基本指标，四者的有机统一所整合的素质和素养，是思想政治理论课教学在给定性和可接受性意义上追求的质量目标，也是教学质量评价的总体指标。其中，最重要的是“会”“信”与“愿”，因为它们与思想政治理论课的教学目的和培养目标直接相关。以“思想道德修养与法律基础”课为例，教学的目的是让学生相信道德和法律的真理与价值，并形成相关信念，能运用所学知识和理论分析和把握当代中国社会和自己的人生问题，并自觉“修身”和自愿“守（护）法”，而不是仅仅了解相关的知识。

概言之，我国高校思想政治理论课是内涵社会主义意识形态属性的科学世界观、社会历史观和人生价值观的课程体系，有其特殊的给定性和规律性要求，认知和把握思想政治理论课的教学质量，不可局限于知识型与知识技术综合型课程即智育类课程教学的一般特性。

二、理清思想政治理论课教学质量与教学效果的逻辑关系

教学质量与教学效果，是关涉一切教学活动及其质量结果评价的两个相互关联的不同概念和价值指标。思想政治理论课的教学质量，是就实现课程教学的宗旨即国家意志和社会理性的给定性标准和要求而言的，必须能够体现相关文件的指导思想和基本精神，具有规范性、明确性、严肃性的本质特性。而思想政治理论课的教学效果，则是就大学生的可接受程度和心理反应而言的，大学生接受了，能“入耳”，有“笑声”和“掌声”就是效果好，反之就不好，强调的主要是教学的方式或形式，因此会因人而异，具有某种不确定性。

思想政治理论课的教学质量与教学效果的逻辑关联，也就是教学内容与教学形式的相一致，其逻辑建构原则应是效果说明质量、反映质量，不可本末倒置，因此不可刻意追求效果甚至“轰动效应”而搁置国家给定的课程标准和要求。毋庸讳言，由于受到多种因素的影响，在思想政治理论

课的教学实践中理顺教学效果与教学质量的逻辑关系，并不是一件容易的事情，两者相一致的情况并不鲜见，不那么一致甚至完全不一致以至相反的情况，时有发生。效果不好或不大好的教学，质量不一定就不高或没有质量，效果好的教学不一定就质量高。这里问题的关键是，学生“入耳”的内容是否“入脑”了，“入脑”的内容是否为国家“给定”的思想政治教育理论课的内容，若是“给定”或基本上是“给定”的，学生能“入耳”、有“笑声”和“掌声”，那就达到了效果与质量的统一，反之则不一定。我们希望教学质量和教学效果能够达到完美的一致性，但须知这在不少情况下是很难做到的，在做不到的情况下，应当把确保实现党和国家给定性的课程内容、标准和基本要求放在第一位。

这并不是认为教学质量与教学效果无关，更不是主张把教学质量评价与教学效果评价对立起来，在无视教学效果的情况下理解和把握思想政治理论课的教学质量及其评价。恰恰相反，作这种区分就是为了在避免与教学效果混为一谈的前提下合理地建构教学质量评价的指标体系。我们不可离开教学效果谈论教学质量，但更重要的是，不能因此而认为教学效果好就一定教学质量高，片面地在“入耳”、有“笑声”和“掌声”上追求教学质量。

任何时代任何人，在思想政治和道德上的成长和走向成熟不是自发的，离不开系统而又规范的教育和训练。当代大学生特别关注社会现实而又易于受到多元价值观和社会上一些负面因素的影响，对思想政治理论课教学有些重要内容不仅不会自愿接受、乐意接受，相反有的甚至还抱有某种“先在”的反感性认知和抵触情绪。从这个角度看，思想政治理论课要立足于帮助大学生树立正确的世界观、人生观、价值观，深入开展马克思主义立场、观点、方法教育，开展党的基本理论、基本路线、基本纲领和基本经验教育，开展科学发展观教育，开展中国革命、建设和改革开放的历史教育，开展基本国情和形势与政策教育，就要责无旁贷地担负起调整和弥补大学生“先在性素质”缺陷的使命，发挥某种“纠偏”和“补课”的教育功能，为此还需要建立和执行必要的管理和考核制度。如果把是否

"入耳"、有"笑声"和"掌声"等效果反应当作教学质量的评价标准甚至是唯一的标准，那就与思想政治理论课教学质量的本质要求背道而驰了。

存在将效果与质量混为一谈以至以前者替代后者的问题，原因是多方面的，除了不能把握质量与效果的学理边界和逻辑关系之外，就是在思想政治教育理念上把"以学生为本"解读为"以学生为中心"，即立足于学生自发、"自主"的要求，从而淡化关涉思想政治理论课必须体现的国家意志和社会理性。从这点看，厘清思想政治理论课教学质量与教学效果之间的逻辑关系，尚需要在教育哲学的形上层面确立思想政治理论课教学的科学理念。

三、纠正对思想政治理论课教学质量评价的误解和不当做法

教学质量是思想政治理论课的生命，正确开展教学质量评价就是这种生命的维护和修复工程。在思想政治理论课教学中，由于存在如上所述的不能明确思想政治理论课特殊的给定性与规定性、不能厘清教学质量与教学效果之间的逻辑关系的偏差问题，所以在思想政治理论课教学质量评价的问题上存在一些误读错解和不当做法。

一是误读错解评价主体。思想政治理论课教学集中反映了党和国家在人才培养目标和规格上给定的政治和思想道德要求，评价教学质量的主体和主要话语权归属应是国家和社会及其组织派出机构，而不是学生。大学生是思想政治理论课教学质量评价的对象和参与者，不是评价的主体。学生作为受培养者，立足于其可接受性给予教学的评价意见不能作为评价教学质量的主要标准，更不可作为唯一标准。

二是误读错解评价内容。评价思想政治理论课教学质量的核心问题，应是贯彻国家给定的教学内容体系及其课程标准和要求的实际水准。在这个问题上，应当特别注意发现和纠正那种把感到"不好讲"或"不愿讲"、"学生不愿听"或"听不懂"的重要内容删除，只讲所谓"好讲"和"愿听"的内容的不当做法。在目前的思想政治理论课教学中，有的教师为了

片面追求“入耳”、有“笑声”和“掌声”的教学效果，组织课堂教学时只是一味迎合学生需要，少讲以至不讲学生“不喜欢听”的内容，致使教学内容严重偏离思想政治理论课的课程标准和要求。

三是不当的质量评价方式。思想政治理论课教学质量的评价，首先应当遵循一般教学评价的规则，同时在其给定性与规定性的意义上采用其特殊的规则和适用方式，如由专门的评价机构组织主讲教师“说课”和学生“用课”活动等。由于当前存在不能分清教学效果与教学质量的界限以至以教学效果代替教学质量的认知缺陷，在思想政治理论课教学评价中出现了用宣传代替评价的不当做法。有的为了扩大宣传效果还想方设法“挖掘”效果指标，甚至为此还发动学生网上投票、召开“效果定调”的座谈会等，用夸张的教学效果替代教学质量。教学自有教学规律和规则，以宣传代替评价这种做法本身就违背了课程建设的规律和规则，不仅不利于确保思想政治理论课的教学质量，反而还可能会诱发对思想政治理论课教学质量的负面看法。

论思想政治理论课教学质量评价的“虚”与“实”*

高校思想政治理论课是对大学生进行马克思主义理论教育的主渠道和必修课，也是对大学生进行思想政治教育的根本途径。因此，党和国家主管部门一直强调要确保思想政治理论课的教学质量，并要求采取相应的措施开展教学质量的评价工作。

然而毋庸讳言，由于思想政治理论课教学质量存在不易把握的“虚”与“实”的特点，关涉这门课程教学质量的评价一直存在诸多不确定的因素，需要认真研究，采取相应的对策。本文试就此发表几点看法。

一、课程的特殊性决定评价标准的“虚”与“实”

高校思想政治理论课，就其课程方向、内容和标准来看大体上可以划分为知识、理论、方法三种不同类型的课程。它们在思想政治教育学科同一属性及使命的主导下，又彼此渗透、相得益彰，共同发挥马克思主义理论与思想政治教育功能，由此而融合为一门整体性的课程体系。

知识类型的课程，就是“中国近现代史纲要”。这门课程的主旨是传授相关的中国史知识，目的是帮助大学生了解国史、国情，深刻领会历史

* 原载《思想理论教育导刊》2017年第1期，作者为叶荣国、钱广荣，征得第一作者叶荣国同意，收录于此。

和人民选择马克思主义，选择中国共产党的领导，选择社会主义道路的历史必然性。理论类型的课程，主要是“马克思主义基本原理概论”和“毛泽东思想和中国特色社会主义理论体系概论”，主旨是传授马克思主义及其中国化形态的基本理论，目的是帮助大学生运用马克思主义及其中国化理论的立场、观点、方法认识、分析和解决实际问题。方法类型的课程，主要是“思想道德修养与法律基础”，通过开展马克思主义世界观、人生观、价值观、道德观、法制观等方面的教育，引导大学生学会科学认识和把握社会和人生中包括伦理道德的相关问题，树立远大的人生理想，形成高尚的道德情操以及自觉遵纪守法的思维方式与行为习惯。

一般说来，“中国近现代史纲要”“马克思主义基本原理概论”“毛泽东思想和中国特色社会主义理论体系概论”课程的教学质量，可以通过诸如考试的办法检测学生掌握知识的程度和运用理论分析、解决问题的能力，因此其教学质量的评价标准多是“实”的。所谓“实”，就是可以通过书面考察亦即考试的方法，大体上检测出教师教和学生学的基本情况，因而也就能大体上评判出教学质量的水准。而“思想道德修养与法律基础”课程不仅要向学生传授知识，更要触及他们的灵魂，引起他们的思想、态度、情感、意志、品德、行为等非智力因素方面的变化与发展，进而形成符合社会主义主流意识形态的世界观、人生观与价值观。然而，“思想和政治信念，不是靠布置回家看教科书，不是靠记住它们并且回答出来，也不是靠打分数来培养的。它们表现在思想里、行动上、活动中和相互关系里。”[①]因此，其教学质量如果用诸如考试的办法不一定就能准确地检测出教师教和学生学的实际情况，因为其评价标准是“虚”的，或具有“虚”的特性。所谓“虚”，所指一是不易看出教学质量实际上的高与低，二是检测（考试）出的质量的高与低可能是假象。考试得高分，不一定就能证明课程教学对学生“做人”的影响大——教学质量高；反之，考试得低分，也不一定就能说明教师教得不好，学生学得不认真——教学质

①［苏］B.A.苏霍姆林斯基：《给教师的建议（修订版 全一册）》，杜殿坤编译，北京：教育科学出版社1984年版，第381页。

量低。诚然，各种类型课程教学质量的评价都需要考试，但是检测质量标准的“实”与“虚”的不同，客观上要求考试应有不同的内容、途径与方法，而目前的评价却基本上没有差别，也缺乏重视这种实际存在的差别的意识，导致质量评价实践被边缘化，成为可有可无的“鸡肋”，弱化了其对思想政治理论课教学应有的诊断、导向、激励与改进的基本功能。

概言之，思想政治理论课教学质量的标准存在“虚”与“实”的差别是由该课程的特性决定的，同时也受到评价者的评价意识和能力等客观因素的影响。

二、“虚”“实”难分问题的表现及其危害性与成因

尽管从事教学理论研究与实践探索的专家学者认识到思想政治理论课与高校其他课程教学质量评价存在差异性，然而，从其特殊性出发，正确把握质量评价的“虚”与“实”并不是一件容易的事情。应当看到，高校思想政治理论课教学质量的评价，普遍存在不能区别对待“虚”与“实”的问题。

其一，不能区别对待思想政治理论课不同课程的教学质量评价。思想政治理论课是由多门课程组成的课程体系，每门课程的教学质量评价应根据各门课程的特点而有所侧重。譬如，对于偏重理论知识的“中国近现代史纲要”和“马克思主义基本原理概论”，其教学质量评价的侧重点应在于学生掌握知识的程度与运用理论分析、解决问题的能力，即侧重于对学生“实”的考察，了解学生“知不知”“懂不懂”“会不会”的实际水准。对“思想道德修养与法律基础”教学质量的评价，侧重点应在于经过教育教学后，学生的理想、信念、价值观等思想观念的发展变化与社会倡导的主流意识形态的契合程度，即侧重于对“虚”的考察，了解学生“信不信”“行不行”的情况。目前，思想政治理论课教学质量评价多没有对各课程加以区别对待而制定出相应的评价体系，其结果必然导致教学质量评价的失真甚至失位的现象普遍存在。

其二，不能区别对待思想政治理论课与专业课程包括理工科专业课程的教学质量评价。专业课程包括理工科专业课程教学目标的侧重点在于帮助学生获得真理性的认识，以期获得适应未来社会发展所必须掌握的生存与发展的基本技能。因此，其教学质量评价是可以通过求“实”的途径得到合理的解决的。相较于高校专业课程而言，思想政治理论课的特殊性就在于其不仅需要学生获得改造客观世界的真理性认识，还需要通过思想政治理论课的教育教学改造他们的主观世界。因此，其教学质量评价也必然是“实”与“虚”的有机统一。但是，目前在思想政治理论课教学质量评价实践中仍没有解决好两者的差异性，如对学生的学习质量检测与专业课程一样普遍采取书面考试，用完全“量化的方法”，采用学业成绩评价学生的思想道德素质。理论知识属于认知领域，可以通过精确量化的方法评价，但大学生思想道德素质的形成与发展具有综合性、内隐性、潜在性与延时性，其涉及非认知领域的理想、信念、价值观等是无法用量化的方法进行精确评价的。试想，一位平时乐于助人、勇于奉献的学生就因为他的考试成绩不高而被评定为思想道德素质不高吗？同样，仅凭考了高分就能断定一位学生的思想境界高吗？回答自然是否定或不一定的。大学生思想道德素质与其学业测评的成绩并非直接的对应关系。“把学科成绩的评分跟道德面貌的评价等同起来，是缺乏理智地追求表面成绩（分数）的结果。我们认为，不能容忍把一切都归结为一条简单化的结论——好分数就是好学生，没有得到‘应得’的分数就意味着这个学生‘不够格’。”①正是由于现实的评价形式与方法的简单化造成评价导向发生方向性的错误，导致学生理论与实践、知与行的分离，高分低能、高分低德现象也屡见不鲜。如此简单化的评价，背离了思想政治理论课教学质量评价的本质，评价的结果也缺乏客观性、真实性与激励性。

其三，教学过程的监督和评价弱化，或多流于形式。“教学质量赖以产生的基础是教学过程的展开，教学过程是生成教学质量的主体内容，教

① ［苏］B.A.苏霍姆林斯基：《给教师的建议（修订版 全一册）》，杜殿坤编译，北京：教育科学出版社1984年版，第117—118页。

学结果只是教学过程的自然结果，不存在超越过程的结果。”[①]教学过程的监督和评价是教学质量评价的重要环节。然而，目前的过程评价多以所谓“教学督导”的方式进行。从实际情况看，所“督导”的多是课堂纪律，而且其成员又大多是退休教师，他们过去多不是从事思想政治理论课教学的教师，而且本身教学能力和水平也可能不是最好的或比较好的。同时，对教师的课堂授课质量普遍采取统一的“评价量表”进行。思想政治理论课目前的评价方式普遍采取目标分类，即把教学目标具体化为明细的指标，赋予权重与分值，对教师进行逐项量化打分。这样的量化评价虽然具有简单实用、规范客观的优点，但忽视了思想政治理论课教学的复杂性和特殊性。教育教学是一个动态的、师生交互作用的创造性劳动，用简单化的物化或数量化的指标人为地把教学过程分割成条块、方框，既违背了教育教学的本质，也束缚了教师教学的创造性。大量的教学实践表明，那些教学效果好、质量高的教学名师授课都具有独特的教学风格和自己的个性，这些是无法用“评价量表”做出实事求是的客观评价的。

不分“虚”与“实”的教学质量评价，根本危害在于很难实事求是地把握教学质量，以至使得评价活动要么流于形式，要么机械教条，评价的缺位、失位、错位现象也比比皆是。最终可能会产生误导，反而弱化和消解思想政治理论课应有的教学质量，影响实现高校人才培养的规格，甚至产生错误的价值导向。

教学质量评价实践存在“虚”与“实”不分问题的原因是多方面的。首先是存在认知误区，不能重视研究和把握思想政治理论课教学及其质量评价的特殊性，缺乏开展这方面的专题科学研究。思想政治理论课是体现社会主义本质要求的“国家课程”，虽然党和政府高度重视，然而至今仍然存在一些地方和高校对思想政治理论课重视不够，政策条件保障尚未落实到位，思想政治理论课在高校考核评价体系中的地位和作用不够突出等现象，“说起来重要，做起来不要”的现状尚未得到根本性的扭转，甚至有人认为大学生思想道德素质的提高是党和政府的事，是任课教师的责

① 刘志军:《论教学质量的内涵与构成》,《教育评论》1999年第5期。

任，这些认识上的偏差导致思想政治理论课在高校课程体系中的弱势地位依然存在。思想政治理论课是触及人的灵魂、塑造人的心灵的特殊课程，这是其相比较于高校其他课程教学最大的特殊性，其评价的纷繁复杂性导致目前无论理论研究还是实践探索仍然踯躅不前。

其次，正因缺乏相关的专题科研活动，所以目前制定的评价标准内核指标体系多存在脱离实际的情况。思想政治理论课教学质量评价的科学化要求评价指标具有可行性、合理性。可行性需要教学质量评价指标体系具有明晰、具体、可操作性，即可以通过量化的方法对教学目标进行分解，得到客观而真"实"的结论，以便为改进教学提供第一手资料。合理性，既要求评价指标体系需要符合学生的思想实际，能为广大学生所广泛认同与普遍接受，也要求符合课程评价的内在规律，实现合目的性与合规律性的统一。这要求评价指标设计及其权重系数需要经过专题研究，而高校普遍存在的重科研、轻教学现象使得相关的专题科研活动寥若晨星，导致教学质量评价指标设计与高校其他课程（包括专业课）没有明显差异，而且这一痼疾长期以来得不到根本解决，基于课程特殊性采取"虚"与"实"相结合的评价形式也无从谈起。

最后，思想政治理论课教育教学主管部门实行科学指导不够，指导方针不明，缺乏具体的评价办法和措施。思想政治理论课在大学生思想政治教育过程中的主渠道地位和特殊性虽然受到党和政府的高度重视，党和国家出台了一系列的方针政策和相关的制度，大力加强思想政治理论课程建设，但在教学实践中由于思想政治理论课教学质量评价受到当前技术条件的限制，教育主管部门也缺乏切实有效的应对措施与创新解决问题的办法，使得评价"有法不依"的现象没有得到有效而彻底的解决。

三、把握"虚"与"实"的基本理路

在评价实践上把握思想政治理论课教学质量标准是实现"虚"与"实"有机结合的基本途径。总的来说，是要将教学评价的"虚"与"实"

统一起来，把教师的授课质量与学生的学习质量统一起来，把教学过程与教学结果统一起来，围绕"'虚'功'实'做"和"'实'功论'虚'"展开。

所谓"'虚'功'实'做"，就是要通过建立相关制度，把不宜或不易用实证标准"考""测"出来的质量评判出来做"实"，基本反映教学质量的真实状况。为此，必须建立相关的制度。

一是要建立保障评价标准与指标体系科学合理的制度。当前，没有依据各课程教学质量评价的特点，解决好评价标准具体化的目标要求与教学质量难以量化性之间的矛盾，这是思想政治理论课教学质量评价中存在的突出问题。这就要求在开展思想政治理论课教学质量的评价实践中，要能够区分"虚"与"实"，依据不同课程制订不同的评价标准，区别对待。一方面，要形成相对统一的质量标准体系，规范质量评价内容与程序，把学生的知识、能力、素质标准落到"实"处，避免评价与考核流于形式主义。教学质量标准是实现教学质量评价的基础，也是实现教学质量评价规范化、科学化的前提。目前衡量思想政治理论课教学质量的依据是人才培养目标所规定的国家标准，只是宏观的、粗线条的原则性规定，这样的标准比较模糊、抽象，不容易把握，无法在实际的操作过程中做到量化处理，容易流于形式，很难做到客观公正。因此，负责全校教学工作的教务部门需要根据本校的实际，组织相关专家在充分论证的基础上，把笼统而抽象的课程教学目标具体化为可操作的量化指标体系。另一方面，应围绕能够体现思想政治理论课教学质量的特殊要求展开，建立不同类型课程的评价标准内核指标。如"思想道德修养与法律基础"课，要联系教与学两个方面，特别是学生守法守德的实际表现；"马克思主义基本原理概论"课要联系学生看师生、看社会历史和人生的观念与方法等。再如，一位思想政治理论课教师在课堂教学中散布不适甚至错误、反动的言论，其教学质量就应当大打折扣，直至被视作教学事故，追究当事教师的责任，如此等等。

二是要建立综合性的多元评价制度。思想政治理论课教学质量的延时性、内隐性，影响因素的多样性、广泛性，质量表现形式的丰富性、复杂性等特性决定了评价制度的复合多元性，单一的评价制度无法保证质量评价的客观公正性。目前，教学研究者关于思想政治理论课教学评价主体的确立和分类虽然存在一定的分歧，但多元评价主体已经形成共识。要依据不同的评价主体形成不同的评价制度。尽管思想政治理论课教学多元评价主体存在合理性，但各评价主体并不是处于平行状态，而是处于一定的层次结构中。教学质量是学生学习质量与教师授课质量的有机统一。因此，在教学内容既定的情况下，教师的授课质量与学生的学习质量构成思想政治理论课教学质量的核心，与之相对应，须围绕两者建立相应的评价制度。其一，建立学生评价制度。思想政治理论课教学质量如何，最有发言权的是学生，他们不仅是教学实践的直接参与者，也是教学质量的最终体现者。因此，建立学生评价制度，让学生参与教学评价是各高校普遍采取的基本形式。一方面，可以调动受教育者参与评价的积极性与主动性，保证获取的信息具有相对的客观真实性。另一方面，学生评价教师的教学态度和水平，让学生在关注评价教师的过程中受到“隐性”的自我教育。一般而言，一个人在评价他者的过程中会自觉不自觉地“反身自问”。当然，学生评价制度应该是立体、多元的，既可以建立网上评教制度，也需要建立教学信息反馈制度。既可以学生之间互评，也可以在辅导员的支持或主导下以主题班会的方式进行，还可以发挥班委会和团支部的作用由学生“自导自演”的方式进行。其二，建立教师课堂教学评价制度。在思想政治理论课教学质量的评价实践中，可以由各级教育教学主管部门如教育部、省级教育管理部门、学校教学管理部门、学院（系）党政部门、思想政治理论课教研室等部门、机构及其组织的思想政治理论课教学教育专家、从事思想政治理论课教学的教师同行等进行评价。

三是要建立有助于执行评价标准与指标体系的制度。课堂教学质量评价标准与指标体系发挥作用的关键在于贯彻落实，而建立有助于执行评价标准与指标体系的制度是确保其落地生根的根本。如何建立？笔者认为其基本内容应涵盖以下层面：根据学校的实际建立评价的管理制度。作为思想政治理论课教学质量评价责任单位的马克思主义学院（或相关职能部门），需要建立结果评价与过程评价、量化评价与质性评价、他人评价与自我评价相结合的具体制度。教务管理部门要建立多元评价主体的教学质量督导机制，并制定具体实施办法以及相应的奖惩制度等，充分调动教师、辅导员、学生以及相关的用人单位参与评价，形成全员、全过程参与的良好格局。

所谓"'实'功论'虚'"，主要是针对用考试的方法检测和评价教学质量而言的，也就是要对那些"实打实"地"考"出来的成绩进行质性分析和评价，分辨高分是否为真实的优，低分是否一定就差。

目前，我国高校在学期结束的课程考试之后，一般都会安排"试卷分析"。思想政治理论课教学质量评价中的"'实'功论'虚'"可以结合"试卷分析"进行，但应另有一套质性分析的办法，通过质性分析认识"实"之外或背后的"虚"，从而把握思想政治理论课教学的实际质量。为保障"'实'功论'虚'"切实有效，承担评价职责的人员，应由思想政治理论课教学课外有经验的专家学者担任。

为了交流和推广思想政治理论课教学及其质量评价的有益经验，纠正其间可能存在的突出问题，促进关涉人才培育规格、维系党和国家命运与前途的思想政治理论课教学质量的提高，也为了便于这门课程的主管部门实行宏观管理和指导，"'虚'功'实'做"和"'实'功论'虚'"的教学质量评价，应当建立交流平台。这样的平台，既可以依托专业期刊的相关栏目进行具体介绍与推广，也可以采用直接的行政干预手段。

高校思想政治理论课的实践教学探讨*

目前，很多人认为高校思想政治理论课的实践教学就是相对于课堂教学而言的校外教学，由此而强调实践教学难以组织实施或让其流于形式。其实，以教学场所是否在校外评判是否实施了实践教学是不正确的，实践教学的本质是富含“社会实践性内涵”的教学。它是一项系统工程，需要从正确认识和把握思想政治理论课的特殊功能和本质要求、切实贯彻理论联系实际的教育教学原则、努力提高教师的“实践教学素质”等方面进行思考和探索。

高校思想政治理论课承担着对大学生进行马克思主义理论教育，帮助大学生确立马克思主义的世界观、人生观、价值观和社会主义道德观与法制观的极为重要的任务。思想政治理论课必须重视实践教学，人们对此认识并不存在多大的分歧，但是对实践教学的具体理解和实际把握却不一致，甚至存在根本性的分歧。很多人（包括高校思想政治教育主管部门的一些人）认为实践教学就是课外教学、校外教学，是相对于课堂教学而言的，实施实践教学就是要组织和带领学生离开课堂，走出校门，开展校外与思想政治教育有关的见习或实习活动，如参观访问、社会调查、志愿服务、公益劳动等。基于这种理解，不少人在安排思想政治理论课教学时大量削减课堂教学内容和时间，要钱要车要“基地”，带着学生到处跑。正

* 原载《思想理论教育》2007年第3期。

是基于这种认识和理解，有些人强调“扩招”后学生人数增多、经费紧张，很难组织和安排实践教学而停留在照本宣科式的“满堂灌”。这就是目前高校思想政治理论课教育的实践教学的大体情况。

在笔者看来，上述对高校思想政治理论课的实践教学的认识和做法是不完全正确的，我们不应把高校思想政治理论课的实践教学等同于“校外教学”，将实践教学与课堂教学对立起来，因为它从根本上妨碍了实践教学的有效实施和加强。诚然，实践教学需要安排必要的时间组织大学生走出校门，让他们接触和服务社会，但这并不是实践教学的实质内容，也不是实践教学的主要形式。

实践即社会实践，广义上指的是人类能动地改造自然和社会的全部活动，主要是指生产劳动、政治变革（阶级斗争）和科学实验。在马克思主义的实践论看来，自然与社会的联系、社会与人的联系、历史社会（人）与现实社会（人）的联系，都是在实践中生成和发展的，本质上都是实践的产物。而实践又总是受一定的世界观（方法论）和价值观支配的，总是表现为形式与内容的统一、过程与成果的统一，并始终以内容和成果为其本质和主导方面。这一认识论前提，要求我们要用实践的方法看待思想政治理论课体系中各门课程的课程方向和课程标准，关注教育教学内容与相关的社会实践的内在统一性关系，即以教学内容的观念形态反映相关的社会实践——生产劳动、政治变革（斗争）和科学实验的指导思想、实际过程和成果。例如，“马克思主义基本原理”课的实践教学，应当关注从整体上阐明马克思主义是无产阶级与资产阶级进行政治斗争的实践的产物及其在社会主义时代合乎辩证逻辑的伸展，“毛泽东思想、邓小平理论和‘三个代表’重要思想概论”课和“中国近现代史纲要”课的实践教学，应当关注系统阐明马克思主义基本理论与中国革命和建设的实践尤其是与改革开放的伟大实践相结合的过程、成果及其规律与特点，“思想道德修养与法律基础”课的实践教学，应当关注让大学生明了与自己健康成长和成才密切相关的当代中国的道德建设和法制建设的实践问题，贴近大学生的思想实际，引导他们自觉加强思想道德修养和法律素质修养。如果不作如是观，以为实施实践教学就是带领大学生走出校门“以社会为课堂”，那么我们当如何科学地安排思想政治理论课的课堂教学呢？在安排实践教学时除了将其与课堂教学对立起来还有别的选择么？

因此，所谓思想政治理论课的实践教学，简言之就是富含“社会实践性内涵”的教学。把握和判定思想政治理论课的实践教学的课程标准，主要不是教学场所是否“在社会”，而是教学内容是否“在社会”，即是否富含“社会实践性内涵”，实践教学主要不应被理解为“社会实践（活动）中的教学活动”，而应被理解为“教学内容中的社会实践问题”的教学。从学理上来看，思想政治理论课的实践教学不是一个教育教学途径和方法意义上的范畴，而应是一个教育教学理念和内容意义上的范畴，它不仅不与“课堂教学”相对立，而且主要是通过“课堂教学”实施的。这样看，组织大学生走出校门的社会调查、志愿服务、公益活动，包括专业课实习等，也不一定就是安排了“实践教学”，关键是要看教学是否具有实践性内容。校外的教学活动如果被当作“实践教学”安排，成为一种必要环节的话，那就应当是课堂“实践教学”合乎逻辑的延伸或补充，具有与相关课程有关的“社会实践性内涵”，否则就很可能只是热热闹闹地走过场，与作为思想政治理论课的实践教学并无内在的逻辑联系。正因如此，《中共中央宣传部教育部关于进一步加强和改进高等学校思想政治理论课的意见》（下简称《意见》）明确要求，要“把实践教学与社会调查、志愿服务、公益活动、专业课实习等结合起来”，并没有把实践教学等同于社会调查、志愿服务、公益活动、专业课实习等“活动教育”，而是强调要把实践教学与具有思想政治教育意义的“活动教育”结合起来。这种区分和联系的意义在于：反映了加强马克思主义理论教育的实践教学环节的一种本质要求，厘清了马克思主义理论学科尤其是思想政治教育学科的一个学理性范畴，对于理解和把握实践教学来说具有方法论的指导意义。

这个可贵的创新是关于思想政治理论课教育教学理念和指导原则的一次变革。新中国成立后，为了让大学生了解社会，具有社会主义的思想政治觉悟和道德水准，思想政治理论课渐渐开始重视“实践教学”，强调教育要与生产劳动相结合，思想政治教育要理论联系实际，大学生要走与工农相结合的成长道路。但是，毋庸讳言，在很长时间内却一直存在着把实践教学混同甚至等同于“校外教学”的形式主义的错误倾向。其结果，不仅没有真正体现和贯彻实践教学的新理念和新精神，相反耗费了大量的教育资源，削弱和冲淡了思想政治理论课教学应有的马克思主义的理论蕴涵。

高校思想政治理论课的实践教学是一项极为重要的系统工程，操作复杂，要求更高，要使之得到正确的加强和实施，需要在理论和实践上进行多方面的探索。

首先，要正确认识和把握高校开设思想政治理论课的特殊功能和本质要求。如前所述，高校思想政治理论课的宗旨和目标是加强马克思主义理论教育，帮助大学生树立正确的世界观、人生观、价值观和社会主义道德观与法制观，学会运用马克思主义的立场、观点和方法看待中国革命和建设尤其是改革开放的历史与经验，尊重社会发展的客观规律和创造人生价值的基本规则，养成优良的个性品质。这使得它在课程方向、课程标准和教学内容等方面，既不同于专业课，也不同于其他公共课。这种特殊的功能和本质要求，惟有通过实践教学才能真正得到体现。换言之，在思想政治理论课教育中实施“社会实践性内涵”的实践教学，其实正是思想政治理论课教学的题中之义和本质要求。思想政治理论课需要传授相关知识，但这不是它的根本宗旨和主要目标。因此，那种片面强调实施实践教学就是带领学生走出校门开展“活动教育”的认识和做法，与把思想政治理论课教育当作纯粹的知识课来看待的教学模式一样，都是十分有害的，易于诱使实践教学走向形式主义，从根本上妨碍思想政治理论课发挥其应有功能，展现其应有的本质特性。

其次，要切实贯彻理论联系实际的教育教学原则，使教学内容贴近社会、贴近生活、贴近大学生思想实际。实施和加强实践教学，必须切实贯彻理论联系实际的教育教学原则。因为只有切实贯彻这一原则，才有可能使教学内容富含“社会实践性内涵”，体现思想政治理论课教育教学的宗旨，解决学生的思想实际问题，实现高校德育的培养目标。这里有必要特别指出，不能把理论联系实际的教育教学原则简单地理解为“举例证明”的具体教学方法。理论联系实际是一个思维的辩证认知过程，不是一个“举例说明”的实证过程。然而，在思想政治理论课的教育教学中，不少教师至今仍然在“举例说明”的意义上理解和运用理论联系实际的原则，甚至认为这就是实践教学。理论联系实际的真谛，强调的是要用一般的世界观和方法论（理论）说明社会发展和变革的实践（实际）过程及其成果，或者从社会发展和变革的实践（实际）中抽象与说明一般的世界观和方法论（理论）。在这种意义上我们甚至可以说，思想政治理论课教育教学中的理论联系实际原则，其实就是理论联系实践的原则，所谓实践教学在某种意义上就是理论联系实践的教学。

最后，要提高教师的素质。实践教学是一种高标准的教学要求，只有提高教师的素质才能与之相适应，这是推动和加强思想政治理论课教育的实践教学的关键所在。在任何教育教学活动中，教师都是主导方面，都需要先接受教育。推动和加强思想政治理论课教育的实践教学，教师一定要具备“实践教学素质”，能够正确理解和把握实践教学的基本要求，具有理论联系实际的自觉意识和能力，能够充分理解和把握教学内容所要求的“社会实践性内涵”，认真备好课。就备课而言，实践教学所需的时间和精力，显然要比从课本到课本的“满堂灌”教学要多，它不仅要求教师具备“实践教学的专业素质”，也要求教师具备“实践教学的道德素质（敬业精神）”。因此，那种认为实践教学是“可以削减课时”“可以少备课”的教学与“可以少花气力”“可以松口气”的看法，无疑是错误的，也是十分有害的。即使需要带领学生走出校门，延伸和补充课堂实践教学的内容，教师也应当先行一步，取得必要的经验和能力，这也是教师适应实践教学要求的一个必备的教学环节。如果说带领学生到基层、到工农群众中去“实践”是一种必要的话，那么，组织和安排教师去经历和思考这样的“实践”，就更是一种必要了。毋庸讳言，如今高校大多数思想政治理论课教师尤其是青年教师并未真正走出校门“实践”过，他们不仅缺乏实施校内课堂实践教学的意识和能力，而且也缺乏组织和实施校外实践教学的经历和能力，要他们带领学生走出校门去“实践”其实是勉为其难的，真的走出去“实践”也难免会搞形式，走过场。总之，实践教学对教师提出的要求更高，教师是贯彻实践教学的理念和精神的关键，因此应当高度重视提高教师队伍的“实践教学素质”。

综上所述，推动和加强思想政治理论课的实践教学，必须在教育教学理念上来一次思维方式意义上的革新，以正确理解和把握实践教学的科学内涵。为此，要切实理解和把握实践教学的根本宗旨，切实贯彻理论联系实际的教育教学原则，并且要把提高“实践教学素质”列为思想政治理论课教师培训的一项重要任务和内容。

实践教学需要解决的几个认识问题*

实践教学是确保思想政治理论课教学质量的重要环节。实施实践教学需要正确认识实践教学的本质要求，区分实践教学与教学实践这对核心范畴，教师要确立历史唯物主义的实践观和“实践问题意识”，以具备相应的实践教学意识和能力。

2005年《中共中央宣传部 教育部关于进一步加强和改进高等学校思想政治理论课的意见》（教社政［2005］5号）（以下简称“中央5号文件”）和2008年《中共中央宣传部 教育部关于进一步加强高等学校思想政治理论课教师队伍建设的意见》（教社科［2008］5号）曾先后提出“实践教学规范化”和“完善实践教学制度”的要求，要求高校思想政治理论课教学改进教学内容，贯彻实践教学原则。然而毋庸讳言，几年来高校实施实践教学的效果与中央精神的要求还有相当大的距离，主要是因为我们对实践教学尚缺乏科学的认识。

一、正确认识和把握实践教学的宗旨

“中央5号文件”在阐述设置思想政治理论课的宗旨时指出：“高等学校思想政治理论课承担着对大学生进行系统的马克思主义理论教育的任

* 原载《思想理论教育导刊》2010年第7期。

务，是对大学生进行思想政治教育的主渠道。充分发挥思想政治理论课的作用，用马克思列宁主义、毛泽东思想、邓小平理论和‘三个代表’重要思想武装当代大学生，是党的教育方针的具体体现，是社会主义大学的本质特征，是党和国家事业长远发展的根本保证。”这个根本宗旨无疑也是实施实践教学的宗旨。

高校思想政治理论课的每门课程都从其特定的内容体系、课程标准和基本要求上承担着对大学生进行马克思主义理论教育的任务，而课程内容所总结概括和科学反映的马克思主义理论，都是相关社会实践的智慧结晶，课程教育教学就是要把这些内容表达出来，使大学生在理论层面上接受相关的马克思主义理论教育。换言之，实践教学的宗旨就是要分析课程教学内容体系与其所反映的相关社会实践之间的内在逻辑关系，揭示课程内容所包含的社会实践理性及其理论的精神实质。如“马克思主义基本原理概论”课的实践教学，就应当关注从整体上阐明马克思主义是当时无产阶级与资产阶级进行政治斗争的实践的理论结晶及其在社会主义的实践中合乎辩证逻辑的发展；“毛泽东思想和中国特色社会主义理论体系概论”和“中国近现代史纲要”课的实践教学，所要关注的就应当是系统阐明马克思主义基本理论与中国革命和建设的实践尤其是与改革开放的伟大实践相结合的过程、成果及其规律与特点之间的内在逻辑联系；“思想道德修养与法律基础”课的实践教学，所要关注的就应当是让大学生明白与自己健康成长和成才密切相关的当代中国的道德建设和法制建设的实践问题，贴近大学生的思想实际，引导他们自觉加强思想道德修养和法律素质修养等。概言之，马克思主义者和中国共产党人领导和推进的社会实践既定的价值目标和过程、成果、特点所包含和体现的马克思主义理论，决定了高校思想政治理论课各门课程教育教学的根本目的、课程的内容体系和基本要求，也同时决定了实践教学是高校思想政治理论课必备的教学理念，必须实施的教学原则。实践教学作为高校思想政治理论课的教学理念和原则，其实施的宗旨在于让大学生立足于社会实践课程内容所概括和反映的马克思主义理论，它强调的不是教育教学的地点，而是教育教学的基本理念和原则。因此，不能简单地将实践教学理解为“实践中的教学”或“回到实践中的教学”。

二、科学区分一对核心范畴

要正确认识和把握实践教学作为高校思想政治理论课的教学理念和教学原则的本质要求，需要将实践教学与教学实践（或社会实践）这对范畴进行区分。

检索近几年研究实践教学的论文，笔者发现多将实践教学与教学实践（或社会实践）混为一谈。有的仅视实践教学为思想政治理论课教育教学途径和方法上的一种补充，认为实践教学是高校对学生实施素质教育，加快大学生社会化进程的重要形式，也是深化高校思想政治理论课程改革的重要方面，甚至把实践教学看成是另外一门课程。这种把实践教学等同于教学实践——“实践中的教学”或“在实践中教学”的认识，在目前高校思想政治理论教育教学中是带有一定的普遍性的，其突出表现就是强调实践教学的物质条件，或者主张到校外建设所谓的“教学基地”，或者带领大学生走出校门到工矿企业、农村参观访问。实际上，这样的“实践教学”并不符合实践教学的本质要求，无助于确保高校思想政治理论课的教学质量。因为思想政治理论课教学内容所蕴含的社会实践的精神实质，作为一种理论思维和接受的对象一般是“看”不到的，学生走出校门所能看到的一般只是实践的活动或成果的形式（现象）而不是实践本身的过程，更不是实践的精神实质。如上所述，实践教学所关注和解决的问题主要是帮助学生理解和接受课程的内容，而不是“浩浩荡荡”地带领学生直接去“看”曾经发生或正在发生的实践活动及其成果。再说，如果把实践教学等同于教学实践或社会实践，理解为主要是带领大学生走出校门去参观访问，那么，一个拥有几万名学生的大学该如何去组织这样的“实践教学”，有那样的财力和精力吗？概言之，高校思想政治理论课的实践教学指的是实施教学的理念和原则，教学实践指的是实施教学的途径和方法。前者是就贯彻高校思想政治理论课的教学宗旨即课程标准和基本要求而言的，其实施主要是课堂内的事情；后者是就高校思想政治理论课的教学方法改革而言的，只可视作实施实践教学理念和原则的一种补充，而不可将其等同于实践教学。如果说实践教学是把教学内容内含的“社会实践大课堂”中的理论问题搬进“学校小课堂”来进行理论分析和论证，帮助大学生理解和掌握教学内容的话，那么，教学实践则是把“学校小课堂”中理论分析和论证的理论问题搬到“社会大课堂”中去验证，帮助大学生增加对教学内容的感性认识。可以看出，不可将实践教学与教学实践（或社会实践）混为一谈。高校思想政治理论课各门课程实施实践教学，从教材的编写到教案的撰写、从课堂的演示到考核都应围绕高校思想政治理论课的教学内容来展开。

三、教师要具备实践教学的观念和能力

实施实践教学的关键是教师要具备实践教学的观念和能力。保证教学质量的关键是提高教师队伍的素质，保证思想政治理论课教学质量的关键也是提高思想政治理论课教师的素质。这是一项紧迫而又长期的任务，其核心工作就是培育教师实践教学的观念，提升教师实施实践教学的能力。

培育实践教学的观念，前提是要确立历史唯物主义的实践观，正确认识和把握理论与社会实践的逻辑关系。马克思创立历史唯物主义，一开始就确认“全部社会生活在本质上是实践的。凡是把理论引向神秘主义的神秘东西，都能在人的实践中以及对这种实践的理解中得到合理的解决”①。毛泽东在领导中国革命和战争的伟大实践中发表了专论实践的《实践论》，指出马克思主义哲学有两个最显著的特点，一是阶级性，二是实践性。实践性特点“强调理论对于实践的依赖关系，理论的基础是实践，又转过来为实践服务。判定认识或理论之是否真理，不是依主观上觉得如何而定，而是依客观上社会实践的结果如何而定。真理的标准只能是社会的实践。

①《马克思恩格斯文集》第1卷，北京：人民出版社2009年版，第501页。

实践的观点是辩证唯物论的认识论之第一的和基本的观点”①。高校思想政治理论课教师应当具有这种唯物史观的实践观。

提升教师实施实践教学的能力，需要采取必要的措施，有计划地开展关于实践教学的专题研究和专门的培训活动，分析和梳理思想政治理论课各门课程内容体系中的马克思主义理论精神，以促使思想政治理论课教师增强实施实践教学意识，提高实践教学能力。应当看到，“中央5号文件”和《中共中央宣传部 教育部关于进一步加强高等学校思想政治理论课教师队伍建设的意见》曾经指出的教学质量和教师队伍整体素质有待提高的问题，至今并没有根本好转。没有根本好转的一个主要原因就是没有凸显实践教学在思想政治理论课教学质量工程中的重要地位，没有凸显实践教学观念和能力在教师素质中的地位。通过开展专题研究和培训活动，运用集体的智慧理解和把握思想政治理论课实践教学的规律和各门课程内含的马克思主义理论精神，正是解决这一突出问题的根本性措施。这方面的工作应列入相关学科建设的规划，如马克思主义理论一级学科下设的6个二级学科，在业务范围和课程设置上都应有关于思想政治理论课实践教学的专题研讨，教育主管部门应将“实践教学”列入社会科学基金项目体系和国家级精品课程建设计划。国家教育主管部门应对此方面的工作实行统筹规划，统一组织实施。

---

①《毛泽东选集》第1卷，北京：人民出版社1991年版，第284页。

“基础”课的实践教学问题探讨*

实践教学是高校思想政治理论课的教学原则要求。“思想道德修养与法律基础”课（以下简称“‘基础’课”）的实践教学，要以正确理解实践教学的科学内涵、把握课程内容体系三大部分的实践理性为学理前提，以阐明实践理性与大学生成才的内在逻辑关系为基本理路，从实现实践教学的规范化和制度化、培育教师的实践教学观念与能力、创建实践教学的培训和研修基地三个方面加以推进。

一、“基础”课实践教学的学理前提

讨论“基础”课实施实践教学问题，首先要正确理解思想政治理论课实践教学的本义，亦即科学认识和把握“什么是实践教学”。而要如此，就需要将实践教学置于历史唯物主义方法论视野来解读，因为从根本上来说，实践教学是思想政治理论课贯彻历史唯物主义实践观的内在要求。

马克思创立历史唯物主义一开始就明确指出，“全部社会生活在本质上是实践的。凡是把理论引向神秘主义的神秘东西，都能在人的实践中以及对这种实践的理解中得到合理的解决”，历史唯物主义的方法论意义在

* 原载《思想教育研究》2012年第9期，原标题为《“思想道德修养与法律基础”课实践教学问题探讨》。

于是向实践开放的行动指南，“它不是在每个时代中寻找某种范畴，而是始终站在现实历史的基础上，不是从观念出发来解释实践，而是从物质实践出发来解释各种观念形态”[①]。

在唯物史观视野下，实践教学是思想政治理论课教学的根本宗旨和本质要求，就是要把思想政治理论课教学内容所概括和反映的社会实践理性分析和表达出来，引导大学生立足于马克思主义者和中国共产党人领导和推进的社会实践，在理论思维的层面上接受相关的马克思主义理论教育。因此，所谓实践教学，就是分析课程内容体系与其所反映的相关社会实践的客观规律与本质要求之间的内在逻辑关系、揭示其蕴含的实践理性的教学[②]。

由此可见，实践教学不应被理解为“社会实践中的教学”或“回到社会实践的教学”。也就是说，不可将实践教学与教学实践相提并论。诚然，在有些情况下，思想政治理论课的教学适当安排“走出校门”的教学实践或社会实践，也许是必要的，但同时也应看到，作这种安排并不是要体现实践教学的本质要求，而只是作为对实践教学内涵的拓展和补充，因此不可视作实践教学本身，更不可以取而代之。毫无疑问，对“基础”课实施实践教学，自然也应作如是观。

《思想道德修养与法律基础》教材的内容体系，绪论之后大体上可以划分为思想修养、道德修养和法律基础三个部分，每个部分都蕴含丰富的实践理性。

思想修养部分的实践理性反映在第一章到第三章的内容之中，可以通过第一章的“在实践中化理想为现实”、第二章的“继承爱国传统”和“弘扬民族精神”、第三章的“在实践中创造有价值的人生”等核心命题梳理出来。其基本内容和逻辑主线，就是要把握青年人生发展新阶段之实际过程的客观规律和本质要求。道德修养部分蕴含的实践理性，集中反映在

① 《马克思恩格斯文集》第1卷，北京：人民出版社2009年版，第544页。

② 实践理性，在近代哲学史上是康德首先提出来的，本为相对于“纯粹理性”即以客观世界为对象的理论理性的哲学—伦理学概念，属于求善的价值实践范畴。本文所涉论的实践理性，指的是社会和人在求善的实践过程中对于求真的理性要求，亦即社会历史过程之求善理性与求真理性的逻辑关系，强调实践须把合目的性要求与合规律性要求统一起来的实践规律。

第四章到第六章的内容之中，每章每节都是围绕道德作为一种特殊的实践理性分析和阐述的，分析和演绎的主线是如何运用道德知识和价值标准，认识和把握逻辑与历史、历史与现实、社会与个体之利益关系等实践理性问题。法律基础部分蕴含的实践理性，反映在第七章到第九章之中，是沿着“守”和“用”即守法和用法的实践逻辑展开的，核心内容和精神实质是领会社会主义法律精神，进而树立社会主义法治观念，增强守法意识和提高用法能力。

概观之，“基础”课教材教学内容体系三个部分所蕴含的实践理性，都是立足于大学生人生发展的学习与实践过程，通过一系列与实践相关的实践动词表述出来的。从学理上看，把握“基础”课的实践教学，就是要在绪论提出的“适应人生新阶段”这一核心命题和实践主题的引导下，抓住诸如“适应”“开拓”，在实践中“继承”“弘扬”“创造”“遵守”“运用”等实践动词或词组，将与此相关联的实践理性梳理和表达出来。舍此，“基础”课的教学就可能会成为单一的基础知识灌输或基本理论说教，背离其实践教学的教学原则和宗旨，难以保障其应有的教学质量。

二、“基础”课实践教学的基本理路

总的来说，“基础”课实践教学的基本理路，就是要围绕“适应人生新阶段”这一核心命题和实践主题，在阐明学习“基础”课的意义与方法的前提下，厘清三个部分教学内容体系的实践理性与大学生成才及今后人生发展的内在逻辑关系。

具体来说，把握思想修养实践教学的基本理路，首先应明白思想修养之“思想”所指，并不是“物质决定意识”意义上的一般认识论意义上的思想，也不是思维方式意义上的思想方法，而是观念形态的价值思想，即人生观和价值观[1]。因此，思想修养部分的实践教学，应当抓住“在实践中化理想为现实”“以振兴中华为己任”“在实践中创造有价值的人生”三个存在内在逻辑关系的人生价值观命题展开，阐明其中的实践理性与大学生成才及今后人生发展的内在逻辑关系。

把握道德修养部分实践教学的基本理路，首先，应立足逻辑与历史、传统与现代相统一的视角，阐述道德基础知识和基本理论及中华民族自古以来的道德标准和规范要求，亦即教材第四章内容蕴含的道德实践理性（毫无疑问，第四章的课堂教学需要在“知其然”的意义上就道德的基本知识基础理论进行仔细的“传道”，但同时需要注意的是，这样的“传道”必须始终伴随着道德何以为实践理性的“解惑”，让学生明白其“所以然”，亦即道德的实践理性）。其次，要在这种阐述的基础上，说明道德作为一种实践理性的价值真谛和目标就在于构建社会和谐，在于为社会和人的发展进步建构必须的“思想关系”环境（道德现象世界的总体结构可以划分为道德意识、道德活动、道德关系三个基本层次。道德关系属于马克思和列宁阐述过的“思想的社会关系”，它的俗世话语形式是“心心相印”“同心同德”“齐心协力”等，而学理用语则是社会和谐和人际和谐，是道德作为实践理性的价值本质之所在。道德对社会和人的终极关怀，是经由道德意识，主要包括道德知识与理论的传授和道德活动的开展建构“和谐”的道德关系而实现的）。最后，分别先后叙述道德实践理性在三大生活领域即公共生活、家庭生活和职业生活中的实践要求，也就是教材第五章和第六章的教学内容所蕴含的实践理性。

把握法律基础部分实践教学的基本理路，需要在实践理性的统摄之下抓住两个方面的逻辑关系。

其一，法律与道德的逻辑关系。说明正是维护社会基本道义这种实践理性的同一性，使得法律与道德在本质上是一致的，不存在孰高孰低的差

① 作为思想政治教育学科基本范畴和学理基础的“思想”，所指应具有四种基本含义，即作为世界观尤其是社会历史观的“思想”、作为人生价值观特别是伦理道德观的“思想”、作为与马克思主义理论一级学科及其他二级学科相关的“思想”、作为思想政治教育对象实际存在的“思想问题”的“思想”。

别。在加强法制建设和建设社会主义法治国家的历史进程中，尊重法律、依法办事本身就是高尚之举。由此观之，组织法律基础部分的实践教学，需要走出至今依然颇为盛行的“法律是底线的道德”或“道德是最高的法律”的思维窠臼和言说范式。从这个角度看，有必要在切入教材第七章之前，在实践理性的意义上增设关于法律与道德的逻辑关系等教学内容。

其二，“守法”与“用法”的逻辑关系。要阐明两者都是为了维护社会基本道义。因此，这部分内容的实践教学，应当紧扣“守法”和“用法”相统一的实践理性与大学生成才的逻辑关系，而不可偏废。若偏于讲“守法”而不讲“用法”，就肢解了法律实践理性，反之亦然，都违背了“基础”课关于实践教学的根本宗旨和原则要求。

不难理解，把握“基础”课实践教学的上述基本理路，需要有明晰的问题意识。一是凝练实践理性的问题意识。“基础”课教学内容体系的实践理性，多并不是直接表达在教材的文字叙述上，而是“蕴含”在文本叙述的“字里行间”之中或之外，需要作为问题加以仔细分析和研究，才能将其梳理出来，真正把握，融汇到实践教学的过程之中。二是学生问题意识。“基础”课的实践教学，需要研究和把握教学对象——如今的大学新生，他们大多是在基础教育阶段接受应试教育的佼佼者，在“知其然”的意义上擅长记忆思想道德和法律方面的基本知识和理论，面对其记忆和掌握的基本知识和理论之“知其所以然”的实践理性，却往往不能自觉地理解和把握，加上受到如今社会上和校园内存在的非理性文化的影响，有些学生甚至觉得“基础”课的教学是在“老调重弹”，对课程难持应有的尊重和接受态度。因此，有针对性地研究和掌握学生在面对“基础”课实践教学方面存在的接受态度和心理问题，是很有必要的。三是社会现实问题意识。“基础”课的实践教学，不可脱离社会现实问题照本宣科，而应立足于社会现实问题，从社会现实问题出发，引导和帮助学生学会运用历史唯物主义的社会历史观，在实践理性的意义上正确地认识和看待社会现实问题。为此，“基础”课的实践教学，要有党情、国情、世情意识，将科学认识和把握社会现实问题与大学生成长成才及人生发展有机地结合起来。

三、“基础”课实践教学建设的主要路径

不论是从教学人员还是从教学管理部门来看，“基础”课的实践教学都应该是一个需要加以认真研究和创新的课题，厘清其教学建设的主要路径。

（一）实践教学的规范化和制度化建设

中央主管部门两个“5号文件”[①]在强调高校思想政治理论课必须实施实践教学的同时，提出加强“实践教学规范化”和“完善实践教学制度”之教学建设的要求。这样的要求，自然同样适应于“基础”课的实践教学建设。

实践教学规范化的建设，是就实践教学的内容建设而言的，其重点应放在“基础”课教学内容之实践理性的规范开发、设计和考核方面。在备课的环节上，教学团队要对“基础”课教学内容的实践理性的内涵和论域作出大体统一的基本设计，作为规范性要求提出“基础”课内容的实践理性体系。诚然，在备课环节，应当允许和鼓励教师丰富和发展教学内容，但不应当允许各行其是，另搞一套。课程教学结束后的考核，主要应是检查学生理解和掌握教学内容之实践理性的真实情况和所达到的实际水平，而不应仅仅是对“基础”课文本知识的记忆和掌握程度。

实践教学制度化的建设，是就实践教学的领导和管理体制而言的。为了保障实践教学能够充分体现“基础”课富含的实践理性，思想政治理论课教学主管部门要制订相关制度，如集体备课制度、观摩教学、教学督导和评价制度等。课程结束后的教学质量考核，要凸显教师传授“基础”课

---

①《中共中央宣传部　教育部关于进一步加强和改进高等学校思想政治理论课的意见》(教社政[2005]5号)、《中共中央宣传部　教育部关于进一步加强高等学校思想政治理论课教师队伍建设的意见》(教社科[2008]5号)。

实践理性的准确度和清晰度、学生关于教师的“传道”和“解惑”的可理解度和可接受度。教学质量检查和评价的主要标准，应明确规定为教学内容的实践理性体系，并使之制度化，以有效改变目前“基础”课教学检查和评价中实际存在的标准模糊、做法不当的缺陷（如以学生的“满意度”替代质量标准、以学生打分替代专家评论等）。“基础”课的实践教学规范化和制度化建设是两个相互关联的教学质量工程，在实践教学的建设中应当将两者有机地统一起，使之相互依存，相得益彰。

（二）培育“基础”课教学团队实施实践教学的观念和能力

这是“基础”课实施实践教学的关键所在，应作为实践教学的常规性工作来安排。如果说实践教学是确保思想政治理论课教学质量的生命线，那么实践教学观念和能力就是思想政治理论教师素质结构中的主要素质。从实际情况看，毋庸讳言，不少高校目前“基础”课的教学团队并不能真正适应实践教学的需要。这主要是因为，教师的专业背景过于多元，真正“科班出身”者为数较少，新增教师中不少人缺乏基本的人文社会科学素质，也未经过基本的教学训练，致使实践教学对于他们来说实则成为颇为陌生的“高标准要求”。即使是“科班出身”并具有一定教学经验的教师，实施实践教学对于他们来说也是一个新课题，培育和提升他们的实践教学的观念与能力也是必要的。为此，需要把培育“基础”课教学团队实施实践教学的观念和能力列入高校教学建设和教师培训计划。国家社会科学基金项目特别是精品课程建设项目，也应将“基础”课的实践教学研究，列入自己的规划之中。

（三）创建“基础”课实践教学的培训和研修基地

众所周知，在高校思想政治理论课程体系中，“基础课”虽然是在一年级开设，却是一门教学难度较大的课程。这是因为，“基础”课的内容体系涉及多学科的知识和理论，其实践理性丰富且蕴涵深邃，仅仅懂得一些“基础”知识的人其实是难以担当其教学责任、保障其应有教学质量的。然而，如上所说，担任“基础”课教学任务的多是专业背景较为复杂、缺乏教学经验的年轻教师，其中不少教师还是辅导员兼任的，实践教学对于他们来说可能是一种陌生的高标准要求。如果说教学团队这种结构状况短期内无法改变，那么，创建“基础”课实践教学的培训和研修基地，就是一项不容忽略的教学建设工程。

这种基地，既可以各校分设，也可以统设；鉴于目前担任“基础”课的教学人员不少是辅导员的实际情况，还可以考虑在教育部高校辅导员培训和研修基地的工作计划中，增设“基础”课实践教学的培训和研修内容。

“基础”课应对当前道德领域突出问题的若干思考*

改革开放30多年以来，我国经济、政治和文化等各方面建设取得了辉煌成就。就道德领域而言，在人们的思想道德观念获得巨大进步的同时，也出现了以“道德失范”和“诚信缺失”为主要表征的道德突出问题。党的十八大报告在阐述“扎实推进社会主义文化强国建设”战略布局时，提出了“深入开展道德领域突出问题专项教育和治理”的重大理论观点，并相应做出重大工作部署。作为承担大学生道德教育任务的“思想道德修养与法律基础”课（以下简称“‘基础’课”），在教学过程中要贯彻十八大精神，丰富和创新道德教育内容，以应对和治理当前道德领域中的突出问题，为大学生的道德生活提供理论指南和实践指导。本文试就此发表几点看法。

一、要在唯物史观视野里认识道德领域突出问题的基本问题

（一）正视当前道德领域突出问题的客观存在

在“基础”课教育教学过程中，要有“问题意识”和“当代中国问题意识”，针对大学生在道德认知方面存在的不足和自身存在的道德问题实

* 原载《思想理论教育导刊》2014年第4期。

施“问题教学”。我国当前道德领域突出问题的存在是客观事实，国人有目共睹，大学生对此更为敏感。任何有社会责任感和道德良知的人都不应当采取回避的态度，也不应当以“问题是次要的”简单方法加以搪塞和掩饰，否则就失去了进行道德教育的前提条件。应该说，从事“基础”课教学工作的教师基本都能够意识到我国道德领域存在着一些不道德现象，但正视当前我国道德领域突出问题的客观存在，关键在于如何运用唯物史观的方法论原理科学分析和认识其社会成因与历史逻辑，阐明应对理路，防止和纠正大学生在这个问题上出现的片面看法和不良情绪，引导他们健康成长。这也是“基础”课道德教育教学的根本宗旨所在。

（二）说明当前道德领域突出问题的基本类型与主要特点

我国道德领域突出问题表现在不同范围，如在道德调节领域，存在环境恶化的生态伦理、药品与食品安全等问题；在道德建设领域，存在状态疲软和功能弱化包括少数学校道德教育的低效和缺效等问题；在道德宣传领域，存在一些不讲实效的形式主义和沽名钓誉的风头主义等问题；在道德认知和价值选择领域，个别公民存在道德信念淡化和信心缺失、信奉道德虚无主义和“道德冷漠症”等问题；如此等等。

上述这些类型的道德领域突出问题，表现出如下一些主要特点：一是存在范围广泛，正如十八大报告指出的那样几乎涉及社会生活的各个领域、各个层面；二是呈现形态顽固，多为由来已久、至今尚未得到根本遏制的“道德顽症”或“道德痼疾”，如食品、药品安全问题，以权谋私、贪污受贿问题等；三是危害程度严重，不仅直接影响中国特色社会主义经济、政治和法治建设，影响推进社会主义文化强国建设，而且极易引发民怨和社会不信任情绪，增加社会不和谐因素。有鉴于“基础”课道德教育教学的宗旨，应当在教学中联系道德领域突出问题的实际，否则就失去了应有的现实意义。

（三）分析当前道德领域突出问题的社会成因与历史逻辑

首先要认识道德的本质特性。道德作为一种观念的上层建筑根源于一定社会的经济关系并受“竖立其上”的其他上层建筑的深刻影响。恩格斯说：“人们自觉地或不自觉地，归根到底总是从他们阶级地位所依据的实际关系中——从他们进行生产和交换的经济关系中，获得自己的伦理观念。”[①]不难理解，这里所说的“伦理观念”是伴随生产和交换关系自发形成的，相对于政治和法制等物质的上层建筑建设的客观要求而言，内含先进与落后、积极与消极两种不同的因素，唯有经过一定的“理论加工”，使先进、积极的因素上升为作为观念的上层建筑的道德文化，才能真正与一定社会的经济关系及“竖立其上”的整个上层建筑相适应。这是道德文明形成和发展的客观规律。

中国的经济体制改革和发展社会主义市场经济引发的新“伦理观念”，同样内含两种不同因素。毋庸讳言，将其中先进、积极的因素通过适时的“理论加工”上升到中国特色社会主义的道德文化体系，我们尚需要继续探索。而其中落后、消极的因素由于未能适时遏制和疏导，便“乘虚”而与传统旧“伦理观念”联姻，由此在现实生活中演化为突出的道德问题。正因如此，历史地看，道德领域突出问题多出现在经济关系变革和社会体制转型的特定时期。这种历史逻辑，可以从我国社会由奴隶制向封建制过渡的春秋战国时期出现的“礼崩乐坏”、西方社会中世纪政教合一的封建制度土崩瓦解时期出现的人欲横流和极端利己主义风靡一时的历史现象中窥得一斑，尽管那些历史现象与当前我国道德领域出现的突出问题不可同日而语。同时要看到，在改革开放的历史条件下，涌进来的本来不合中国国情的异域道德，既有进步因素也有落后因素，前者作为“他山之石”为我所用尚需一个消化和吸收的过程，而后者则会自然而然地与本土正在出现的新旧“伦理观念”联姻问题汇合，对我国当前道德领域突出问题的形成起着某种催化和激化作用。

---

①《马克思恩格斯文集》第9卷，北京：人民出版社2009年版，第99页。

因此，在看待当前道德领域突出问题上，那种就事论事以至于危言耸听、发泄对于执政党和社会主义制度的片面看法和不良情绪，是背离唯物史观科学方法论原理的，于国于己都十分有害。

（四）阐明应对当前道德领域突出问题的根本理路

在扎实推进社会主义文化强国建设中加强中国特色社会主义道德建设，全面提高公民道德素质，是应对当前道德领域突出问题的根本理路。任何社会的文化体系都是真善美的统一，而其实质内涵和价值核心都是道德文化。道德文化这种生成和发展演进的特性，决定了道德文化建设必须在整个文化体系建设工程中进行，这既是它的优势所在，也是它的“短板”之处。

应对道德领域突出问题既不能完全“回到”传统道德体系，也不能全部“移植”西方道德文化，而是应当在呵护中华民族源远流长道德文化的根基、在承接中华民族优良道德传统的基础上，创建与社会主义市场经济相适应、与社会主义法律规范相衔接、与中华民族传统美德相承接的中国特色社会主义思想道德体系，以及由此逐步形成顺应时代发展、符合我国国情的道德领域。这将是一个长期、艰辛的理论探索和实践创新过程。在这样的创建过程中尤其是在其初始阶段，道德领域由于缺乏强有力的主导道德文化的引领和干预，出现一些突出问题在所难免，并不足为怪。正确的态度和科学的方法应是积极面对，在唯物史观指导下中肯地分析和认识道德领域突出问题的社会历史成因，积极参与当前正在开展的道德领域突出问题的专项教育和治理，以实际行动加强中国特色社会主义道德建设。

二、要用“道德领域”新概念组织道德基本知识和理论的教学

党的十八大报告提出一系列的新概念新观点，富含理论创新成果，“道德领域”是其中之一。“基础”课的道德教育内容多是道德基本知识和理论，应当在认识和理解“道德领域”这一新概念的前提下组织教学

活动。

（一）道德广泛渗透的生成方式形成相对独立的“道德领域”

道德，作为特殊的社会意识形态、价值形态和人的精神活动方式，不是一种孤立的社会存在，而是以广泛渗透的方式呈现于社会公共生活、家庭生活、职业生活领域以及个体品质结构中的精神现象[①]，由此而形成无处不在、无时不有的相对独立的道德领域。“领域”是指思想意识、学术研究或社会活动的范围。所谓道德领域，简言之就是与道德相关的社会精神活动范围的总称，包括道德的知识与理论、价值标准与行为规范、道德教育与道德建设、道德理论研究及其成果样式、个体素质结构中的道德品质等。道德领域本质上是实践的，而其表现形态则是理论与实践的统一体，亦即人们平常所说的道德现象世界。“基础”课关于道德的基本知识和理论是道德领域的一个有机组成部分，不是道德现象世界的全部。

（二）道德文明的社会功能与作用是以道德领域整体结构展现出来的

道德文明及其巨大的社会功能与作用，并不是单纯以道德知识和理论表现出来的，而是以“道德领域”的整体结构方式表现出来的。道德领域如果出现突出问题，也会表现为一种诸如道德知行脱节、道德理论脱离道德建设实践等相互依存和影响的“道德综合症”。因此，学习道德基本知识和理论，只是应对道德领域突出问题，使自己成为“道德人”的一个必要的认知前提，并不是其本身，更不是它的全部。如果说“学好数理化，走遍天下都不怕”是对“做事”的误解，那么，以为“读罢道德书，就能成为‘道德人’”则是对“做人”的误读。

如此来理解和安排“基础”课关于道德基本知识和理论的教育教学，就拓展了道德教育和道德学习的应有主旨与视界，在帮助大学生掌握道德基本知识和理论的同时，弥补其局限性，引导大学生立足于将来适应人生

① 钱广荣：《中国伦理学引论》，合肥：安徽人民出版社2009年版，第45—49页。

发展和价值实现之需要，自觉进行道德修养。

（三）立足于“道德领域”组织教学是“基础”课贯彻实践教学原则的要求

“基础”课组织道德教育教学的目的，不是仅仅为了让大学生知“道”，成为“道德书生”或“道德考生”，而是为了促使他们在“道德领域”内掌握道德诸方面的“实践理性”，为今后乐于践行道德知识理论、成为真正的“道德人”奠定基础。从过去教学的实际情况看，少数教师由于实践教学的观念淡薄，加上缺乏相关专业的知识与理论基础，不能立足于“道德领域”讲解道德基本知识理论，致使教学内容照搬书本知识，或者成为脱离“道德领域”的“纯粹理性”，因而“不受学生欢迎”。“道德领域”是关于道德的一种整体逻辑结构，如果立足于“道德领域”来组织和实施关于道德基本知识和理论的教学，就能最大限度地克服这种缺陷，彰显学习道德基本知识和理论的重要意义，切实提升“基础”课道德教育的教学效果和质量。如此看来，在组织和实施“基础”课道德教育的教学过程中，改造“唯书本为是”的教学模式、构建“道德领域观”的教学范式是至关重要的。

（四）立足于“道德领域”组织教学的基本路径

立足于“道德领域”组织关于道德基本知识和理论的教学，一要阐明“道德领域”这一新概念的学理含义，在“道德领域”的视域认知道德精神现象世界，并联系当代中国社会道德领域的实际情况，帮助大学生学习和掌握“基础”课的道德教育内容。二要分别阐明课本阐述的道德基本知识和理论与“道德领域”的对应逻辑关系，既要说明学习每一种道德基本知识和理论的重要性，也要指出它的局限性，说明仅仅掌握某种书本知识远远不够的道理。三要用“两分法”分析当代中国社会道德领域的实际情况，既要分析和阐明改革开放给我国经济建设带来的巨大进步和精神活力，也要依据党的十八大报告的精神梳理和指出它的突出问题所在。

三、要在积极参与专项教育和治理中担当道德修养的社会责任

党的十八大在作“深入开展道德领域突出问题的专项教育和治理”的重大工作部署时，强调指出要加强政务诚信、商务诚信、社会诚信和司法公信建设。“基础”课的道德教育教学要引导大学生积极响应党中央的号召，积极参与专项教育和治理的重大工作部署，从中接受教育，自觉进行道德修养。

（一）道德修养是一种社会责任

道德修养，是将社会道德要求转化为个体内在道德素质的过程及由此而达到的道德境界。这种转化过程，实则是在承担对于国家和民族的道德责任，也是道德上对自己负责的表现，归根到底是一种社会责任。是否自觉进行道德修养，将自己锻炼成为合乎社会道德发展进步要求的“道德人”，取决于一个人的社会责任感。就是说，是否进行道德修养、如何进行道德修养，不是纯粹个人的事情。大学生的道德修养，要抱有强烈的社会责任感，在关注社会道德生活的现实中进行。

（二）专项教育和治理是大学生有效进行道德修养的历史机遇

根据党的十八大的统一部署，目前社会上正在开展道德领域突出问题的专项教育和治理。大学生作为中国特色社会主义事业的未来建设者和实现“中国梦”的生力军，对此既不可持“事不关己，高高挂起”的自由主义态度，也不可持袖手旁观的消极态度，更不可持冷嘲热讽的批评态度。正确的态度应当是将专项教育和治理看成是加深了解社会和人生，加强自身道德修养的一次难得机遇，置身其中，积极参与，改造和优化自己的道德品质。

（三）积极参与专项教育和治理的主要途径

一是思想上的积极参与，即主动关注社会上开展道德领域突出问题专项教育和治理的发展形势。一方面，关注其成果和成功经验。另一方面，也要关注道德领域突出问题的当事人，特别要关注那些道德底线失守的违法犯罪分子，分析他们堕落的行径和过程。由此从正反两个方面实际体会道德的巨大功能与作用，增强进行道德自律的自觉性。

二是组织上的积极参与。“基础”课教师应该有选择性适当地组织大学生通过社会实践、社会调查等途径，了解社会上开展道德领域突出问题的专项教育和治理的实际情况，让“反面典型”的人与事进课堂，组织大学生开展专题讨论，用“反面教育”的方式帮助大学生领悟“正面道理”。

三是行动上的积极参与。联系大学生身上实际存在的道德突出问题，包括学纪松懈、诚信缺失、考试作弊之类的“道德顽症”，开展专项教育和治理活动。这种举措，有助于纠正一些大学生已经养成的“世人皆睡，唯我独醒”的不良品质，促使大学生反身自问和自省，确立“从我做起”的人生态度和良好品质。具体组织和实施，应当协同大学生思想政治教育的主管部门，实现课程德育与活动德育的有机统一。

综上所述，应对当前我国道德领域突出问题，将党的十八大的基本精神和要求引进“基础”课的道德教育教学过程是十分必要的，有助于促进课程的教学建设。这是一种教学创新过程，对教师提出的要求更高，课程各主管部门需要就此开展相应的教师培训和专题研讨活动。

社会主义核心价值体系指导下的大学生思想道德教育*

高校要在社会主义核心价值体系的指导下加强和改进对大学生的思想道德教育。实施这项具有战略意义的教育工程，需要以马克思主义基本原理为指导，引导大学生正确认识和把握当代中国社会出现的思想道德问题，正确理解和把握共同理想的科学内涵，创新爱国主义和民族精神教育的内容，把树立社会主义荣辱观教育渗透到大学生思想道德教育的整个过程之中。

社会主义核心价值体系既是构建社会主义和谐社会的精神支柱，也是形成全社会思想共识的基础。建设社会主义核心价值体系，以增强社会主义意识形态的吸引力，对于深化对社会主义本质的认识，推进中国特色社会主义的伟大事业，具有重大而深远的战略意义。高等学校要落实和实施这一战略任务，就要在社会主义核心价值体系的指导下加强和改进大学生的思想道德教育。

一、以马克思主义基本原理为指导，引导大学生正确认识和把握当代中国社会发展进程中出现的道德问题

当代中国社会发展进程中出现的思想道德问题及由此引发的“道德失

* 原载《思想理论教育导刊》2008年第12期，中国人民大学书报资料中心《思想政治教育》2009年第4期全文复印转载。

范”和“道德困惑”等方面的问题，带有一定的普遍性。它们已经波及大学生群体，使得一些大学生不能正确看待改革开放中出现的思想道德问题，不能正确处理个人与他人和集体之间的利益关系，盲目崇尚西方文明，否认中华民族传统美德的现代价值，有的甚至信奉个人主义、拜金主义、享乐主义的道德价值观，由此给大学生在思想道德方面的健康成长带来诸多消极的影响，使得大学生思想道德教育面临一系列新的问题。

面对这种情况，不少从事大学生思想道德教育的高校思想政治理论课教师和思想政治工作者，心存种种困惑和疑虑，有的甚至对大学生思想道德教育的必要性和有效性也产生了怀疑，信念缺失，信心不足，采取被动和盲目应付的态度。他们中的一些人涉足有关道德和人生价值观教育方面的内容，往往绕开走，回避大学生头脑里实际存在的问题。要么照本宣科地宣讲一些通用文本的道德知识，要么一知半解、生吞活剥地运用近现代西方价值论或伦理学的方法“另讲一套”，给大学生一种似是而非的“新鲜感”，结果反而增加大学生道德认知方面的混乱，甚至产生误导。这样的思想道德教育，自然不能收到应有的效果。我们时常听到这样的议论：在“道德失范”和“道德困惑”的当代中国，大学生的思想道德教育不可能收到好的效果。这种认识显然是不正确的。在任何情况下，环境条件都不会是影响思想道德教育效果的决定因素，决定因素是思想道德教育的内容及教育者驾驭教育内容和实施教育的社会历史观和方法论。只要我们运用马克思主义的基本原理进行分析和认识，当代中国社会存在的“道德失范”和“道德困惑”问题，其实是可以被用作对大学生进行思想道德教育的资源的。

在大学生思想道德教育中运用马克思主义的基本原理，就要在传授思想道德教育的文本知识的过程中，贴近改革开放和推进中国特色社会主义伟大事业的实际过程，贴近大学生的思想道德实际，在历史与逻辑相统一的结合点上把实际发生的变化分析出来，引导大学生正确地看待“道德失范”和“道德困惑”等方面的问题，使他们懂得既不能将中国社会发生的思想和道德观念的变化一概归于“倒退”，也不能将这种变化一概归于

“进步”，或者规避正在发生变化的思想道德现实。

从这点来看，对大学生进行思想道德教育最重要的不是传授某些现成的文本道德知识和理论，而是引导他们学会运用马克思主义的立场、观点和方法，正确观察和科学分析道德现象世界的现实。不难理解，这个引导的实际过程也是进行马克思主义基本原理教育的实际过程，对于思想道德教育来说具有“一举两得”的意义，可使大学生终生受益。

二、正确理解和把握共同理想的科学内涵，对大学生进行中国特色社会主义共同理想教育

进行中国特色社会主义共同理想教育首先需要正确理解和把握共同理想的内涵。理想是一个民族、一个社会的灵魂所系。马克思主义对理想问题作了科学阐述，把理想问题与人类历史发展规律内在地联系起来，使人们对理想问题有了更为科学的把握和自觉的认识。以马克思主义为指导的中国共产党人，始终坚持崇高的理想，坚持理想主义与现实主义相结合，使崇高理想成为我们党、我们民族精神生活中不可或缺的一部分。对于共产党人来说，最高理想是实现共产主义。在现阶段，建设中国特色社会主义是我们全社会的共同理想。建设社会主义核心价值体系，应该用中国特色社会主义共同理想来统一思想、鼓舞人心、凝聚力量。

当前对大学生进行共同理想教育应当围绕“立志成才”来进行，因为“立志成才”既是社会的希望和愿景，也是大学生的希望和愿景，共同理想的实现需要大学生立志成才，大学生个人理想的实现也需要他们自己立志成才。就是说，大学生与社会的一切理想的实现都离不开“立志成才”的理想的实现。“立志成才”不仅体现了社会理想与个人理想的共同性特征，也体现了近期理想与长远理想的共同性特征，体现了政治理想、道德理想、职业理想、生活理想的共同性特征。

对大学生进行中国特色社会主义共同理想教育的核心内容，应是分析党和国家的发展战略和奋斗目标与大学生的成才与价值实现之间的内在联

系，揭示和阐明两者之间的共同性特征，在“相互依存”“相得益彰”的意义上激发大学生发奋读书，立志成才。这就要求我们在进行中国特色社会主义共同理想教育的过程中，要紧密联系大学生的个人理想的实际，分析他们的近期理想与长期理想，政治理想、职业理想、道德理想、生活理想等方面的实际情况，指出其与共同理想之间的“共同性”特征，说明只有在实现共同理想的过程中才能最终实现个人理想的道理。如果不是这样来进行共同理想教育，那么，就会让大学生感到共同理想教育“与己无关”，结果难以产生共鸣，收到应有效果。

三、有机统一两个“核心”，在大学生思想道德教育中创新爱国主义和民族精神教育的内容

社会主义核心价值体系的第三个层面是“以爱国主义为核心的民族精神和以改革创新为核心的时代精神”。这是一个关乎思想道德教育内容创新的命题。这一创新命题要求我们把两个“核心”统一起来，也就是把爱国主义教育与改革创新教育统一起来，把民族精神教育与时代精神教育统一起来，以此来创新爱国主义教育。

在这个问题上，应当特别注意的是要把以改革创新为核心的时代精神融汇到对大学生进行爱国主义教育和民族精神教育的内容体系之中。改革创新作为时代精神的核心，是进一步解放生产力的必然要求，是建设社会主义创新型国家的迫切需要，是落实科学发展观、构建社会主义和谐社会的重要条件，也是社会主义建设者与接班人的必备素质。它是对中华民族以爱国主义为核心的民族精神的继承和升华，也是中华民族以爱国主义为核心的民族精神的现代形态。在今天，我们不能离开改革创新来谈论发扬中华民族精神问题，不能离开是否勇于和善于改革创新来评判一个人是否爱国。

过去，我们对大学生进行“改革创新”方面的教育比较缺乏，更多强调的是“莫忘国耻，保卫祖国，建设祖国”。毫无疑问，我们今天仍然要坚持对大学生进行以爱国主义为核心的中华民族精神的教育，要求大学生

“莫忘国耻，保卫祖国，建设祖国”，但不应当将这样的内容与“以改革创新为核心的时代精神”对立起来，而应当统一起来。

为此，我们需要转变对大学生进行思想道德教育的传统观念，更新某些教育内容，进一步突出“以改革创新为核心的时代精神”的相关内容。对于在社会主义核心价值体系指导下加强和改进大学生思想道德教育的要求来说，这是一个不容回避、势在必行的任务。

四、把树立社会主义荣辱观教育渗透到大学生思想道德教育的整个过程之中

荣与辱都属于道德范畴，荣辱观一般是指人们对荣与辱的看法和态度，荣辱观教育应作为大学生思想道德教育的重要内容。在大学生思想道德教育中进行树立社会主义荣辱观的教育，无疑要阐明荣与辱及荣辱观的含义，引导大学生看到开展社会主义荣辱观教育的重要性，看到社会主义荣辱观与中华民族历史上的荣辱观以及世界上其他民族的荣辱观的共同联系，也要看到它们之间的区别即社会主义荣辱观的现时代特征。但是，最重要的还是要把树立社会主义荣辱观的教育渗透到大学生思想道德教育的整个过程之中，不仅要渗透到“思想道德修养与法律基础”课教学的每个教学单元和环节之中，也要渗透到日常思想政治工作的每项计划和活动中，也就是说，大学生思想道德教育的内容体系要贯穿树立社会主义荣辱观教育的内容。

其所以应当如此，从学理上看是由道德的生态决定的。道德作为一种特殊的社会意识形态和价值形态，其生态形式是广泛渗透式的。广泛地渗透在维系国家安宁和社会稳定的调控系统中、各种各样的社会关系中、形形色色的“行规”和操作规程中、人的人生追求中、人的素质结构包括人的行为中，如此等等。因此，人们不能离开社会调控系统、社会关系、“行规”和规程、人生追求、人的素质结构和行为方式等来谈论道德问题，进行道德教育，对荣辱观及其教育的理解无疑也应作如是观。道德这种“无处不在，无时不有”的生态形式给人们以这样一种启示：道德观念与

价值标准，包括荣与辱的观念和价值标准都是相对独立的，除了学理性的问题以外，不可离开其他社会意识和社会活动现象来谈论道德，进行道德教育。道德教育在有些情况下之所以会变成“说教”，是因为违背了道德的这种生态形式及由此决定的道德教育法则。

这就要求我们，对大学生进行树立社会主义荣辱观教育要有“广泛渗透的意识”，自觉地把相关的教育内容包括社会主义核心价值体系本身的内容与荣辱观联系起来。就社会主义核心价值体系的教育而论，要让大学生懂得，作为社会主义中国的大学生要以学习和运用马克思主义的世界观和方法论为荣，以热爱中华民族和社会主义祖国为荣，以具备勇于和善于改革创新的时代精神为荣，以确立有中国特色社会主义共同理想为荣，以树立社会主义荣辱观为荣。为此，从事思想政治理论课的高校教师包括从事日常思想政治工作的辅导员要具备“广泛渗透的能力”，能够把树立社会主义荣辱观的教育渗透到思想政治理论课尤其是“思想道德修养与法律基础”课的教学过程中，渗透到日常思想政治教育工作中，从而引导大学生正确看待荣誉，具备应有的廉耻意识，逐步确立社会主义荣辱观。

“加强和改进”的关键是要创新*

党的十六大以来，我们已经基本上形成这样的共识：思想政治工作是做人的工作，其宗旨和功能、目标和内容，乃至方法都应围绕关心人和塑造人进行，真正体现“以人为本”的科学发展观。党的十七大报告在阐述加强和改进思想政治工作时又有一些新的提法，这些新的提法一方面表明党对加强和改进思想政治工作的高度重视，另一方面也表明党丰富和发展了思想政治工作“以人为本”的科学精神，要求思想政治工作要实行理论创新，这集中表现在：“注重人文关怀和心理疏导，用正确方式处埋人际关系。”笔者认为，贯彻落实党的十七大报告这一理论创新的精神，是加强和改进思想政治工作的关键。

“注重人文关怀”，是关于思想政治工作的宗旨和功能的理论创新。在中国古人的理解范式中，人文这一概念的内涵主要为“人事”，是相对于“天文”而言的。《易经·贲卦》之《彖辞》曰：“文明以止，人文也。观乎天文，以察时变；观乎人文，以化成天下。”中国今人对人文的理解在很大程度上受到西方人的影响，内涵一直比较宽泛，泛指一切“文化现象”。不论怎么理解和解读，人文的核心思想是“人”，是对人的关怀，尤其是强调关心人的发展和需要。要求“注重人文关怀”，就是强调要把思

---

* 原载《思想政治工作研究》2008年第1期，原标题为《“加强和改进”的关键是要创新——党的十七大报告关于思想政治工作的理论创新》。

想政治工作作为一种关怀其对象、为其对象服务的“文化现象”和“人事活动”，这就赋予思想政治工作的宗旨和功能更为概括、更为深刻的内涵。过去，我们理解和阐发思想政治工作的宗旨和功能，多是在“保障”“导向”“激励”“调节”“转化”等意义上立论的，立足点是维护社会稳定和促进社会发展的需要，解决人的“思想问题”，强调的是“思想道德教育”和“政治教育”的功能，从未有“注重人文关怀”的概括方式。这样说，不是要否认思想政治工作维护社会稳定和促进社会发展及教育与培养人的宗旨和功能，不是要主张淡化思想政治工作的思想性、政治性和道德价值，而是要强调思想政治工作要把对人的关怀放在第一位，发挥它的“保障”“导向”“激励”“调节”“转化”等功能都应当注重人文关怀，以关心人、爱护人和塑造人为根本出发点。这样来理解思想政治工作的宗旨和功能，就提升了思想政治工作的“文化品位”，深化了思想政治工作“以人为本”的科学内涵。“注重人文关怀”的理论创新，必将从根本上解决人们对思想政治工作的宗旨和功能的认识问题，纠正社会上一些人对思想政治工作的固有偏见，发挥思想政治工作应有的强大心理疏导功能，这是关于思想政治工作的内容和方法的理论创新。

改革开放以来，在思想政治工作中心理疏导已越来越受到重视，高等学校还普遍开设了心理咨询和心理健康方面的课程，设置了心理咨询机构并配备了专业工作人员。心理疏导作为思想政治工作的一个有机组成部分是一个很有意义的创举，过去在加强和改进思想政治工作的过程中发挥了不可替代的重要作用。心理疏导虽然已经取得一些成效，但目前仍然存在一些亟待解决的突出问题。其一，心理疏导的水平不高，不能适应解决心理问题的实际需要。其二，偏重心理知识的传授，调整和疏导心理问题的实际工作做得不够。其三，实际的心理调整和疏导工作往往缺乏应有的人文内涵，不能有效解决应该解决的心理问题。应当看到，心理问题一般不是孤立的，其形成和演化多与伦理问题、法理问题相关，一个缺乏道德意识和法制观念的人最容易出现心理问题。就是说，纯粹的心理问题其实是不存在的，就心理问题谈心理问题一般并不能真正解决心理问题，发挥心理疏导的作用。其四，由于存在上述问题，目前思想政治工作中的心理疏导，尚存在一些流于形式、搞花架子的问题。针对这些问题，我们应当在深刻领会党的十七大报告的精神的基础上，努力提高心理疏导的科学性和思想性。而要如此，我认为需要解决一个认识问题：不能把心理疏导仅仅看成是思想政治工作的一种方法。作为思想政治工作的有机组成部分，心理疏导既是方法也是内容，是方法和内容的统一。作为方法，心理疏导是为了解决以心理问题的形式表现出来的思想问题（伦理问题、法理问题等），因此要防止出现“泛心理化”、淡化思想政治工作“教育和培养人”的功能的偏向。作为内容，要看到心理疏导本身就具有人文关怀的思想性、政治性和道德价值，因此思想政治工作者在进行心理疏导的过程中要注意将心理疏导富含的人文精神传递给对象，使其领悟到心理疏导内容本身所具有的思想性、政治性和道德价值，帮助对象增强道德感和法制观念。只有这样做，才能真正发挥心理疏导在思想政治工作中的重要作用。

“用正确方式处理人际关系”，是关于思想政治工作的任务和目标的理论创新。这一创新的理论前提是马克思主义关于人的本质的科学论断。马克思说：“人的本质不是单个人所固有的抽象物，在其现实性上，它是一切社会关系的总和。”[①]人的本性决定了人在现实的意义上必定是社会关系的存在物，人的需要和发展都是在特定的社会关系中实现的，而现实的社会关系的具体形式就是人际关系，在公共生活空间疾速扩展的现代社会更是这样。因此，“用正确方式处理人际关系”，不仅是衡量人们的个性发展水平及其社会化程度的重要标志，也是帮助人们发展成才和价值实现的基本途径。在这种意义上我们完全可以说，教育和培养人们学会“用正确方式处理人际关系”，是思想政治工作的根本任务和目标。强调“用正确方式处理人际关系”具有很强的现实针对性。所谓“正确方式”，就是遵纪守法的方式，合乎道德文明的方式，从目前实际情况来看，不仅关于思想政治工作的论著和教科书一般不涉及人际相处和人际交往的问题，不少思想政治工作者也不涉足这一领域的问题，而且在实际生活中不注意和不能

①《马克思恩格斯选集》第1卷，北京：人民出版社1995年版，第60页。

够用正确的方式处理人际关系的情况，几乎比比皆是。强调“用正确方式处理人际关系”，反映了建设社会主义和谐社会的必然要求，把思想政治工作的任务和目标与建设社会主义和谐社会的战略任务和目标联系起来。从表现形式来看，社会的不和谐历来都表现为人际不和谐，从这点来看，把“用正确方式处理人际关系”作为思想政治工作的任务和目标，必将有助于抵制人际交往中的消极因素和腐败作风，营造文明健康的社会风尚，促进社会和谐。“用正确方式处理人际关系”，是党为实现建设社会主义和谐社会伟大战略目标向思想政治工作提出的创新性要求。

不难看出，上述三个方面的理论创新有着内在的逻辑联系。“注重人文关怀”是核心，注重“心理疏导”和“用正确方式处理人际关系”，都是从“注重人文关怀”出发的。至此，我们可以清楚地看出自党的十六大以来党关于加强和改进思想政治工作的基本思路，这就是：立足于以人为本，围绕人文关怀这个核心，在实际的思想政治工作中注意运用心理疏导的方式，帮助人们学会用正确的方式处理人际关系，在和谐的相处和交往中追求发展和成就。

人类的教育总是遵循这种“循环式”的规律：教育者以什么样的出发点，采用什么样的内容和方法，就会培养什么样的人；当这样的人成为教育者的时候，必然也会以同样的出发点、相似的内容和方法去实施类似的教育。因此，特定时代的人们要创新他们的时代，就要创新他们的教育。思想政治工作作为一种教育人和培养人的活动，无疑也会遵循这种“循环式”的教育规律，因此对加强和改进思想政治工作也应当主要在创新的意义上来理解。党的十七大提出“注重人文关怀和心理疏导，用正确方式处理人际关系”的创新任务，具有很强的现实针对性和深远的战略意义。这给思想政治工作者提出了新的更高的要求。我们应当依此为指导，以创新的理念和态度积极改进和加强思想政治工作，不断提高思想政治工作的水平。

立足科学共同体　谋求创新与发展*

——纪念《普通高等学校辅导员队伍建设规定》颁发10周年

十年前，教育部继和国务院学位办联合颁发《关于调整增设马克思主义理论一级学科及所属二级学科的通知》（简称“64号文件”）之后，颁发了《普通高等学校辅导员队伍建设规定》（简称“24号令”）。强调高校辅导员的首要职责，是“帮助高校学生树立正确的世界观、人生观、价值观，确立在中国共产党领导下走中国特色社会主义道路、实现中华民族伟大复兴的共同理想和坚定信念。积极引导学生不断追求更高的目标，使他们中的先进分子树立共产主义的远大理想，确立马克思主义的坚定信念”。这个关于辅导员队伍建设根本宗旨的规定，体现了64号文件关于思想政治教育学科的属性和使命的规定：“思想政治教育是运用马克思主义理论与方法，专门研究人们思想品德形成、发展和思想政治教育规律，培养人们正确世界观、人生观、价值观的学科。”由此可见，两个文件的精神实质与基本要求是一致的，彼此之间存在一种“科学共同体”①的逻辑理性，这就是：要求高校辅导员队伍建设必须立足“科学共同体”来谋求创新和发展。

十年来高校辅导员队伍建设所取得的突出成效的实践证明，立足“科

* 原载《高校辅导员学刊》2016年第6期。

① 科学共同体作为科学学和科学史的基本范畴，是美国当代学者托马斯·库恩提出并在其《科学革命的结构》中系统阐述其范式理论的核心概念，指的是从事一门学科研究和建设的科学工作者联盟，及其共同拥有的科学知识背景、理论框架、方法选择及话语体系。

学共同体”谋求创新与发展，既是贯彻和执行24号令精神应当认真总结和发扬光大的成功经验，也是面对新情况和新问题需要认真研究和迎接的现实挑战。

一、切实实现辅导员队伍职业化和专业化

切实实现辅导员队伍职业化和专业化，是《普通高等学校辅导员队伍建设规定》的主皋和目标，也是十年来贯彻和执行这一具有里程碑意义的文件首先需要认真总结的突出成效和成功经验。

自1953年设置高校辅导员至24号令颁发前，辅导员都是中共党组织在高校安排和分配的一项“革命工作”，并非高等教育自身分工的一种职业，更谈不上作为高等教育学科体系的一门专业和学科。这种传统的思想政治教育范式，有助于加强中国共产党对高等教育的领导和确保社会主义的办学方向，却难能适应改革开放新时期对人才培养的客观要求。2006年4月，教育部在上海召开全国高校辅导员队伍建设工作会议，正式做出一项重大战略发展决策，要求专职辅导员成为思想教育、心理健康教育、职业生涯规划、学生事务管理等方面的专门人才，推动一批优秀辅导员向职业化发展，选拔优秀辅导员攻读思想政治教育专业硕士和博士学位，实现骨干队伍向专业化、职业化方向发展。紧随其后，24号令颁发，从指导思想、主要职责、配备与聘用、培养与发展、管理与考核等方面，对高校辅导员实现职业化、专业化做出顶层设计的明确规定。

何谓辅导员的职业化和专业化？有学者基于科学发展过程和系统的学科理念，认为：“辅导员的专业化是指经过专门的教育和培训的人员走上辅导员岗位，并且在实际工作中不断提升专业知识和技能的过程。辅导员的职业化则是指要建立明确的辅导员职业定位和职业标准，统一规范的职业伦理、完善的管理机制和考核体系。”[①]2006年，教育部颁布24号令之

① 冯刚、郑永廷主编：《思想政治教育学科30年发展研究报告》，北京：光明日报出版社2014年版，第258—259页。

后，又颁布了《2006—2010年普通高等学校辅导员培训计划》，部署了实现辅导员职业化和专业化的各项规划和措施，将此项创新与发展的建设工程落在了实处。十年来，高校辅导员队伍建设正是遵循“科学共同体”的理念及其建设的规划和部署实现职业化和专业化的，其明显成效就是如同24号令要求的那样，促使辅导员“具有教师和干部的双重身份”，成为“高等学校教师队伍和管理队伍的重要组成部分”。今天，全国各级各类高校的大学生思想政治教育工作，已经为职业化、专业化的辅导队伍所覆盖。不能不说，这在新中国高等教育发展史上是一个应当永载史册的伟大创举。

这一创举，“从根本的意义上说，是为了有效应对经济全球化、文化多元化、信息网络化、就业市场化等新的世情和国情，以及由其所导致的影响高校稳定的新问题”①，而就高校辅导员人生发展来看，能够使得辅导员普遍“安心”和“潜心”于自己的工作，促使他们朝着专业化和专家化的方向发展。就是说，贯彻和执行24号令，既在职业分工的意义上确保了大学生思想政治教育工作有了切实可靠的人才保障，又解决了辅导员人生发展的后顾之忧。

二、搭建纠正“两张皮”偏向的平台

过去，高校思想政治教育长期存在“工作实务”和“理论教育”的“两张皮”问题，24号令为从根本上解决这一痼疾搭建了平台，提供了一种可能。关于这个创新，从逻辑上来分析和认识，我们可以从64号文件和24号令的主旨及其相关规定中看得很清楚。

64号文件在申明和彰显马克思主义理论学科整体性的前提下，规定思想政治教育是“专门研究人们思想品德形成、发展和思想政治教育规律，培养人们正确世界观、人生观、价值观的学科”，24号令在实现辅导员职业化和专业化的总体方针指导下，要求辅导员具备教师和干部的“双重身

① 王习胜:《高校辅导员队伍“三化”建设的成就与问题》,《思想理论教育》2012年第1期。

份”，其中有一种身份就是“教师”。不难理解，贯彻这两个文件的精神，除了将思想政治教育的“工作实务”和“理论教育”的“两张皮”整合成“一张皮”，别无选择。而要如此选择，根本的途径就是促使辅导员担任思想政治理论课的教学与研究，打造纠正“两张皮”偏向的平台。

十年来这种平台搭建得怎样？效果又怎样？需要从两个方面来看。一方面，人们对搭建这种平台的必要性和重要性有了越来越清醒的认识，并有了一些探索性的实践。另一方面，那些越来越清醒的认识尚缺乏科学共同体的理性自觉，不能基于科学共同体的理念打造纠正“两张皮”偏向的平台。这主要表现在辅导员作为教师身份“兼任”的课程多不属于思想政治理论课范畴，个别“兼任”思想道德修养与法律基础或中国近现代史纲要课程的辅导员却又多出于“评职称”的实际需要，且“羞于”向他人表露自己的这种“双重身份”。这是笔者多次借出席相关学术会议之机，通过走访和调研得出的初步看法，它或许能够在一定程度上说明这方面如今存在的问题。两个方面的情况说明，在24号令的指导下，搭建纠正“两张皮”偏向的科学共同体平台是有所作为的，却也任重道远。

实际上，高校思想政治教育在科学共同体视野里打造纠正“两张皮”偏向的平台，从逻辑上看是天经地义的，从实践上看又具有得天独厚的条件。高校思想政治教育的“工作实务”与“理论教育”，都属于马克思主义理论学科范畴，两者不过是思想政治教育领域的不同分工而已，因此应持有分工不分家——“为了一个共同的目标走到一起来了”（毛泽东语）的科学态度，共同恪守用马克思主义科学的社会历史观和人生价值观教育和培育一代代新人的职业（执业）理念。这就要求，辅导员不可将自己的执业仅仅定位在“维稳”的旧有模式上。从实践上来看，辅导员担任思想政治理论课教学是具有“近水楼台先得月”的优势条件的。他们了解学生的思想道德和政治价值观等方面的真实情况，在思想政治理论课教学中能够有效贯彻实施因材施教和实践教学的教育教学原则。

从十年来执行24号令已经取得的成效和经验及如今存在的实际问题来看，应从如下几个方面来把握继续搭建纠正“两张皮”偏向的平台。

首先，要确立把思想政治教育工作实务与思想政治理论课教学建设成为一个科学共同体的价值观，这是打造纠正“两张皮”问题之平台的认识前提。为此，有必要采取适宜的措施，促使两支队伍形成“一家人”的科学共同体意识。就辅导员而论，按照24号令的要求，要组织和协调思想政治理论课教师参与经常性的思想政治工作。

其次，要创建纠正“两张皮”问题的领导管理体制和运行机制，改变目前两套领导管理机构和制度体系的状况，这是纠正“两张皮”问题的关键所在。具体来说，领导和管理思想政治工作实务的过程应适当吸收思想政治理论课教师参与，主动吸收他们的有益意见，促使思想政治工作实务自觉地把班级管理和教育的理念和目标设计与思想政治理论课的相关教学有机地结合起来。同样，思想政治理论课教师对班级的管理和教育也应积极地参与，主动地给予有效的配合，纳入相关课程的实践教学范畴，以此改变“局外人”的传统思维方式。如是搭建纠正“两张皮”的平台，自然就有助于纠正“两张皮”的偏向，形成相互依存、相得益彰的治学风尚。

最后，围绕辅导员的“双重身份”培养他们成为“一种人才”，即思想政治教育的“学科人才”，真正促使辅导员既能擅长开展思想政治工作实务，又能胜任思想政治理论课教学，并在自己的实践中将两者有机地贯通起来的创新型人才。为此，拓展和深化高校辅导培训和研修基地的职能，丰富培训和研修的内涵，是很有必要的。

三、推进思想政治教育科学化

24号令颁发之前，高校辅导员由于长期被视为一种“工作”，因而没有提出思想政治教育科学化的要求，也就没有“科学化”的概念。党的十一届三中全会确立工作重心实行战略转移之后，随着社会的变革和思想的解放，传统的思想政治工作面临许多新情况和新问题，使得思想政治教育必须作为一门科学来对待引起全社会的广泛关注。

1980年6月，钱学森在《文汇报》上率先撰文指出：“思想政治的科学可以成为马克思主义德育学。它是以马克思主义哲学，辩证唯物主义和历史唯物主义为指导的，其基础是政治经济学、心理学、伦理学、社会学和教育学等”，并呼吁“一定要早日建立这门德育学，这门很重要的社会科学”。随之，在全国范围内逐渐形成一种呼吁推进思想政治教育科学化的思潮，这种正能量舆情很快引起党和国家高层领导的重视①。1983年，中共中央在批转《国营企业职工思想政治工作纲要（实行）》时指出：“思想政治工作是科学性、政治性、政策性很强的工作”，并提出全国各类大学“有条件的都要增设政治工作专业或政治工作干部进修班”的要求。1984年4月13日，教育部颁发了《关于在12所院校设置思想政治教育专业的意见》，标志着思想政治教育学科正式创立，64号文件的颁发则表明思想政治教育作为一门学科必须要担当推进“科学化”的使命，而24号令的颁发，则开拓了推进思想政治教育之实践科学化的坦途。

所谓科学化，一般是就建构反映事物本质和事实真相的理论包括其方法选择而言的。思想政治教育科学化，指的是把反映思想政治教育的本质特性及实践规律等基本问题的理论和学说与其建构方法有机地统一起来的过程及其成果形式，包含理论科学化和实践科学化两个基本层面。理论科学化包含思想政治教育学科的科学理论体系的建构及其方法创新的科学化，实践科学化包含高校思想政治理论课教学内容体系及教学方法的科学化、日常思想政治教育工作模式及方法的科学化②。十年来的事实证明，高校辅导员的日常工作总体上已经走上实践科学化的道路，其骄人的实践成效也多能够在理论上得到科学化的说明。毫无疑问，这两个方面的科学化成果都得益于贯彻和执行24号令。

历史地看，思想政治教育的科学化进程推动了思想政治教育学科的设立与发展，学科化与科学化本是相辅相成、相得益彰的同一种过程。从目前的实际情况看，理性把握这一过程需要立足于思想政治教育科学共同

---

① 沈壮海主编：《思想政治教育发展报告（2014—2015）》，北京：高等教育出版社2016年版，第5页。

② 钱广荣：《思想政治教育学科建设论丛》，北京：中国书籍出版社2015年版，第58、62页。

体，加深对24号令的丰富内涵和主体精神的理解，拓展贯彻和执行24号令的实际功效。

四、把握辅导员队伍建设的命运与前途

中共十八大以来，党和国家主要领导人多次在国内外重要场合用命运共同体的话语形式，表达实现中华民族伟大复兴之“中国梦”关联人类命运共同体的国际观念，这是基于唯物史观实行整体性思维的大智慧。所谓命运，一般是指事物存在的整体状态及受其内在诸要素的影响所呈现的发展变化的趋势，社会和人的命运历来都是以共同体的方式显现的，由此而构成命运共同体。把握命运的真谛和意义，在于把握现实生活共同体的发展变化的趋势及前途。命运共同体，可以依据其内涵和边界划分为各种不同的类型，大而言之有一国一民族乃至全人类的命运共同体，小而言之，有一个地区一个单位，乃至一项事业的命运共同体。从思想政治教育学科共同体内在诸要素的逻辑互动关系及发展趋势来看，它无疑也是一种命运共同体。

在纪念教育部24号令颁发十周年之际，总结其实施过程已经取得的突出成效和成功经验及面临挑战之际，不能不关注思想政治教育科学共同体的发展变化趋势，提出把握高校辅导员队伍建设的命运共同体的学理话题。

影响辅导员队伍建设科学共同体命运之诸要素中，最值得关注的应当是马克思主义理论学科的整体性和相关性，及其规定的思想政治教育的学科属性和使命。

24号令颁发以来，为了加强高校辅导员队伍建设以适应复杂的新情况新问题的挑战，学界一直有人主张将思想政治教育学科从马克思主义理论一级学科的“家族”中剥离出来，成立一门独立学科。这种意见在形式上或许会强化24号令的权威性，但是，就思想政治教育学科应具有的社会主义意识形态属性及其所承担的使命来看，也或许会淡化乃至消解高校辅

导员队伍建设的“中国特色”、背离教育部颁发24号令的主旨和初衷。

这里有必要特别指出的是，不论从哪个视角来谋求高校辅导员队伍建设的创新和发展，都不能导致高校思想政治教育脱离马克思主义理论科学共同体的视野和担当“生命线”与“中心环节”的使命。因此，如果采取移花接木、削足适履的方式考量思想政治教育学科之一级学科的定位和归属问题，是不合适的，因为这样既有悖教育部24号令的主旨精神，也有违党和国家当初与时俱进地创立思想政治教育学科的初衷，必将产生严重的负面影响。

五、结语

纵观贯彻和执行教育部24号令十年来的实践过程，谋求高校辅导员队伍建设创新与发展所取得的成就和成功经验以及面临的新情况新问题，都与从事高校思想政治教育的人们是否立足于科学共同体——共同拥有科学的知识背景、理论框架、方法和话语体系直接相关。

这样的科学共同体，呈现出四种不同层级的整体性结构。第一层级是辅导员从事思想政治工作实务的科学共同体，第二层级是辅导员思想政治实务工作与思想政治理论课教学工作的科学共同体，第三层级是思想政治教育二级学科与马克思主义理论一级学科体系的科学共同体，第四层级是思想政治教育学科与作为“生命线”和“中心环节”的全社会的思想政治工作的科学共同体，亦即基于“宏观思想政治教育学”“着眼于整体、全局、战略等层面”来理解和把握的思想政治教育的科学共同体[①]。

① 沈壮海:《宏观思想政治教育学初论》,《思想理论教育导刊》2011年第12期。

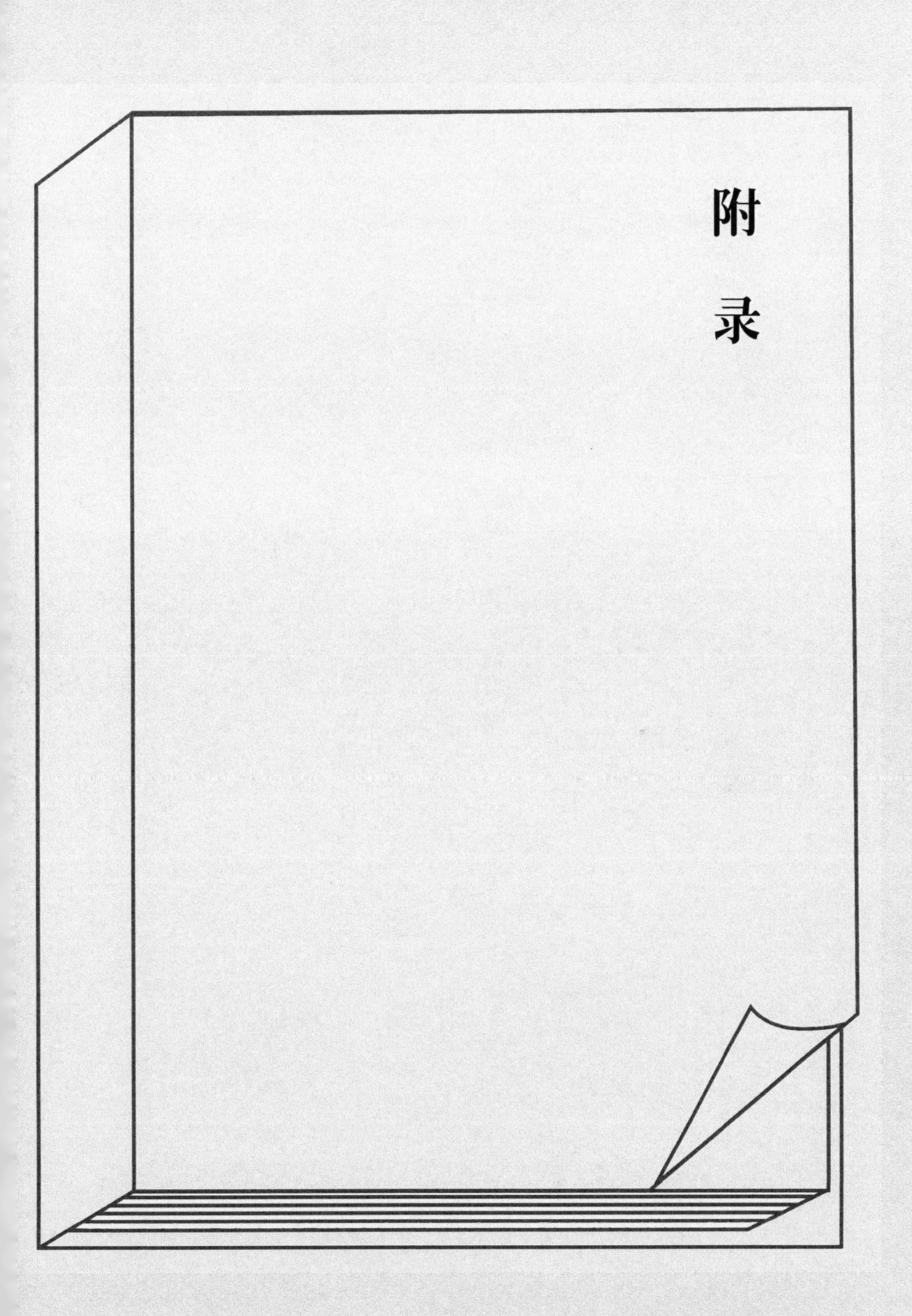
附录

简论德育与伦理学*

道德，作为伦理学的研究对象，同时也是德育的基本范畴。研究和探索德育与伦理学的关系，有助于促使这两种不同学科的相互渗透、共同发展。在学校教育的培养目标体系中，德育目标起着主导作用，而关于道德品质方面的要求又是德育目标的主体部分。所以，德育目标的结构，包含着培养学生具有优良的道德品质这个基本要求。依据这个基本要求，目前学校德育的内容主要包括爱国主义教育、以集体主义为核心的人生价值观的教育、中华民族优良传统道德教育、民族自尊心和健全人格教育、艰苦奋斗精神教育等。现代学校的德育，越来越重视实践形式的多样化和科学化，其中许多实践形式都属于道德教育活动范畴。如思想品德课教育，“学雷锋，树新风”活动，大学生的社会实践活动，等等。各级各类学校的德育工作者（中、小学的班主任和少先队辅导员，大学里的政治辅导员或学习导师、班主任）既不同于专业课和文化课教师，也不同于党务和政工干部，他们是一批特殊的教师。在任何一个历史时代，社会对这些人的素质要求都是相当高的。因为他们的素质如何直接影响着德育工作的质量和水平，关系着下一代的成长，而他们的素质如何又多与他们的职业道德水准如何直接相关。

由上可见，德育活动中的目标、内容、方法和德育工作者的素质结构

* 原载《道德与文明》1995年第5期。

等，都无不渗透着道德问题，因而都需要伦理学的支持。

从根本上来说，德育通过道德与伦理学建立起来的这种联系，是由德育与伦理学的本质决定的。德育在本质上是特定历史时代统治阶级意志的反映。其目标和任务，就是要把反映特定生产关系的政治思想观念、道德意识和行为规范传授给后代，转化为他们每个人的价值观念、意志、情感和行为习惯。伦理学作为一种知识和价值观念体系，反映了特定时代关于人生和道德的价值导向，本质上是一种“统治阶级的思想”。马克思、恩格斯曾经指出：“统治阶级的思想在每一时代都是占统治地位的思想。这就是说，一个阶级是社会上占统治地位的物质力量，同时也是社会上占统治地位的精神力量。支配着物质生产资料的阶级，同时也支配着精神生产资料，因此，那些没有精神生产资料的人的思想，一般地是隶属于这个阶级的。”[①]古时候，“创造”“占统治地位的思想”包括伦理思想的官吏和各种文化人，都是从学校里走出来的。因此，“创造”伦理思想的“生产资料”，虽然从根本上来说决定于特定社会的经济关系及其上层建筑，但直接的来源则是学校教育尤其是德育。就是说，学校德育用既成的伦理思想培养官吏和各种文化人，这些人走出校门后又根据德育所获去实践和“创造”以德治世的各种伦理道德观，德育与伦理学血缘般的关系，就是这样建立起来的。

我国是一个重视德育与德治的国家，德育与伦理学之间血缘般的联系源远流长。两千多年来自孔子推崇“学而优则仕”始，德育因为德治提供人才而与德治发生了直接的联系，前者成为后者的基础和保障。教育家们在其教育学生的过程中，同时也阐发了他们关于以仁待人、以德治世的伦理思想。孔子教育其弟子所说的“为政以德，譬如北辰居其所而众星共之”[②]，“政者，正也。子帅以正，孰敢不正”[③]，“其身正，不令而行；其身不正，虽令不从”[④]，等等，都既是德育内容，又是以德治国的伦理思

①《马克思恩格斯选集》第1卷，北京：人民出版社1995年版，第98页。

②《论语·为政》。

③《论语·颜渊》。

④《论语·子路》。

想。完全可以这样说：德育的实施和伦理思想的形成，在历史上本来就是同步行进、浑然一体的。正因为如此，历史上大凡教育家也是伦理思想家，他们的思想和学术成就，在其时代既是教育思想的代表，也是伦理思想的代表，在教育思想发展史和伦理思想发展史上都得到了确认。

新中国成立后，德育与伦理学之间的这种联系，曾一度被割裂开来。20世纪80年代初恢复伦理学研究以来，德育与伦理学之间的传统关系开始复醒，有些人还曾研究过属于社会主义的“教育伦理学”，并出版过一些著作或教材。但是，总的来说，德育与伦理学的关系现状，还远远不能适应这两门学科的发展。从德育工作方面来说，目前存在的主要问题是主动与伦理学联系不紧。主要表现在：第一，关于德育目标与内容的设计，缺少伦理学的理论说明。第二，对从小学生、中学生到大学生的思想品德教育，缺少一个合乎逻辑的系统的伦理学的理论说明和操作设计。第三，德育教师，包括大学里的政治辅导员和中小学里的班主任，他们的知识结构与其系统地对学生进行思想品德教育的职责要求，存在较大的差距。不少人对于什么是道德，应当用什么样的道德标准和活动方式教育与引导学生，知之甚少，而他们又缺少学习和把握伦理学的自觉性和主动精神。因此，他们所能给学生的，往往也就是大纲、规范和规则所列的那些条条，停留在知其然而不知其所以然上面。德育是一门科学，这在当代中国的教育界已经成为一种共识。改革开放以来，许多德育工作者和社会有识之士，为把德育真正建设成一门科学，做出了不懈的努力。但毋庸讳言，德育还没有真正成一门科学。这与德育没有主动与其他学科尤其是伦理学联手直接相关。从伦理学研究方面来说，目前存在的主要问题是与德育联系的积极性不高。如前所述，伦理学与德育的密切联系是在学校里形成的，“传道、授业、解惑”的教师们在这方面起着穿针引线和担当主角的重任。今天令人费解的是：伦理学界有些研究人员本身就是教师，却极少关注身边的德育问题。笔者常自问：亿万青少年和娃娃们的道德教育与道德养成，维系着中华民族的前途和命运，伦理学研究如果脱离德育，会不会有适应时代要求的大发展？

总之，自觉、积极地建立起德育与伦理学之间的密切联系，既是历史传统又是现实需要。当前应当从两个方面努力：一方面，德育工作要学习和研究伦理学，主动寻求伦理学的支持和帮助。另一方面，伦理学工作者要时常走出书斋，深入德育工作实际，寻找伦理学研究的新课题，主动与德育工作者合作，共同分析、研究、设计德育工作的新方案，从而拓宽自己的发展道路。

历史唯物主义视野：中国伦理学研究与建设的应有理路*

中国伦理学研究自20世纪80年代初复兴以来的发展过程大体上可以描述为两个阶段。第一阶段，90年代初邓小平南方谈话发布即大力推进社会主义市场经济以前，大体同改革开放直接相联系，围绕“改革与道德”的时代主题表现出干预和指导现实生活的固有气派。第二阶段，在市场经济以不可阻挡之势的大潮形成之后，面对越发“严重”起来的“道德失范”问题，干预和指导现实生活的固有气派开始退落，伦理学人开始感到困惑，在退落和困惑中有的渐渐失语或归隐“自娱自乐”的书斋，而更多的人则坚持探索。其间，西方后现代伦理思潮特别是德性伦理思想纷至沓来，在给中国伦理学研究与建设吹来新风的同时又添加着新的困惑。有学者曾就此言简意赅地指出，人们的顾虑在于，在现代社会和现代人基本生活方式日益公共化、因而越来越依赖于社会基本制度规范的公共治理和公共秩序的情形下，作为一种仅仅基于个人人格角色和特性品格的目的论价值伦理，美德伦理和美德伦理学如何可能实现具有普遍有效性和正当合理性的理论重建？①

“困惑”和“顾虑”提出的问题实质是：推崇社会普遍原则的传统伦

* 原载《理论建设》2009年第6期。

① 秦越存：《追寻美德之路：麦金太尔对现代西方伦理危机的反思》，北京：中央编译出版社2008年版，序言第2页。

理似乎正在失落其话语权，而崇尚个体自觉精神的美德伦理学又很难找到自圆其说的理论支点，中国伦理学研究与建设的逻辑路径在哪里？由于难解"困惑"和"顾虑"，中国伦理学出现了远离中国社会现实生活的边缘化趋势。改变这种趋势的逻辑途径不可能是别的，只能是实行理论创新，而实行理论创新的首要前提就是必须在历史唯物主义的视野内厘清研究与建设的应有理路。

一、应反映中国特色社会主义现代化建设的客观要求

我们正在建设中国特色社会主义现代化国家。中国特色社会主义，是指把马克思主义的普遍真理同中国的具体实际结合起来走适合中国特点的建设与发展道路，即一方面坚持马克思主义的基本原理，走社会主义道路，另一方面坚持从中国的实际出发，走自己的道路。中国特色社会主义现代化建设，要有中国特色社会主义道德文明与之相适应。这样的道德文明，应既不同于中国传统（包括中华民族传统和中国革命传统）的道德文明，也不同于新中国成立后计划经济年代的道德文明，更有别于现代资本主义社会的道德文明，同时又能体现与后三种文明样式之间的某种逻辑联系。毋庸讳言，中国伦理学研究与建设离这种道德文明样式的目标要求还有相当大的距离，不少从事伦理学研究和道德建设的人甚至还缺乏这方面的自觉意识。

道德作为一种特殊的社会意识形态和价值形态，根源于一定社会的经济关系。恩格斯在批评杜林抽象地谈论道德、善与恶的观念时指出："如果我们看到，现代社会的三个阶级即封建贵族、资产阶级和无产阶级都各有自己的特殊的道德，那么我们由此只能得出这样的结论：人们自觉地或不自觉地，归根到底总是从他们阶级地位所依据的实际关系中——从他们进行生产和交换的经济关系中，获得自己的伦理观念。"[①]这个历史唯物主义的著名论断，在根源的意义上揭示了道德与经济的本质联系，同时也合

①《马克思恩格斯选集》第3卷，北京：人民出版社1995年版，第434页。

乎逻辑地揭示了道德与“竖立”在经济关系基础之上的政治与法制等上层建筑之间的联系，以及现实道德与历史道德之间的逻辑联系。改革开放以来，中国社会的“生产和交换的经济关系”及其“物质活动”已经发生重要的变化，“竖立其上”的政治和法制等上层建筑也发生了重要的变化，在历史唯物主义视野里，中国伦理学研究与道德建设在基本理路上无疑应当能够反映这种变化在客观上对道德建设提出的要求。

首先，应与坚持和倡导社会主义核心价值体系和核心价值观保持一致性。社会主义核心价值体系和核心价值观是社会主义意识形态的本质体现，主体结构和基本精神多与伦理道德有关，或本身就属于伦理道德范畴。因此，伦理学的理论研究要坚持运用唯物史观的方法论原理分析和说明社会道德现象，贯彻马克思主义中国化最新成果的基本理念和基本精神；在道德建设的实践中要坚持用中国特色社会主义的共同理想教育人，把以爱国主义为核心的民族精神和以改革创新为核心的时代精神结合起来，用社会主义荣辱观引领社会道德风尚和个人修身。概言之，就是要把社会主义核心价值体系与核心价值观的本质内涵和基本精神贯彻到伦理学的理论研究和道德建设的实践过程中。这既是坚持和倡导社会主义核心价值体系和核心价值观的必然要求，也是当代中国伦理学研究与道德建设的使命和生命力之所在。

其次，要建立反映中国特色社会主义现代化建设客观要求的道德体系。党的十六大报告提出了“要建立与社会主义市场经济相适应、与社会主义法律规范相协调、与中华民族传统美德相承接的社会主义思想道德体系”的战略任务，党的十七大报告在重申这一战略任务时又强调指出，中国特色社会主义道德文明要“与当代社会相适应、与现代文明相协调”。这是基于唯物史观提出的建立中国特色社会主义道德体系的方法论原则，反映了中国特色社会主义现代化建设对道德文明提出的客观要求。不难理解，在此方法论原则指导下建立的社会主义道德体系，必须以公平观念和价值标准为基本原则和核心范畴。公平是历史范畴，不同阶级、不同时代有不同的公平观念和评价标准，但是不论是何种公平，其要义和实质内涵都是关于权利与义务的相对平衡或对等。公平是社会主义市场经济“生产和交换的经济关系”的生命法则，人们在其中获得的“伦理观念”是关于公平占有资源和公平交换的观念；一切法律都是为了维护权利与义务之间相对的公平关系而设置的，司法其实就是“司公平”，社会主义的法律更应当作如是观；而今天看中华民族传统道德，其真正可称为“美德”的部分也都应该包含公平的价值因子，如“己所不欲，勿施于人”[①]，“己欲立而立人，己欲达而达人”[②]等。应当看到，在历史唯物主义视野里，以公平为道德体系的基本原则和核心范畴是一项富有挑战性的创新课题，理解和把握这一课题的基本理路是必须要引进“道德权利”[③]这一概念，在道德权利与道德义务相对应的意义上创新伦理学的相关理论和道德建设的相关实践。这将是一个长期的探索过程。

最后，重估和重释以前倡导和恪守的一些重要的道德观念和价值标准。中国人传统伦理思维方式和行为选择习惯具有明显的义务论倾向，新中国成立后一段时间，我们受到片面高扬道德义务而鄙视道德权利的“左”的思潮的影响，致使我们误解和误用了一些重要的道德观念和价值标准。比如集体主义原则，过去解读和倡导其基本内涵和基本精神的范式是：“集体利益高于个人利益”“当两者发生矛盾的时候要求个人服从集体”。这种理解其实是不符合人民群众当家作主的社会主义精神的。在我看来，集体主义的基本内涵和基本精神应当作这样的解读和倡导：集体主义确认集体利益与个人利益是平等的，因而主张把两者结合起来，实行共同发展，当两者发生矛盾而又不能调和的情况下要求个人服从集体，亦即个别人的“个人”服从多数“个人”的“共同体”。这样来理解集体主义，可以得出两点结论：其一，集体主义原则不是社会主义道德的最高原则，

---

①《论语·卫灵公》。

②《论语·雍也》。

③ 1985年底，在广州召开的全国伦理学学术研讨会上，一位学者在其提交的文章中公开提出“道德权利”的概念。此后，在一些报刊上时而可见关于道德权利的研究论文，此词至今犹在，但一直未被视作一种伦理学的范畴，没有进入较为流行的伦理学教科书的知识体系。这种滞后状态，其实是规避历史唯物主义视野导致的，很不正常。

而是基本原则，其精神与社会主义的法律原则是一致的；其二，社会主义的集体主义原则也就是社会主义的公平与正义原则，两者在本质上是一致的。再比如为人民服务，它本是共产党人的政治道德，是关于调节党和人民群众之间的利益关系的道德原则，不应当在“特等公民”或“救世主”的意义上来加以理解和阐发，而应当在“人民拥护和选择我们，我们应当为人民服务”的权利与义务相对应的公平原则的意义上来加以重释。与为人民服务相关的还有“全心全意为人民服务”，乃至“大公无私”这样的高标准的道德准则，本是党依据自己的章程对共产党人提出的职业道德要求，真实的含义应作“不要带着谋私的用心”来做“公仆”，而不是说共产党人不能有“私心”，不能谋求个人“私利”。共产党员走出执政的职业活动领域，与普通的人民群众的利益需求和认同不应该有什么不同。如此等等，都需要运用“反映中国特色社会主义现代化建设的客观要求”的价值尺度，进行重新评估和说明，赋予其新的生命力。

二、应关注人民群众在道德文明创建活动中的主体地位

在历史唯物主义视野里，人民群众是创造世界历史的真正动力，是推动历史发展和进步的主体力量。然而，过去人们理解这个唯物史观的基本观点多限于创造物质财富和推动政治变革的视域，很少关注人民群众在道德文明创建中的主体力量和主体地位。存在这个问题，与伦理学研究与道德建设缺乏人民群众观念是直接相关的。党的十七大报告在阐述推动社会主义文化大发展大繁荣时强调指出，“要充分发挥人民在文化建设中的主体作用”，这里所说的“主体作用”无疑包含人民群众在道德文明创建活动中的主体作用。

对此，笔者在一篇拙作中表达过这样的看法：人民群众在道德文明创建活动中的主体地位和主体作用，从根本上来说是由精神文明的生产方式决定的。人民群众在物质生产和交换的实际过程中一方面创造着物质财富，另一方面也随之创造着包括道德文明在内的精神财富，虽然这样的道

德文明在初始阶段还只是“伦理观念”，并不具有鲜明的意识形态特质，但却是构建道德意识形态最重要的思想质料。笔者同时认为，人民群众在道德文明创建活动中的主体地位和主体作用，可以从“承担主体”“评价主体”和“接受主体”[①]三个方面来进行具体分析和理解。道德文明是人类精神文明体系的核心，也是人们精神生活的基本需求；人民群众的道德认知以“得其道于心而不失之谓”的结构方式反映特定历史时代的“民心”和“民风”；道德又以广泛渗透性的生成和演进方式，与每个人的精神生活和行为选择息息相关。这就要求中国伦理学研究与建设必须关注人民群众在创建道德文明中的主体地位和作用，反映人民群众对道德和精神文明的需求和意见，具有“人民性”的特质。

为此，中国伦理学研究与建设要走中国化和大众化的发展道路。中国化，是相对于“西方化”而言的，走中国化的发展道路也就是要吸收西方先进的文明因素。这里重要的问题是，评判“先进”的标准应是有益于中国特色社会主义道德文明体系的建设与发展，符合广大人民群众对道德和精神生活的要求，而不能是别的。中国传统伦理思想博大精深，却长期没有西方伦理思想那样的学科范式。19世纪末开始，在西学的影响之下中国伦理人渐渐有了学科意识，但多为“伦理学在中国”的建构范式，缺少“中国化”的风采。新中国成立后伦理学研究与建设一度中断，趁着改革开放特别是进入第二个发展阶段以来，在“面向现代化，面向世界，面向未来”的战略思想指导下，引进了大量的西方伦理道德价值观。这样的引进无疑是十分必要的，但同时也应当看到我们尚缺乏“中国化”的转化意识，更没有形成“中国化”的转化机制，处在自发引进、自发传播、自发影响的阶段，对中国伦理学研究与建设所发生的作用是不确定的。确立“中国化”的转化意识和机制，关键是要有“道德国情观念”[②]。中国伦理

① 钱广荣:《历史唯物主义视野:人民群众在创建道德文明中的主体地位》,《皖西学院学报》2009年第4期。

② “所谓道德国情,是指一国之中实际存在的一切与道德有关的社会现象,包含道德社会意识形式、社会道德风尚和国民的风俗习惯,通常表现为国民的精神生活方式和精神生活需要。”参见钱广荣:《中国道德国情论纲》,合肥:安徽人民出版社2002年版,第5页。

学研究与建设需要接受道德国情观念，在分析道德国情的基础上，以中华民族优秀的传统伦理道德文化为背景、从中国特色社会主义现代化建设对道德建设提出的客观要求出发，借鉴和吸收西方先进的文明因素。大众化，直接表达了人民群众在道德文明创建活动中的主体地位与作用。它要求中国伦理学研究与道德建设在目标设计、内容安排和方法运用上都应当有大众化的观念，要以人民群众理解不理解、满意不满意、高兴不高兴为评判理论是否科学、实践是否有效的标准。伦理学人不能只是板着面孔说道德，让人民群众感到高高在上；也不要只顾洋洋洒洒地“自娱自乐”，让人民群众感到“不在场”。

三、应科学说明中国社会主义改革进程中出现的道德问题

中国社会主义改革进程中出现道德问题是事实，描述它可以一言以蔽之：“道德失范”及由此引发的“道德困惑”。“道德失范”是客观存在的道德现象，“道德困惑”是对“道德失范”的感知，其典型特征是“说不清，道不明”。从实际性状看，“道德失范”和“道德困惑”的“道德问题”是以“自相矛盾”的性状而存在的，伦理学研究对此不可持简单的干预或指导的态度，而应深入其中作细致具体的分析，这需要借用逻辑悖论的思维方式①。

中国社会主义改革历史进程中出现的道德问题，主要发生在传统道德（包括革命传统道德）与借助改革开放之风萌动和生长着的新“伦理观念”及“放”（引）进来的资本主义道德文明之间。矛盾的焦点是如何看待传统道德包括革命传统道德在新的历史条件下的存续理由，矛盾的实质是如何澄明新“伦理观念”的逻辑走向和资本主义道德文明可以为我所用的某

① 从学科的相关性来看，伦理学同逻辑学与美学本属于一个“学科家族”，它们的方法本是可以“相互借用”的。埃德蒙德·胡塞尔认为：“从传统上讲，真、善和美都是作为并列的哲学观念被提出，并且作为与之相适应的、平行的、规范的哲学学科被接受下来的，这就是逻辑学，伦理学，美学。”参见[德]埃德蒙德·胡塞尔：《伦理学与价值论的基本问题》，艾四林、安仕侗译，北京：中国城市出版社2002年版，第1页。

些因素。矛盾的性状是“自相矛盾”，如：依据“推己及人”的传统道德文化的“背景知识”，经过“严密无误的逻辑推导”可以得出张扬个性和“推己及人”都合乎道德或都不合乎道德的“矛盾等价式”；依据“毫不利己，专门利人”的革命传统的“背景知识”，经过“严密无误的逻辑推导”同样可以得出革命传统道德“过时了”和“不可丢”的“矛盾等价式”；依据西方个人主义的“背景知识”，经过“严密无误的逻辑推导”也可以得出“个人本身具有至高无上的价值”的实践张力既可导向善也可导向恶的“矛盾等价式”[①]，如此等等。这些“道德问题”在制造善恶同在的“道德失范”的同时，把很多人（包括一些主管道德教育和道德建设的人）抛进“不知所是”“不知所从”和“不知所措”的“道德困惑”之中，不少人因难得其解而正在消解自己对道德价值的信念和道德建设的固有信心，一些伦理学人之所以渐渐失语或走向“自娱自乐”也与此有关。由此看来，中国社会主义改革与发展进程中出现的“道德失范”及由此引发的“道德困惑”，并非“新旧对峙”或“以新替旧”、“中西相斥”或“以西替中”的矛盾和困扰，而是特殊的道德悖论问题。由于道德选择（包括不是直接意义上的道德选择却富含道德价值的选择）和价值实现过程受到主体自身本有条件的限制、不变因素和可变因素的影响，所以在结果的意义上出现善与恶同在的道德悖论现象是在所难免的，具有某种意义上的普遍性，当社会处于变革时期尤其是这样。

道德悖论问题是一个“问题群”，大体上由道德悖论现象、道德悖论感知、道德悖论理论和道德悖论解悖等构成，其中道德悖论现象是道德价值选择（包括不是直接意义上的道德选择却富含道德价值的选择）和实现过程中发生的善恶同显同在的自相矛盾现象，它是整个道德悖论问题的客观基础，也是道德悖论研究的出发点。道德悖论现象被发现和揭示，借用逻辑悖论的方法。逻辑悖论是一种“合乎逻辑”的特殊矛盾，它不是形式

① 研究逻辑悖论的著名学者张建军教授认为，严格意义上的逻辑悖论必须具备三个结构要素，即“公认正确的背景知识”“严密无误的逻辑推导”“可以建立矛盾等价式”。参见张建军：《逻辑悖论研究引论》，南京：南京大学出版社2002年版，第7页。

逻辑意义上的思维混乱即“思想错误”，也不是辩证逻辑所反映的事物的固有本性的“对立统一”规律，而是“正确的思想错误”。道德悖论不是一般悖论逻辑意义上的“正确的思想错误”，也不是客观事物固有的“对立统一”规律，而是在道德实践中主观见之于客观的悖论现象，是依据悖论逻辑的“三要素”的建构方法评判道德实践的过程及结果发现的“正确的行为错误”，本质上是一种善果与恶果同现同在、呈自相矛盾状态的“道德悖行”“道德悖境”和“道德悖态”。

当代中国改革与发展进程中出现的“道德失范”和“道德困惑”多正是这样的道德悖论问题。解决道德悖论问题不可简单地用“批判继承”或“批判吸收”的方法，而是要运用逻辑悖论的“解悖”方法。不过，道德悖论现象的“解悖”多是有限的，想要避免道德价值选择与实现过程出现“恶果”一般是不可能的，这是与逻辑悖论解悖不同的地方。

四、优化思维品质和产品质量

上述几种应有理路是针对目前中国伦理学研究与建设存在的不足而提出来的，当然，不能因此而认为这些就是中国伦理学研究与建设应有理路的全部。实现这三种应有理路，中国伦理学人需要优化自己的思维品质和产品质量，这又是一个关键性的应有理路。

把握这一关键性的应有理路，我以为应明确三点认识。其一，中国特色社会主义现代化建设事业是中国共产党和中国人民的伟大创举，如上所说适应这一伟大创举需要创建不同或有别于其他文明样式的新型的道德文明，这就要求伦理学人必须具备“古为今用”“洋为中用”的思维品质。其二，人类几千年来的伦理学研究与道德建设多是在阶级对立的矛盾运动中进行的，“士”阶层担当着主要任务，养成了“以德治民”的思维习惯，难以在自己的作品中自觉地肯定和说明人民群众在道德文明创新活动中的主体地位和作用，展现“人民性”的风骨。其三，改变“伦理学就是道德哲学”的思维方式。这种由来已久的思维方式使得我们至今仍然把伦理学归于哲学，习惯于用哲学思辨的方法追问道德的本体问题和语言规则，致力于构建道德形而上学体系。这样说，不是要否认中国伦理学研究与建设同样需要有关于“纯粹理性”的道德理论，而是要强调中国伦理学研究与建设目前缺少关于“实践理性”的道德说明，希望中国伦理学研究与建设在促使道德文明反映中国特色社会主义现代化建设、关注人民群众在道德文明创建活动中的主体地位、说明中国社会主义改革与发展进程中出现的道德问题等方面，应有所作为，有大作为。

置疑“德育生活化”*

“德育生活化”学说借如今德育存在某些脱离实际生活的现象而提出对德育实行“生活化”的全面改造和转型的主张，是不正确的。它的核心概念没有特定的对象和确定的含义，主要观点和主张缺乏科学的理论依据，不能正确反映德育的本质和目标与任务。这种学说主张若广为流行势必会造成德育基本理论的混乱，误导德育实践。

近几年，我国德育理论研究领域出现了一种“德育生活化”的学说主张，它因如今德育存在某些脱离实际生活的现象而主张对德育实行“生活化”的全面改造和根本转型。笔者仔细研读相关文论后发现，所谓“德育生活化”也就是“生活化德育”，其核心概念——“生活”并没有特定的反映对象，内涵既不确定也不统一，主要观点多缺乏科学的理论依据，不能正确表达德育的本质和目标与任务。

“生活”是“德育生活化”学说的核心概念，也是整个学说主张的立论基础。然而大多数主张者并没有就“‘生活’是什么”给出明确的界说意见，不少人甚至连界说“‘生活’是什么”的意识也没有。

诚然，在日常生活中，“生活”是一个含义十分宽泛而不确定的名词，我们可以不去考究它的特定含义。但是，作为一种学说主张特定的核心概

* 原载《思想理论教育导刊》2011年第12期，中国人民大学书报资料中心《思想政治教育》2012年第3期全文复印转载。

念和立论基础，“生活”则必须要有特定的反映对象和确定、统一的含义，这是学说研究和建构的逻辑前提。“德育生活化”学说因缺失这个逻辑前提而实际上带有某种伪命题的性质。

在任何历史时代，德育所处于和面对的“生活”都是特定的、具体的、现实的，不仅有种类差别意义上的内容和形式的不同、质量与属性差别意义上的“好生活”与“坏生活”（陶行知语）的不同，也有社会制度和国情差别意义上的“本土”和“异域”的不同，如此等等，表明“生活”是一种丰富而又复杂的“现实生活”。试问：作为“德育生活化”的核心概念和立论基础的“生活”所指究竟是哪一种“生活”？如果不是专指哪一种或哪一方面的生活，而是指整个丰富又复杂的“现实生活”，那么，我们当如何确定德育的目标、任务和内容乃至原则与方法呢？

一些“德育生活化”的主张者可能意识到存在这种致命的“硬伤”，于是便试图自圆其说。有的主张者说：我们的“生活”指的是“学生生活”或“学生的现实生活”[①]。然而殊不知，如是解说“生活”又出现了一个新的逻辑矛盾：“学生生活”或“学生的现实生活”是不是特定历史时代的“现实生活”的一个组成部分或一种缩影？若不是，那么“学生生活”这“一方净土”是怎么形成的？如果说离不开发挥德育（课程德育和校园文化德育）之功能，那么，德育与“生活”的关系在这里岂不陷入自相矛盾，从而使得“德育生活化”学说被“先在”地植入逻辑悖论的“基因”了吗？观此“悖论基因”的演绎方向和实践张力，人们无论如何都不可能推断出“德育生活化”或“生活化德育”的逻辑结论来。

还有的主张者解释道：“德育生活化”的“生活”所指既是特定历史时代的具体的“日常生活”，也是“非日常生活”，即“不可直接感知的抽象”的“超越个体日常生活”的“有组织的或大规模的社会活动层面”，包括“人类精神生产和生活”。因此，“‘德育生活化’之‘生活’应该是指包含日常生活和非日常生活的生活世界。”[②]不难看出，用这种似是而非

① 李卫平:《德育生活化的理性阐释》,《周口师范学院学报》2009年第1期。

② 何庄:《德育生活化理念概说》,《哈尔滨学院学报》2008年第2期。

的“生活世界”来“化”德育，便抹掉了德育改造和优化“日常生活”的社会使命和社会功能。所谓“非日常生活”之所以存在与可能并不是自发的，它本来就与发挥德育之社会功能密切相关。德育从思想道德和政治素质方面为“日常生活”提供必需的人格样式和优化推动力，赋予其“非日常生活”的特性，“非日常生活”又为德育提供新的内容和方法途径方面的资源与质料，这才是德育与“生活（生活世界）”之间实际存在的意义关系和应在理论层面建构的认知逻辑。

概言之，在特定的历史时代，德育所处于和面对的“生活”，既不是“学生的现实生活”，也不是似是而非的“包含日常生活和非日常生活的生活世界”，而是丰富而又复杂的“现实生活”。德育与“生活”之间，历来都是一种相互依存、相互促进、共同发展和进步的辩证统一关系，而不是一方“化”另一方的关系。“生活”作为复杂的现实环境和资源因素影响德育，德育不可置“生活”于不顾，但也不可因此而将就甚至迎合“生活”。在每个历史时代，德育在汲取“生活”营养和运用“生活”平台的同时都担载着优化、改造和引领“生活”的社会使命。如同“生活德育化”的命题不合逻辑一样，“德育生活化”的命题也是不能成立的。

进一步来看，“德育生活化”学说把握“生活”这一核心概念和立论基础之所以会出现如上所说的问题，是因为它没有运用科学、理性的思辨方法，揭示“生活”的本质特性。它对“生活世界”的认识，借助的是经验描述和归类的方法，所获得的只是“生活”的现象，因此不可能赋予“生活”以明晰、统一的特定内涵。这种“生活”对于德育而言并不具有科学的认知意义，更不具有指导实践的实际价值；用这种“生活”来“化”德育，势必会从根本上抹杀德育的意义和价值。

“德育目标来源于生活”是“德育生活化”学说的核心观念和主张，其他的观点和主张如“德育以生活为中心”“根据学生的现实生活制定德育内容”“德育回归生活世界”等，都是依据这个核心观点和主张演绎出来的。

为什么说“德育目标来源于生活”？较具有代表性的解答是：因为

“人是社会的人，不可能生活在真空中。正因为这样，德育目标应当来源于学生的生活”[1]。有的主张者进一步武断地解释道：因为“生活化是新世纪德育的本质属性”[2]。这样来理解和阐释德育目标和德育的本质属性，显然是不正确的。

德育目标是“培养什么样的人”的问题，它涉及德育的本质，因此谈论德育目标不可离开把握德育本质问题的基本理路。德育本质上反映的是特定历史时代的国家意志和社会理性，因此一般以国家法规或法令的形式予以颁布，明晰而统一。在德育本质的问题上，不存在“旧世纪”与“新世纪”的差别，不存在是否背离国家意志和社会理性的差别，也不存在本质上是否脱离生活因而需要“向生活回归”的差别。不论是在社会本位还是在以人为本的教育理念支配下，对德育目标及其所体现的德育的本质问题都应当作如是观[3]。1995年，当时的国家教育委员会先后颁发了《中学德育大纲》和《中国普通高等学校德育大纲》，明确规定中学的德育目标是把全体学生培养成为热爱社会主义祖国的具有社会公德、文明行为习惯的遵纪守法的公民。高等学校的德育目标是：使学生热爱社会主义祖国，拥护党的领导和党的基本路线，确立献身于有中国特色社会主义事业的政治方向；努力学习马克思主义，逐步树立科学世界观、方法论，走与实践相结合、与工农相结合的道路；努力为人民服务，具有艰苦奋斗的精神和强烈的使命感、责任感；自觉地遵纪守法，具有良好的道德品质和健康的心理素质……并从中培养一批具有共产主义觉悟的先进分子。今天，对这两个大纲关于德育目标的规定是否需要实行与时俱进的调整和补充，自然可以或应该加以探讨，但是有一点是必须肯定的：德育目标必须反映党所领导的社会主义国家的国家意志和当代中国社会改革与发展的客观要求，而不是“来源于生活”，其“培养什么样的人”的本质属性不能因为进入

① 康淑霞：《德育生活化——增强德育效果的新途径》，《教书育人》2006年第6期。

② 徐涛、齐亚静：《新世纪德育：向生活回归》，《湖南师范大学教育科学学报》2004年第1期。

③ 反映在德育目标问题上，“以人为本”的理念应当被理解为立足于受教育者适应其所处时代社会建设与发展的统一性要求，而不应当被理解为背离社会建设与发展统一性要求的“以个人为本”或“以个性为本”。

"新世纪"而改变。

事物的本质属性，反映事物自身要素之间相对稳定的内在联系及由此构成的矛盾运动。德育的本质反映的是德育目标、德育内容、德育方法等要素之间的内在联系及由这些要素构成的矛盾运动。其间，德育目标反映的是矛盾的主要方面，在矛盾运动中对德育任务和内容与方法起着支配的作用。有位学者认为，德育有三重本质形态，其中目的性本质是最为深层、最为根本的本质[①]。这个"目的性本质"就是德育目标所反映的德育本质的主导方面，对德育任务和内容与方法起着支配的作用。

如果把德育目标的设定归于"学生生活"，那就势必会"有什么样的'学生生活'就提出什么样的德育目标"，这样就会在根本上否认德育目标所内含的国家意志和社会理性的统一性要求，使之变得分散而模糊，在具体的德育实践中人们就可以自行其是，只是德育目标不存在了。仔细分析一下就可以看出"德育目标来源于生活"这一核心观点和主张表明，"德育生活化"带有"反本质主义"的思维特征和相对主义、虚无主义的价值趋向，实际上是后现代哲学伦理思潮的消极一面在道德教育上的反映。

基于"德育目标来源于生活"的认识，大多数研究者都主张"德育以生活为中心"和"回归生活世界"，也就是要让"道德教育内容、德育方式、德育原则等都应围绕回归生活来重建"[②]。表面看来，这种以"中心"和"回归"来呼应"来源"的推演是合乎逻辑的，其实不然。德育目标既然"来源于生活"，就应当高于和优于"生活"，担当超越和引领"生活"的职能，德育内容、方式和原则等就应当围绕德育目标来"重建"，怎么可能又"回归生活世界"的源头并"以生活为中心"来"重建"呢？联系到大多数主张者并没有就"'生活'是什么"和"德育目标是什么"发表过明晰的意见，人们不难发现：所谓"德育目标来源于生活"的核心观念和主张其实是一个没有实际内容的虚假命题，"德育生活化"不过是一种无视德育目标之重要性和必要性的虚妄学说。

① 张澍军：《德育哲学引论》，北京：人民出版社2002年版，第89页。

② 钱同舟：《回归生活世界　重建德育模式》，《郑州工业高等专科学校学报》2004年第1期。

实际上，所谓“生活世界”，不论是胡塞尔如是所言，还是如同哈贝马斯所说的由“客观世界”“社会世界”和“主观世界”构成的“事实世界”，相对于德育而言都不过是具体而又特定的“现实生活”。

从目前能够检索到的文献来看，几乎每一篇宣示“德育生活化”学说主张的文章都会谈到其“理论依据”的问题。这些“理论依据”归纳起来主要有如下几个方面。

一是胡塞尔现象学的“生活世界”理论构想和哈贝马斯的“交往世界”及其“主体间性关系体”的“伦理本体”论。胡塞尔认为，人类面对的世界包括“生活世界”和“科学世界”，“生活世界是永远为我们而存在的，是总是预先存在的”，因此它优于“科学世界”，是“科学世界”的基础并在主体实践中包容“科学世界”[①]。哈贝马斯认为，在经验的意义上“生活世界”的核心和基本形式是“主体间性关系体”，社会的道德意义就在于通过人们的“交往”而使得“主体间性关系体”成为“伦理本体”[②]。应当看到，胡塞尔的“生活世界”的理论构想和哈贝马斯的“主体间性关系体”的“伦理本体”论所描述的“生活世界”，都是经验的现象世界，符合人类所处于和面对的社会生活的客观情况，对于特定时代的德育即道德教育都具有某种“先在”的意义。但是，由此而认为胡塞尔和哈贝马斯的“生活理论”“为我们探索高校德育回归生活提供了强有力的理论依据”[③]并进而否认德育对于“生活世界”同样具有某种决定性的“先在”的意义，却是片面的。实际上，就基础条件和逻辑前提而言，“生活世界”与道德教育是互为“先在”的，任何“生活世界”“主体间性关系体”或“伦理本体”对于一定的道德教育所具有的价值和意义，都不是自在和先在的，而是道德教育的经验结果，或与道德教育的实际过程相关联。一定的德育在“结果”和“过程”的意义上，为后续的德育提供“生活世界”

① 张庆熊:《熊十力的新唯识论与胡塞尔的现象学》,上海:上海人民出版社1995年版,第123页。

② 龚群:《道德乌托邦的重构——哈贝马斯交往伦理思想研究》,北京:商务印书馆2005年版,第46—108页。

③ 耿丽萍:《回归生活——高校德育改革与创新的基本理念》,《黑龙江教育学院学报》2009年第6期。

的“先在”性条件，同时又改造、优化和引领“生活世界”，这便是“生活世界”与道德教育客观的辩证关系。如果因为“生活世界”对于道德教育具有某种“先在”的价值和意义而否认道德教育对于“主体间性关系体”或“伦理本体”的形成同样具有“先在”和“自在”的价值和意义，那么，所谓“主体间性关系体”或“伦理本体”的“生活世界”其实就是一种“道德乌托邦”，就会在根本上否认胡塞尔和哈贝马斯的思想理论内涵的合理性和经验论意义。“道德乌托邦”对于人类精神生活是必需的，但其建构若是离开必要的道德教育就会失去其应有的价值。

由此看来，正确理解和吸收胡塞尔和哈贝马斯的“生活世界”和“伦理本体”理论构想与分析方法的合理成分，恰恰应当从中引出德育对于“生活”之“先在”的认知价值和意义，接续和发展德育立足和超越与领跑“生活”的社会功能，而不是站在德育的对立面、为实现“德育生活化”或“生活化德育”寻找“理论依据”。

二是杜威的“教育即生活”和陶行知的“生活即教育”的“生活教育”理论。杜威和陶行知都主张教育要立足于社会生活实际，关注社会生活的实际需要，培养社会生活实际需要的有用之才。区别在于，杜威视学校教育为一种社会生活方式，主张教育要贯穿学校的全部生活中，实行学校生活社会化。陶行知则视社会为大课堂，主张在社会生活中进行教育，但他并不反对课堂教学，虽然曾以诗文告诫过那些使“学堂成了害人坑”的“糊涂的先生”：“……你的教鞭下有瓦特。你的冷眼里有牛顿。你的讥笑中有爱迪生”[①]。无疑，杜威和陶行知的“生活教育”理论对我们改进和加强德育工作是有参考价值的。但是，在理解和吸收它的有益思想时，有几个问题是必须注意的：其一，“生活教育”理论中的“教育”所指多是智育而不是德育，因此不可将“生活教育”理论理解为“生活德育”理论，直接用作“德育生活化”的理论依据。其二，“生活教育”理论的“生活”所指是社会的“日常生活”，既不是专指学校的“学生生活”，也不是专指社会的“非日常生活”，因此与“德育生活化”的“生活”不具

① 方明主编：《陶行知全集》第7卷，成都：四川教育出版社2009年版，第34页。

有可比性；与我们今天德育所处于和面对的社会的“现实生活”也不可同日而语。其三，“生活教育”论及的德育与我们今天的德育，在目标、任务、内容、原则与方法等方面有重要的不同，甚至有根本性的差别。其四，“生活教育”所论及的德育理论的基础，在杜威那里是“新个人主义”，在陶行知那里是“教人求真，学做真人”的中国传统伦理文化。这与我们今天倡导的“以人为本”也是不可以相提并论的。由此看来，把“生活教育”理论当作“德育生活化”的理论依据，是望词生义了。

三是“道德内在于生活”的伦理学理论。著名学者鲁洁先生发表过“道德是意义世界中的一员，它内在于生活”的观点①。在笔者看来，这是关于伦理学理论的一种真知灼见。道德不论是“社会之道”还是“个人之德”，都以广泛渗透的方式存在于“生活世界”的各个领域。在这种视界内，完全可以说“道德内在于生活”。“德育生活化”主张者据此认为，“以生活为中心”的“德育生活化”遵循的就是这种“道德生成的内在逻辑”。如此理解的“理论依据”是不正确的，它混淆了两个不同的伦理学理论命题，将“道德内在于生活”和“道德生成的内在逻辑”混为一谈了。如上所说，“道德内在于生活”，说的是道德作为一种价值标准和事实（意义）的存在方式；而“道德生成的内在逻辑”，说的则是道德形成和发展的客观规律。道德作为“意义世界中的一员”，其形成和发展的逻辑基础并不是“生活”，归根到底它是一定社会经济关系的产物。恩格斯说：“人们自觉地或不自觉地，归根到底总是从他们阶级地位所依据的实际关系中——从他们进行生产和交换的经济关系中，获得自己的伦理观念。”②恩格斯在这里说的就是“道德的生成逻辑”。把道德的“存在逻辑”当成道德的“生成逻辑”，其理论思维上的失误在于走出了历史唯物主义方法论的视野，没看到道德生成和发展进步的社会物质条件，因而看不到道德和道德教育都本是一种具体的历史范畴，从而使得“德育生活化”之“德育”在理论和实践层面走向抽象和空洞，失却其特定历史时代的意识形态属性。

---

① 鲁洁:《生活·道德·道德教育》,《教育研究》2006年第10期。

②《马克思恩格斯文集》第9卷,北京:人民出版社2009年版,第99页。

与“道德来自生活”的所谓“理论依据”相关的观点就是所谓“道德教育来自生活”，认为“人类早期的道德教育产生于社会生产和生活之中，是为了生活并通过生活而进行的”；“道德源于生活，生活世界是道德践履的土壤”[①]。这种观点不可以作为“德育生活化”的理论依据是显而易见的，无须赘析。众所周知，在发生学和目的论的意义上，道德教育不是产生于社会生产和生活之中，而是产生于治者的上层建筑建构之中，不是源于“生活”和为了“生活”，而是源于阶级统治和为了政权。在封建宗法统治的专制社会，则是源于和求于“齐家、治国、平天下”的“大一统”的政治需要。道德教育（教化）的生产和生活特征，是治者在实现这种政治需要、推进道德世俗化的过程中形成的。

有的主张者认为，“德育生活化”的学说主张是一种对德育时效性、目的性问题的更深层次的探讨。但实际上，由于它遮挡了德育与生活的客观逻辑关系，模糊了德育的目的性和目标与任务，只会降低和消解德育的有效性，最终势必会造成德育基本理论的混乱，误导德育实践。

最后需要特别指出的是，一些主张者力图把“德育生活化”拓展到高校思想政治教育领域，提出“大学德育生活化”[②]或“高校思想政治教育生活化”“高校思想政治理论课教育教学生活化”的主张[③]。作这种拓展和延伸，就更不符合高校德育和思想政治教育的认知与实践逻辑了。

高校德育和思想政治教育除了道德教育和日常思想政治工作以外，还有对大学生进行系统的马克思主义理论教育的思想政治理论课的教学，后者作为关于马克思主义世界观和基本方法论的教育是无论如何也不可能做到“生活化”的。如果实行“大学德育生活化”或“高校思想政治教育生活化”，那就势必会给高校思想政治教育造成带有根本性的逻辑混乱，干扰党和国家关于高校思想政治教育的指导方针和基本策略的贯彻落实，产生难以预料的严重后果。

① 赵惜群:《德育生活化路径新探》,《马克思主义与现实》2008年第6期。

② 文艺文:《论大学德育生活化模式》,《道德与文明》2006年第1期。

③ 杜向民:《论高校思想政治理论课教育教学生活化》,《思想教育研究》2010年第6期。

不应模糊和倒置德育与生活的关系*

德育与生活的关系，本质上是德育对于生活的认识和实践关系。“德育生活化”模糊和倒置了德育与生活的关系，其核心观念和基本主张偏离了德育内容，淡化了德育目标，遮蔽了德育反映国家意志和社会理性的本质要求。它的流行，不仅会误导德育的理论研究，包括科学方法的运用，也会干扰德育实务的正常开展。

近几年，颇为流行的“德育生活化”学说主张给人一种似是而非的新鲜感，不少人以为它有助于改进和优化中国德育，其实不然。“德育生活化”模糊和倒置了德育与生活的关系，这是其问题的症结所在。

一、“德育生活化”症结所在是模糊和倒置了德育与生活的关系

“德育生活化”将德育与生活关联起来，强调德育不可离开生活，对于纠正德育脱离生活的现象具有某种提示性的意义。然而，它关于德育与生活关系的核心观念是“德育以生活为中心”，由此推演出三个基本主张，即“德育目标来源于生活”“根据学生的现实生活制定（重建）德育内容”“德育回归生活世界”。这显然是模糊和倒置了德育与生活的关系。对此，

* 原载《中国德育》2012年第19期，中国人民大学书报资料中心《思想政治教育》2013年第1期全文复印转载。

笔者在《置疑“德育生活化”》一文中已经作过较为全面的分析和批评，此处只是通过分析“德育生活化”立论存在的逻辑矛盾，指出它的症结所在。

笔者研读了能够检索到的近百篇“德育生活化”的文章，发现“德育生活化”立论的构词逻辑存在三个问题：其一，“德育”的缺位。只是抓住德育实务脱离生活的一些现象说事，没有在德育科学的意义上交代“什么是德育”，使得关于德育的本质及其目的和目标、任务和内容等基本概念和关键词，在言说德育与生活的关系中成了“潜台词”。其二，“生活”的模糊。没有界说“生活”的基本内涵，对“生活”概念的把握没有形成大体一致的看法，尚处于“见仁见智”的状态，如“学生现实生活”“日常生活”“非日常生活”“生活世界”等。其三，“化”的含混。没有对“生活化”的词义作出说明，而在中国人的思维方式和话语体系中，“化”的本义是彻底改变事物的性质和形态。这样，所谓“德育生活化”，自然而然地就会被人们理解为要用不确定、似是而非的“生活”，彻底改变中国德育的理论和实务的性质与形态。由此可见，用于“德育生活化”立论的三个基本概念，含义是不确切的、模糊的。缺乏从事任何一种学说（学术）或理论研究的逻辑前提，即不能在大体一致的意义上确切、清晰地理解和把握基本概念，说明其立论是不能成立的。

这里有必要指出的是，“德育生活化”不仅不能正面分析论证自己的核心观点和基本主张，还有不少直接违背德育科学和贬低科学德育的错误意见。如指责德育内容的道德知识都是抽象的概念，否认对学生进行道德知识传授和学生接受、掌握道德知识的必要性；认为“生活应该是最好的老师”，否认教师在德育过程中应当处于主导地位，发挥主导作用；指责教师是所谓的“德育的权威”和“真理的化身”，反对学生在德育过程中“处于一种接受者和被塑造者的客体地位”；嘲讽国家和社会关于德育目标和内容的规定是“高高在上的神圣价值”，称学生不接受这种“模式化和标准化”的统一性要求是学生的“权利”，每个学生“只能接受他的生活所能接受的影响”；如此等等。这些错误意见清楚地表明，“德育生活化”

的学说旨趣不是摆正德育与生活的关系，而是要用“生活”彻底“化”掉德育。这显然是错误的，不论研究者的愿望如何。

二、模糊和倒置德育与生活之关系的原因是研究方法失误

开展任何科学研究，特别是试图创建一种新的理论或学说主张，运用科学的研究方法是关键。“德育生活化”之所以会出现模糊和倒置德育与生活这样的错误观念和主张，与其研究方法的失误是直接相关的。

其一，偏离了科学社会历史观的视野，将德育与生活及其关系抽象化。在历史唯物主义看来，德育与生活都是具体的历史范畴，德育与生活的关系也是具体的历史范畴，不同的国家和同一国家的不同历史时代，德育与生活及其关系必然有所不同，乃至存在重要的、根本的差别。因此，试图创造超越具体国度和时代的德育理论或学说主张，既无必要，也无可能。当代中国德育，既不能等同于中国传统德育，也不能混同于当代资本主义国家的德育，研究德育与生活的关系实际上就是要研究中国德育与中国当代社会生活的关系，唯有立足于中国特色社会主义现代化建设这一社会现实及其客观要求实行与时俱进的创新，才有可能推动中国德育的科学化进程。这样说，并不是要否定不同国家或同一国家的不同时代存在一般性的德育理论或学说主张方面的共同元素，而是要强调一般寓于个别之中，不可离开特定的国家和具体的历史时代，抽象地谈论和探讨一般性的德育理论或学说主张。

其二，缺乏实事求是的客观态度和辩证分析的方法。诚然，不可否认我国各级各类学校的德育过去确曾存在脱离生活的现象，这种不良现象今天依然存在，但也不能因此就笼统地说德育脱离了生活，更不应该无视我们在纠正这种问题方面已经取得的成就和进步。科学的态度和方法应当是实事求是，从实际出发，在尊重已经取得的成就和进步的基础上，揭示德育与生活之间的逻辑关系，在德育理论研究和德育实务操作的两大领域，探讨如何才能把德育对于生活的合规律性要求与合目的性要求有机地统一

起来，而不是只盯着存在的问题，站在“生活”一端对德育横加贬责，直至主张用“生活”来“化”德育、彻底改变德育的性质和形态，致使德育与生活的关系变得模糊起来，甚至被倒置。

其三，研究范式错位。所谓研究范式或范式，简而言之可将其理解为由特定的思维方式和话语体系构成的研究模式或模型。在涉论德育与生活的关系问题上，“德育生活化”遵循的是一般哲学的范式，发生研究范式错位。表现之一是遵循本体论范式：本体论把整个世界“化”为“物质”，“德育生活化”把整个德育“化”为“生活”，赋予“生活”以德育本体论的学说地位。表现之二是遵循认识论和实践论范式：在冥冥之中不知不觉地套用理论与实际的关系或理论与实践的关系的认知模型，来解读德育与生活的关系。正因存在这种范式错位的方法失误，“德育生活化”在论证自己的合理性时才反反复复地强调德育不可离开生活实际这种人所共知的常识。德育，作为人类认识和改造社会及自身的最为重要的实践活动之一，它与社会生活的关系并非如同理论与实际的关系，也不同于理论与实践的关系，其研究不可套用一般哲学的本体论、认识论和实践论的研究范式。不然，势必就会把包括德育本质论在内的所有德育问题都“泛化”进了“生活”。

三、正确认识和把握德育与生活之关系的基本思路

要真正看出“德育生活化”问题的症结及其危害性，必须要科学把握德育的根本问题，正确认识德育与生活的关系。

德育，整体上包含德育目的和理念、目标和任务、内容和途径及方法等结构要素。在历史唯物主义视野里，任何历史时代的德育本质上都是国家意志和社会理性的反映，它通过培养什么样的建设者和接班人的德育目标体现出来。所以，德育目标一般都以国家法规或法令的形式予以颁布，或被包容在国家颁布的相关法规或法令之中，而绝对不是“来自生活”或被“生活化”的。德育内容多是根据德育培养目标制定的，是分解和表达

德育目标的道德观、人生观、价值观和政治观的具体结果和形式，其“制定”并不是依据“学生的现实生活”或其他什么生活。德育途径和方法，功用在于通过“传道”“解惑”德育内容而实现德育目标，这一实现过程的真谛是在德育实践的意义上贯通和建构德育内容与德育目标之间的逻辑联系，实现德育目标和任务，而不是要促使“德育回归生活世界”。

德育与生活之关系的逻辑可以这样表述：德育目标，要培养学生具备科学认识和理解生活的问题与困难、合理优化和提升生活的质量与水平、善于应对和把握生活的挑战与机遇的素质。德育内容，作为体现德育目标的道德观、人生观、价值观和政治观的素质要求，要能够贴近社会现实生活，反映社会现实生活对学生学习成才和今后人生发展的客观要求，改变只是记载和传授德育文本知识而脱离社会现实生活的不当做法。德育途径及方法，也要联系生活实际。在具体的德育实务工作中，在有些情况下根据需要考虑让德育“走到实际的生活中去”是必要的，而不能理解为让德育“回归生活世界”，“走到”与“回归”是两种根本不同的命题和主张。“走到生活世界”是德育的一种途径，但不是唯一途径，不是所有的德育实务都必须“走进生活世界”。

在我国，德育一般专指学校德育。当代中国德育，本质上体现的是中国共产党领导的中国特色社会主义国家意志和社会理性，是有目的、有计划、有系统地对受教育者施加思想、政治和道德等方面影响的思想品德教育活动。这一本质特性和要求，在我国相关德育文献中都有明确的规定。1995年，国家先后颁发了《中学德育大纲》和《中国普通高等学校德育大纲》，明确规定中学的德育目标是把全体学生培养成为热爱社会主义祖国的具有社会公德、文明行为习惯的遵纪守法的公民。高等学校的德育目标是使学生热爱社会主义祖国，拥护党的领导和党的基本路线，确立献身于有中国特色社会主义事业的政治方向；努力学习马克思主义，逐步树立科学世界观、方法论，走与实践相结合、与工农相结合的道路；努力为人民服务，具有艰苦奋斗的精神和强烈的使命感、责任感；自觉地遵纪守法，具有良好的道德品质和健康的心理素质……并从中培养一批具有共产主义觉悟的先进分子。今天，对这两个大纲的目标规定是否需要实行与时俱进的调整和补充，自然可以或应该加以讨论，但是有一点是必须肯定的：我国德育关于“培养什么样的人”的目标不可以是“来源于生活”的。否则，就会把我国德育推向“反本质主义”的迷途，滑向相对主义、虚无主义的泥潭。

概言之，在德育与生活的关系中，德育始终处于主导和支配的地位，发挥着指导和干预生活、改进和优化生活、借用和驾驭生活的作用。生活对于德育的作用和意义，在于优化德育的途径和方法，帮助受教育者体验德育的内容，进而实现德育的目标，促使受教育者成为适应社会发展进步和自身价值实现的新型人才。

论专家型辅导员及其培养机制*

从建设“专业化、职业化”的高校辅导员队伍、加强和改进大学生思想政治工作和思想政治教育学科建设的客观要求看，培养专家型辅导员是很有必要的。专家型辅导员应具备较高的政治素养、较为深厚的马克思主义理论功底、独立开展科学研究的能力和优良的道德品质。培养专家型的辅导员需要转变辅导员执业岗位的传统观念，建立相应的培养机制。

20世纪50年代初，时任清华大学校长的蒋南翔同志率先提出配置政治辅导员岗位，开了新中国高校辅导员队伍建设之先河。半个多世纪以来，从这一队伍中走出一批又一批高校党政领导干部、大学生思想政治教育研究方面的专家学者和治党治国的英才，而这一队伍自身是否需要培养和聚集专家型的高级专门人才，却一直没有引起教育主管部门的重视。在大力推动“专业化、职业化”的高校辅导员队伍建设的今天，这是一个需要研究的问题，其实质是：从事大学生日常思想政治教育工作的辅导员队伍是否不需要培养和聚集一批专家型的辅导员？他们成长起来以后是否一定要走出辅导员队伍定个“处级”，才能表明组织上和领导对其工作态度和业绩的肯定？回答应当是否定的。本文试就专家型辅导员及其培养的问题发表一些看法，以期引起高校思想政治教育界的同仁和相关主管部门的重视。

* 原载《安徽师范大学学报》(人文社会科学版)2007年第2期。

一、设置专家型辅导员岗位的必要性和意义

2006年4月27—28日，全国高校辅导员队伍建设工作会议在上海举行。这次会议的指导思想是进一步贯彻落实中共中央关于进一步加强和改进大学生思想政治工作的指示精神，促使高校辅导员队伍朝着“专业化、职业化”的目标建设和发展。会上交流总结了全国高校辅导员队伍建设工作的经验，分析和研究了全国高校辅导员队伍建设目前存在的突出问题，并立足于“专业化、职业化”的大思路、大视野部署了今后的相关工作。这次史无前例的重要会议极大地推动了“专业化、职业化”的辅导员队伍的建设工作。

任何一个被称为“专业化、职业化”的人才队伍，都是由专门人才构成的，一般都需要设置一些专家型的人才岗位，以体现队伍的专业水平，引领队伍的专业发展方向。毫无疑问，高等学校面向大学生的教育工作者都是专业人才，都应当按照“专业化、职业化”的目标进行建设和管理。因此，设置专家型的辅导员岗位是十分必要的。

所谓专家型辅导员，指的是专长于大学生思想政治教育工作和思想政治教育研究的专职辅导员。思想政治教育，不论是作为一种工作还是作为一种特殊的专业和学科，其承担者都应当是专业人才，都应当朝着专业化的目标要求发展，而要如此就需要有一批专家型的辅导员充当这个队伍的核心和骨干。辅导员承担着对大学生进行政治教育的特殊使命和任务，这决定了辅导员必须既是教育者又是管理者的特殊的职业身份，实际要求既高又特殊，专业性很强，因此必须如同专业课教师一样走专业化道路。对此，人们的认识已经没有什么分歧。现在的问题是，由于不少辅导员不仅知识背景离“专业化”的要求相差甚远，而且职业身份也不符合“职业化”的要求，所以建设“专业化、职业化”的辅导员队伍目前面临的困难还很多，将会是一项长期而又艰巨的任务。在这种情况下，如果没有一些专家型的辅导员作为核心和骨干力量，发挥示范和引领作用，无异于望梅

止渴，纸上谈兵。从这点看，在高校辅导员队伍中设置专家型辅导员的岗位，本是“专业化、职业化”辅导员队伍建设的题中之义。

（一）加强和改进大学生思想政治工作的客观要求

身处经济全球化和高科技迅猛发展的时代，面对中国社会主义现代化建设和高等教育的改革与发展的新形势，大学生的思想政治意识、伦理道德观念和价值取向出现许多新的情况，发生许多新的问题，需要我们加强思想政治教育工作。思想政治工作从指导思想到工作理念，从工作内容到工作方式，都需要改进，而如何改进都需要在研究的基础上进行。就是说，加强和改进思想政治工作需要有研究的意识，在研究的基础上进行。那种认为加强思想政治工作只是加强工作“力度”、改进思想政治工作只是增加活动“方式”的认识和做法，是不可取的，弄不好反而适得其反，淡化思想政治工作的实质内涵，误入形式主义歧途。高校思想政治教育的科学性，以适应时代发展和人才培养要求为根本标准，因此必须高度重视思想政治教育的科学研究。而要如此，就需要有一批专家型的辅导员作为思想政治教育研究的中坚力量和引路人。目前，“加强和改进”与“如何加强和改进”的关系明显存在不平衡的问题。高校的思想政治教育研究虽然取得一些成效，但还存在一些问题。如论文的作者群中很少有辅导员和专门从事大学生思想政治教育工作的人。虽然不能说“门外汉”一定是外行，但这些研究者发表的意见多脱离实际，泛泛而谈，现实感和针对性不强，而且由于片面追求所谓“学术性”，还存在着去意识形态化的不良思想倾向、晦涩难懂以至不知所云的不良文风的问题。为数不多的辅导员发表的意见，或者为就事论事的“大白话”，或者为低水平的重复，缺乏真知灼见，如此等等。不言而喻，脱离实际和低水平重复式的思想政治教育研究，不能适应新形势新情况下加强和改进思想政治工作的客观需要。存在这类问题，主要原因是专职辅导员队伍中缺乏专家型的研究人才，科学研究上缺少这类高级专门人才的引领和示范。

（二）思想政治教育学科建设的客观要求

思想政治教育作为一门学科的创建，始于20世纪80年代初思想政治教育第二学位专业的增设，成于2005年国家将思想政治教育作为二级学科置于新增的马克思主义理论一级学科之下，其间经历诸多艰辛的探索。这一学科的最终创建，得益于一些长期潜心研究思想政治教育的专家学者的辛勤劳动，他们当中的多数人都曾担任过辅导员工作，经验丰富又具有远见卓识。虽然思想政治教育学科今后的建设和发展依然离不开他们的指导和帮助，但是从学科建设的客观要求看，必须后继有人，必须培养和涌现更多的这样的专家学者。不仅须作如是观，从长远需要看，参与思想政治教育学科建设的人还应当有一些是承担实际职责的辅导员，即缰不离手、身不脱甲的专家型辅导员。他们一方面承担思想政治教育的实际工作，一方面在自己的执业岗位上参与思想政治教育学科的建设和研究。依此而论，专家型辅导员参与思想政治教育学科建设及其研究工作的意义体现在有助于把思想政治教育学科建设与思想政治工作紧密联系起来。

二、专家型辅导员的基本素养

这里讨论的素养不能仅仅理解为素质。素养以素质为基础但又不同于素质，它强调的是素质内涵的深厚和稳定，主体自觉修养和提升素质的意识与习惯。专家型辅导员应当具备高于一般辅导员的素养。总的来说，他们应当既是思想政治教育工作方面的专家，擅长开展大学生日常思想政治教育工作，又是思想政治教育研究方面的专家，善于开展思想政治教育方面的研究工作。具体来说，应包含如下几个方面。

（一）较高的社会主义政治素养

高校辅导员队伍是全面贯彻党的教育方针，坚持社会主义办学方向的生力军。每一位辅导员在自己的工作中都应当有清醒的“政治头脑”，懂得自己的政治责任，专家型辅导员在这方面应当身体力行、率先垂范，为其他辅导员做出榜样，体现出自己较为成熟的政治素养。如要有较强的党性观念，把自己从事的工作看成是党的事业的有机组成部分，自觉服从党的领导和贯彻党的方针和政策；要有坚定的社会主义信念，对只有社会主义才能救中国的基本国情和社会主义的美好前景深信不疑；要有较强的政策辨别力和敏感性，能够识大局、顾大体，在大是大非面前不迷失方向；要有良好的政治品质，能够做到襟怀坦荡、光明磊落、实事求是、民主待人。

（二）较为深厚的马克思主义理论素养

从专业背景来说，专家型辅导员一般应经过马克思主义理论一级学科之下相关的二级学科尤其是思想政治教育学科的系统教育和培训，具有相关专业的硕士或博士学位。他们对马克思主义及其中国化成果（毛泽东思想、邓小平理论、“三个代表”重要思想和科学发展观）应抱有坚定的信念和信仰，能够从整体上了解和掌握马克思主义及其中国化成果的基本原理，具有运用马克思主义的基本立场、观点和方法观察和思考思想政治教育领域重大问题的自觉性，能据此适时提出自己的见解，主动影响思想政治教育的实际工作及其学术研究，并能根据需要为思想政治教育主管部门提供决策咨询意见。他们应当能够胜任高校思想政治理论课1—2门课程的教学，其中一些人还应当能够为思想政治教育硕士点或博士点开设相关的学位课程，指导和培养硕士研究生或博士研究生。换言之，专家型的辅导员应当是善于把高校的思想政治理论课程的教育教学与日常思想政治教育工作有机结合起来的行家里手。

（三）独立开展思想政治教育研究的能力

人们通常所说的能力是由智能和技能两种因素构成的，前者主要属于思维能力，一般是指掌握和运用专门知识和理论的“动脑能力”，后者属于操作能力，一般是指掌握和运用专门技术的“动手能力”。专家型辅导员的能力素养主要应体现在智能方面，他们应具有较强的“动脑能力”，这种能力应是一种综合素质。按照现代人才学的观念，专门人才的智能结构应当是一种“金字塔”的模型，“塔尖”是掌握和运用专业知识和理论的能力，“塔身”是掌握和运用专业基础知识和理论的能力，“塔底”是掌握和运用与前两种能力相关的综合知识和理论的能力。依此看专家型辅导员的智能结构应当是这样的：“塔尖”的专业智能素养，主要体现在掌握和运用思想政治教育的基本原理的能力、分析和把握大学生的思想和心理特点的能力、从宏观上设计和指导辅导员工作实务的方案的能力、了解和运用新中国思想政治教育工作发展史和辅导员工作发展史的能力等；“塔身”的专业基础智能素养，主要体现在掌握和运用与思想政治教育专业直接相关的学科，如政治学、伦理学、法学、教育学、心理学、行为科学等的知识和理论的能力；“塔底”的综合智能素养，主要体现为了解与自己的工作对象大学生所学专业相关的知识和理论的能力。过去，我们强调辅导员要与工作对象专业对口，忽视了辅导员“专业化、职业化”的特定要求，现在强调辅导员实行“专业化、职业化”的建设和发展模式，不可走向另一个极端，忽视了一定意义上的专业对口的必要性。概言之，专家型辅导员的能力素养应集中表现在具备较为深厚扎实的思想政治教育专业方面的知识和理论，能够较为熟练地运用思想政治教育专业方面的知识和理论开展两个方面的研究工作：思想政治教育的工作研究和思想政治教育的学术研究。他们是高校辅导员队伍中一批研究型的高级专门人才。

（四）热爱思想政治教育的思想道德素养

思想政治教育是一种爱的事业、爱的艺术，热爱思想政治教育工作就更是担任辅导员的基本条件。如今一些高校辅导员在大学生的心目中是“不受欢迎”的，学生有了什么思想问题一般不愿寻求他们的帮助，主要原因就是这些辅导员对大学生缺乏一种爱心，他们一般只在上级布置了什么任务或班级出了什么问题让他们感到丢脸时，才出现在学生面前，或者“冷着面孔”传达上级精神和提出自己的要求，或者吹胡子瞪眼睛地训斥一通。他们对学生缺乏爱心与他们不热爱思想政治教育工作有关，缺乏这方面的素质。专家型的辅导员应当热爱思想政治教育，他们的工作也许主要不是日常的思想政治教育工作，不需要经常直接面对大学生，但他们对思想政治教育和大学生必须情有独钟，怀有深厚的感情，是大学生心目中真正的良师益友。因此，他们应当具备理论联系实际和密切联系大学生群体的思想作风，善于开展调查研究，从大学生的思想实际出发开展工作。他们应当具备强烈的事业心和成就意识，乐于为培养社会主义现代化事业的建设者和接班人、促使思想政治教育学科的建设和发展，默默奉献，建功立业。

专家型辅导员只有具备上述基本素养，才能成为“专业化、职业化”的辅导员队伍的核心和标志，成为其他辅导员学习和效法的榜样，成为高校有效开展思想政治教育及其研究、全面贯彻党和国家的教育方针的中坚力量。也许有人会说，这样的基本素养标准太高了，很难有人能够达到。是的，目前高校辅导员队伍能够达到这些标准的人也许不多，这些标准也许是高了，但是，从建设“专业化、职业化”辅导员队伍、加强和改进大学生思想政治教育工作、思想政治教育学科建设与发展需要一批核心和中坚力量的客观要求看，必须培育一批这样的辅导员。

三、专家型辅导员的培养

专家型辅导员的培养，面临两个重要问题：一是转换辅导员的执业岗位的观念，二是建立相应的培养机制。

执业岗位的观念是个执业年限观念，这个问题不解决，专家型的辅导员是不可能成长起来的。目前高校有两支教师队伍：专业课教师队伍和思想政治教育教师队伍。后者由两种人即专职从事思想政治理论课教学的教师和专职从事日常思想政治教育工作的辅导员组成。按照国家有关规定，专业课教师和思想政治理论课教师的退休年龄一般为60岁左右，基本上属于终身职业。但是，辅导员的工作年限却是另外一种情况，一般不到35

岁就转岗了。这是一种不成文的“潜规则”，支撑这种“潜规则”的执业岗位观念就是“年轻化”。不能说这种“潜规则”没有道理，因为年轻的辅导员与青年学生之间在接受能力和心理特点等方面相同之处较多，共同语言较多，容易沟通。但这种“潜规则”也有它的弊端，容易导致辅导员抱有临时的执业观念，不利于按照“专业化、职业化”的目标要求建设和发展辅导员队伍，因而很难培养和涌现出专家型的辅导员，促进辅导员队伍工作水平的提升。因为专家型的辅导员，其成长和发挥作用是需要时间的。如果转变辅导员执业岗位的观念，在年龄结构上应当实行老、中、青“三结合”，以中青年为主的结构模式，无疑有利于培养和设置专家型的辅导员。这样的辅导员，从事思想政治教育工作的年限可以适当长一些，甚至可以作为终身职业。转变执业岗位观念，首先是辅导员自身需要解决的问题，也要牵动相关的主管部门，后者应当改变过去那种过了30岁就考虑为辅导员安排出路的执业岗位观念和习惯做法。

专家型辅导员的培养，应主要立足于辅导员工作岗位，依靠在实际工作中的长期锻炼。目前一些高校的辅导员队伍已经聚集了一些专家型或“准专家型”的辅导员，他们多是在实际工作中锻炼出来的。但是仅仅如此是不够的，还应当在转变执业岗位观念的前提卜建立相应的培养机制。

首先，国家有关主管部门要在建设“专业化、职业化”辅导员队伍的系统工程中列入设置专家型辅导员岗位和培养专家型辅导员的计划。设岗是一种“自然过程”，要阐明设置和培养这类高级专门人才的必要性和意义，就专家型辅导员的条件和素养、岗位职责、遴选和考核办法、政策性待遇及领导管理体制等，做出明确规定。

其次，高校党政领导要高度重视，将设置专家型辅导员岗位和培养专家型辅导员的工作作为“党委工程”“校长工程”列入党委和校长的议事日程，认真落实国家有关主管部门的方针和政策。学校抓思想政治教育要有专家意识，注意发挥专家型辅导员的骨干作用，在研究学校思想政治教育工作、思想政治理论课程和思想政治教育学科建设等重大问题上，在“专业化、职业化”的辅导员队伍建设的整个过程中，都应主动向专家型辅导员咨询，认真听取他们的有益意见。学校和上级关于辅导员晋职晋级的机构要吸收专家型辅导员参加，在有些情况下有必要让他们直接主持这样的评定工作，实行真正的专业对口，彻底纠正“外行评内行”的情况。学校要主动关心专家型辅导员的工作和生活，与其他专业系列的专家一视同仁，为他们正常开展工作提供必要的条件，创建适宜的工作平台。同时，要对他们实行目标管理。

最后，建立健全高校思想政治教育的研究机构和制度。1984年全国高等学校思想政治教育研究会成立后，各地高校思想政治教育研究会相继成立，这期间许多高校也成立了这样的研究机构。这项措施在凝聚思想政治教育队伍、提高这支队伍的工作水平方面确实起到重要的作用，但也存在一些不足和需要改进的地方。除了全国高校思想政治教育研究会，省、校一级的这方面的研究会都属于工作性的研究机构，其组成人员都是相关的各级各部门的领导，没有吸收专家型的辅导员参加，更没有吸收思想政治教育理论课的骨干教师、思想政治教育专业的硕士点和博士点的导师参加，有些研究会的主持人甚至连这方面的意识都没有。这种不正常的现象，且不说仍然是“两张皮”的冷思维方式的表现，不利于高校思想政治教育整体的建设和发展，更重要的是由于它把思想政治教育的研究完全工作化了，与高校辅导员“专业化、职业化”的建设和发展思路不大协调甚至背道而驰，从研究机构和制度上妨碍了专家型辅导员的培养和成长。思想政治工作的研究机构，尤其是全国和省一级的研究机构和学术期刊，是思想政治工作者交流思想认识、学术见解和实际经验的对话平台，对促使辅导员成长、脱颖而出为专家型辅导员具有重要作用。各级各类高校思想政治教育研究机构应当设立辅导员队伍“专业化、职业化”建设研究专业委员会，聘请一些专家型的辅导员担任责任人，发挥他们的示范和引导作用。与此相关的是，思想政治教育方面的专业期刊，应当辟有有助于专家型辅导员成长和发挥作用的专栏，有的刊物可以吸收专家型辅导员参加编稿审稿方面的工作。

专家型辅导员的培养是一项系统工程，需要在转变辅导员执业岗位观念的前提下，从中央到地方的有关主管部门重视和关心，出台相关的政策，需要各高校党政领导列入自己的工作规划和议事日程，需要建立相关的研究机构和制度。当然，也需要有条件成为专家的辅导员的自身努力。

科学发展观指导下高校辅导员队伍建设的理路*

近年来，为贯彻执行党中央关于加强大学生思想政治教育和辅导员队伍建设的指示精神，国家教育主管部门出台了一系列强有力的政策措施，如2007年在全国高校创建了21个“教育部高校辅导员培训和研修基地”，2008年又下达了“高校辅导员培训和研修基地建设质量监控体系”的重大科研任务，等等。在这些政策和措施强有力的推动下，高校辅导员队伍建设工作正朝着健康有序的方向发展。但与此同时也应当看到，目前高校对加强辅导员队伍建设的认识和所采取的措施存在不应有的不平衡现象，有的高校依然以种种借口规避认真落实党和国家的相关政策和措施，持一种甚为消极的态度。目前，全国高校正在深入学习和贯彻落实科学发展观，这为摆正辅导员队伍建设的应有位置，厘清加强辅导员队伍建设的应有理路，提供了一个难得的契机，因为辅导员队伍建设本是任何高校科学发展的题中之义。

党的十七大报告明确指出：“科学发展观，第一要义是发展，核心是以人为本，基本要求是全面协调可持续，根本方法是统筹兼顾。”笔者认为，在这一科学方法论的视野里，应当从如下几个方面厘清高校辅导员队伍建设的应有理路。

---

* 原载《思想理论教育》2009年第19期。

一、以人为本，把辅导员的人生发展放在第一位

这是由我国高校辅导员工作的本质属性和基本职责决定的。我国高校辅导员工作，本质上属于确保全面贯彻和落实党的教育方针，坚持高校人才培养的社会主义方向和规格要求的教育活动，是我国社会主义现代化事业的建设者和接班人的培养工程的有机组成部分和核心任务。因此，高校辅导员承担着极为重要的教育职责。

2006年7月，教育部《普通高等学校辅导员队伍建设规定》以中华人民共和国教育部令的形式予以颁布。这个纲领性的文件，依据新时期中国社会主义现代化建设的客观规律和要求，围绕“政治强、业务精、纪律严、作风正”的总体要求，对辅导员岗位职责做出明确规定，例如：遵循大学生思想政治教育规律，坚持继承与创新相结合，创造性地开展工作；主动学习和掌握大学生思想政治教育方面的理论与方法，不断提高工作技能和水平；定期开展相关工作调查和研究，分析工作对象和工作条件的变化；帮助大学生树立正确的世界观、人生观、价值观；帮助大学生养成良好的道德品质；了解和掌握大学生思想政治状况，针对大学生关心的热点、焦点问题，及时进行教育和引导，化解矛盾冲突。在此前提下，又提出了一系列明确要求，如要具有相关的学科专业背景，具备较强的组织管理能力和语言、文字表达能力；承担思想道德修养与法律基础、形势与政策教育、心理健康教育、就业指导等相关课程的教学工作；等等。不难看出，这些岗位职责和要求都是围绕着“专业化、职业化”提出的，标准很高，没有相应的发展是不可能达到的，这也就要求必须把辅导员的人生发展放在第一位。人的发展与进步，是社会发展与进步的根本，是任何一项社会事业发展的根本。推进和繁荣任何一项事业的发展，核心任务和第一位的工作就是要培养和提升投身事业的人们的素质，帮助人们赢得人生发展和价值实现。高校辅导员队伍建设，是高校人事建设工作的一个重要方面，如同其他任何“人事工作”一样，所面对的基本问题也是如何科学认

识和正确处理“人”与“事”两者之间的关系。理顺这个关系的认识前提和常规工作就是要把“人”的发展放在第一位。2007年，全国先行设置了21个高校辅导员培训和研修基地，这一重大的创新举措，第一要义显然就是要帮助广大辅导员规划好自己的人生发展，实现自己人生发展的目标，其科学发展的战略意义不言而喻。

把辅导员的人生发展放在第一位，也是从当前高校辅导员队伍的实际情况出发提出的理路要求。按照“专业化、职业化”的要求，辅导员应当是思想政治教育等专业和学科培养出来的优秀人才，具有思想政治教育的专业知识和从事思想政治工作的技能。然而目前的实际情况是，不少辅导员并不是“科班出身”，有些人还存在专业思想不稳定的问题（他们选择辅导员岗位，主要不是出于对这项事业的兴趣和热爱，更不是出于对这项事业的熟悉和精通，而是为了解决自己的“就业难”的问题）。这就要求辅导员队伍建设必须把促进这些同志的发展放在第一位。即使是“科班出身”的辅导员，也面临一个需要经受实际锻炼、积累经验和增长才干，即不断成长的问题，同样需要把人生发展放在第一位。一个人的职业兴趣和情感从来都不是自发形成的，它依靠培育，而培育的基本理路就应是促使其在自己的岗位上不断得到发展，从而不断展现自己的才能，体现自己的人生价值。没有人的发展和成就，就不可能有人对于事业的热爱和追求。

要把辅导员的人生发展放在第一位，就必须纠正一些传统偏见。上文已经述及，事业发展的根本在于人的发展，集体发展的根本在于个人的发展。大学生思想政治教育事业的发展，根本在于辅导员队伍“专业化、职业化”的工作状态和水平，赢得这种工作状态和水平的根本在于促使辅导员的人生发展。然而，至今仍有些高校的主管部门和领导，习惯于把大学生思想政治教育工作的实际需要与辅导员的人生发展和价值实现的实际需要对立起来，把“事”的需要与“人”的发展对立起来，只“谋事”不“谋（育）人”。他们的领导和管理的基本理念和理路就是“工作第一”“服从第一”，而不是“人的发展第一”，缺乏人文关怀的意识，也缺乏人文关怀方面的工作制度。这种落后的管理意识和作风，在一些民办高校表现得尤其突出。在少数高校，一个辅导员如果比较自觉地关心自己的成长和进步，就会被视为“不安心工作”，不仅失去提拔和重用的机会，而且可能会被“炒鱿鱼”。这种明显违背科学发展观“第一要义”的落后意识和作风，若不坚决加以纠正，就不可能把党和国家关于加强和改进高校辅导员队伍建设的方针和政策落到实处。

二、统筹兼顾，围绕辅导员“专业化、职业化”的建设目标理顺几种关系

我国高校有重视辅导员队伍建设的传统，但从“专业化、职业化”的发展目标的要求来看，一些高校在认识上还存在差距，认识能够跟得上的高校也还面临亟须研究和加以解决的诸多问题。在深入学习和贯彻落实科学发展观的过程中，为实现辅导员“专业化、职业化”的建设和发展目标，应实行统筹兼顾和合理安排，理顺几种关系。

一是要理顺辅导员队伍建设“专业化、职业化”的发展目标与高校“专业化、职业化”建设总体目标之间的关系，把辅导员队伍建设的“专业化、职业化”目标融进学校的总体规划与发展之中。从某种意义上说，高校任何一项事业尤其是教师队伍建设事业的发展规划都是以“专业化、职业化”为发展目标的，但是，过去我们很少考虑这种目标体系应当包含辅导员队伍建设的“专业化、职业化”发展目标，不能不说这是一种“历史误会”。这种“历史误会”应当在科学发展观的指导下加以纠正。

高校辅导员队伍建设“专业化、职业化”的发展目标，科学地反映和表达了高校辅导员工作的客观规律。辅导员队伍是高等教育事业内部的一种职业分工，是从德育方面贯彻党的教育方针的主力军，其工作旨在教育和培养大学生，使其具备应有的思想政治觉悟和道德品质，成为社会主义现代化建设事业的合格人才。这样的教育与培养工作，规律性强——需要研究和遵循当代大学生在思想政治素质和品德方面的成长规律，标准要求高——需要理解和熟悉当代中国社会发展对人才成长的客观要求，面临情况复杂——需要了解和把握当代中国社会各种思潮对大学生的不同影响，

如果不能运用专业思维方式来对待，不能具备相关学科的知识理论和技能（如思想政治教育学、伦理学、心理学、法学、社会学等），就不可能按照国家的要求建设成“政治强、业务精、纪律严、作风正”的辅导员队伍。在高校，如果说以传授实用的知识理论和技能为内容的业务教学活动是专业，那么，以传导“人文”知识理论和智慧为内容的思想政治教育活动就更应当被视为专业。在这个问题上，我们同样是需要破除一些传统偏见的。所谓职业化，亦即专门化，对此人们在理解上一般都不会有不同的意见，它是呼应专业化的目标提出的要求，强调辅导员在建设与发展的目标上必须成为高校人才培养系统工程中的一支专门队伍，不是任何人都可以担当此职责的。

二是要理顺辅导员队伍“专业化、职业化”建设的日常工作与学校其他建设工作之间的关系，营造良好的队伍建设环境。辅导员队伍的“专业化、职业化”建设与发展目标是高校整体上的“专业化、职业化”建设与发展目标的重要组成部分，牵动高校工作的方方面面，除了党的组织和宣传部门、共青团组织的工作以外，还涉及教务和财务管理部门、思想政治理论课教研管理部门等，因此要用系统的眼光来看待辅导员队伍建设。在这个问题上，也应注意防止出现用“特殊化”的思维方式理解“专业化、职业化”，搞单兵突进、孤军深入的错误倾向。对于辅导员的日常思想政治教育工作、业务方面的短期培训和提高，以及必要的科研任务和活动，辅导员队伍建设的主管部门都应当有统筹兼顾的意识，在学校的统一领导下，注意协调和沟通，学会借助学校自身的优质资源，主动争取学校其他工作部门尤其是教务管理部门的支持和监督，以创造良好的工作环境。

三是要在思想政治教育学科的视野中理顺辅导员队伍建设与思想政治理论课教师队伍建设之间的关系。高校领导和有关主管部门应当看到，从“专业化”的目标要求来看，思想政治教育工作与思想政治理论课教学同属一个学科，即思想政治教育学科，两支队伍在工作目标、内容和性质上是相通的，所不同的主要是工作方式。从目前实际情况来看，注意加强这两支队伍之间的沟通和联系，实行统筹兼顾、合理安排以共谋发展是十分必要的。作为教师，辅导员一般应承担部分思想政治理论课的教学任务，参与思想政治理论课相关的科学研究活动，这既是对思想政治理论课教学研究工作的支持，更是辅导员锻炼成长的重要途径。而思想政治理论课教师一般也应兼任辅导员或班主任，参与大学生日常的思想政治教育工作，这无疑有助于思想政治理论课教师尤其是青年教师的全面发展，提高思想政治理论课的教学质量。这方面的统筹兼顾，要求辅导员要树立“学科意识”，思想政治理论课教师要树立“工作意识”。

三、建章立制，健全辅导员队伍建设的质量监控机制

如上所述，高校辅导员队伍建设要以“专业化、职业化”为目标，实现这一目标需要在科学发展的意义上统筹兼顾、合理安排。而要做到这些，就需要建章立制，健全辅导员队伍建设的质量监控机制。

在我国学界，“机制”这一概念使用率很高，但不少人只是在制度或体制的意义上来理解和使用的，这其实并不准确，在理论研究和实际工作中时常会产生误导。在笔者看来，机制应是一个集合性的概念，是一个涉及多学科的实践范畴，它在结构上是由制度、观念和机构三个层面构成的，是由这三个层面整合而成的工作机理或原理。三个层面之间，制度是“硬件”，观念是“软件”，机构则是执行制度和培育观念、整合“硬件”和“软件”以发挥其整体效应的管理中枢。制度，只是机制的一个构成要素，不是机制的全部；体制，一般是指制度与机构的结合体，是工作的硬条件而不是工作的机理或原理。所以，仅仅在制度或体制的意义上来理解和把握机制，是不正确的。所谓健全机制，指的是健全机制所必备的制度、观念、机构，并整合三者之间的整体效应。高校辅导员队伍建设的质量监控机制，应当在正确认识机制的含义及其工作机理的基础上，通过建章立制而健全起来。

其一，要依据《中共中央国务院关于进一步加强和改进大学生思想政治教育的意见》（中发［2004］16号）的指示精神，逐一分解教育部《普

通高等学校辅导员队伍建设规定》和《2006—2010年普通高等学校辅导员培训计划》提出的要求，建立相应的质量监控指标，并使其体系化、制度化，具有质和量两个方面的可操作性。

其二，要有针对性地、坚持不懈地开展宣传教育活动，营造有助于辅导员队伍建设的内外部舆论环境。部分高校存在一种不尊重辅导员和辅导员工作的错误认识和不良情绪，有些专业课教师总是认为辅导员都是“业务上不行”的人，因而“另眼相视”，受其影响，一些辅导员也存在这样的不良心态。纠正这类错误认识和不良情绪，关键要营造适宜的舆论环境。要通过适当的宣传和教育方式让一些抱有偏见的人懂得，从党的教育方针和人才成长与发展的规律来看，辅导员和专业课教师所从事的职业和事业都是专业，不同处仅在于“专业分工”；就个人的人生发展和价值实现来看，从事辅导员专业和职业照样可以成名成家，对社会作出杰出的贡献。

其三，要依据教育部《高校辅导员培训和研修基地建设与管理办法》，加强辅导员培训基地建设，切实发挥基地应有的效应。高校辅导员培训和研修基地的创设，为辅导员队伍建设开辟了新的平台、新的途径。从基地的职责和应有的效能来看，基地应承担设计和督行高校辅导员队伍建设质量监控机制的责任，并在其中为主管部门发挥咨询和信息管理中枢的作用。而要如此，基地首先就要建立起自己的质量监控体系。

高校辅导员应具备三种职业意识*

高校辅导员作为一种特殊的职业承担着极为重要的社会责任，因此应当培育和确立相应的职业意识，即专业与学科意识、规划与发展意识、传承与创新意识。它们之间是一种相互联系的逻辑递进关系，将三者统一起来是高校辅导员建功立业最重要的心理基础，也是高校辅导员队伍职业化建设最重要的思想认识基础。

众所周知，职业是社会分工的产物，是承担特定社会责任的专门的业务活动。按照《普通高等学校辅导员队伍建设规定》的要求，高校辅导员专门从事思想政治教育工作，承担着“帮助大学生树立正确的世界观、人生观、价值观和养成良好的道德品质”的主要职责，同时也承担着协调各方力量“共同做好经常性的思想政治工作”“积极开展就业指导和服务工作”等特定的责任。因此，说高校辅导员是一种特殊的职业，是高等学校职业体系的一个重要组成部分，是不应当有任何异议的。然而，应当如何认识和把握这种职业，亦即应当具备怎样的职业意识，目前却还是一个见仁见智的问题。

所谓职业意识，简言之，就是对职业所承担的特定的社会责任及其基本特点的理性认识和自觉把握。过去人们常说“干一行爱一行，方可干好一行”，这话自然是有道理的，但它只是一种感性的经验之谈。人们不会

* 原载《思想理论教育》2008年第21期。

无缘无故地“爱一行”，“爱一行”也不一定就能“干好一行”，“爱一行”和“干好一行”都需要具备相应的职业意识，也就是要从理性上认识和把握职业的社会责任及其基本特点。职业意识是关乎职业角色定位和发展的根本，选择和从事任何一种职业首要的问题就是要培育和确立相应的职业意识。高校辅导员作为一种职业，同其他职业，包括高校职业体系中的其他职业相比较，具有诸多不同的特点，作为新任辅导员应当注意培育和确立三种职业意识，即专业与学科意识、规划与发展意识、传承与创新意识。

一、专业与学科意识

从事某种职业是否相应需要专业与学科意识，不可一概而论。人类自古以来的职业文明表明，职业同专业与学科不一致的情况是普遍的。第一产业的职业部门中的许多职业并非“社会专业分工”的产物，有的甚至是“社会自然分工”的产物，但它们在高等教育园地却拥有自己的专业和学科。农业是因缘土地而自然形成的自然经济，农民是因由自然经济而自然形成的作业群体，两者都是“社会自然分工”的结果。第一产业的职业多数同专业与学科是相分离的，职业人员不是专业人员，不是“学科人”，不需要具有专业与学科意识。但是，近现代以来，有许多职业部门特别是科学技术和文化教育部门，同专业与学科是紧密联系的，没有相关的专业与学科知识和技能就无法就业，因此首先需要具备专业与学科意识，高校辅导员职业就属于这种情况。

所谓专业，指的是高等学校、中等专业学校根据社会专业分工需要和科学分类所设置的同一类学科。如此看来，专业和学科是两个互相关联的概念。专业涵盖学科，学科支撑专业，一个专业是由几个、几十个甚至上百个不同学科构成的，而一门具体学科往往又是一种特殊的专业。一门学科同时又是一种专业、这种专业在形成和发展过程中同时又产生多门新学科的演化趋势，是现代高等教育快速发展的一大标志。因此，在培育和确立专业意识的过程中应同时培育和确立学科意识。

高校大体上有三种专业体系及其相关的学科群，这就是：德育专业体系及其相关学科群、智育专业体系及其相关学科群、体育专业体系及其相关学科群。德育专业体系，包含思想政治理论课教育、日常思想政治教育、青年团工作等具体专业，每一种具体专业都有相关的学科或学科群支撑。如思想政治理论课教育专业，就有马克思主义哲学（包括其人生哲学、价值哲学等）、伦理学、法学、心理学、马克思主义理论等学科。辅导员的主业是日常思想政治教育，属于思想政治教育专业范畴，这一专业是根据社会对人才在政治和思想道德方面的素质要求而设置的，既是一种专业，也是一门学科。作为一种专业，它涉及思想政治教育（马克思主义理论一级学科所属的五个二级学科之一）、伦理学、社会学、管理学、青年学、公共关系学等学科；作为一门学科，它主要属于思想政治教育学科。

在传统视域里，高校辅导员工作没有被列入专业与学科范畴，这是不正确的。受这种不正确的传统观念的影响，高校一些辅导员至今依然不能理解甚至反对辅导员“专业化”的方针和政策性的命题，更缺乏相关的学科意识，这实则是一种误会。产生这种误会的原因，就个人而言，与个人的专业志向和专业兴趣的不同有关。比如，有些人的专业志向和兴趣不在德育专业，而在智育专业或体育专业。就社会而言，根子是“左”的思潮的干扰。在一段历史时期内，辅导员工作不被看作一种专业分工，而只是被看作一种专门的工作，属于政治工作范畴，没有任何学科支撑，只要贯彻执行上级领导和组织布置的工作任务就行了，因此也就不需要具备任何专业和学科意识。经过解放思想，我们重新审视辅导员工作，对此逐步有了理性认识。但是，一些人却又开始走向另一个极端，在高看智育专业工作的同时又轻视辅导员工作，有的甚至存有从事辅导员工作是“不务正业”的心态。毋庸讳言，这种心态至今依然影响着一些辅导员培育和确立自己的专业和学科意识。在高校辅导员“职业化、专业化”建设的过程中，我们应当注意调整和改变这种不良的心态，使自己具备如下几种专业和学科意识。

一是全程体现政治和思想道德教育的意识。应当看到，作为日常思想政治教育专业，辅导员的一切工作都具有政治和思想道德教育的意义。如校园和社会稳定工作，本属于政治教育工作范畴，做这种教育工作就应持有这种意识。政治工作无论大事小情历来都事关全局，因此高校辅导员要有大局意识。有些人认为，如今辅导员不叫“政治辅导员”了，可以不讲政治了，因而做诸如稳定这类政治工作抱着应付的态度，甚至带着嘲讽的心态，这是缺乏专业意识的表现。再比如辅导员的日常管理工作，如检查学习纪律、指导寝室内务等，令不少人感到“心烦”，觉得这些不属于“专业化”范围内的事。在笔者看来，这种认识和情绪也是缺乏专业意识的表现，辅导员专业化工作的本质不在于做什么，而在于怎么做，在于把政治和思想道德教育的内在要求和价值意义“化”在一切工作之中。

二是专业知识学习和技能训练的意识。目前，我国高校还没有设置辅导员专业，应聘担任辅导员的人都不是该专业培养的专门人才，又多没有按照辅导员“专业化”的要求经过系统的学习和严格的训练，因此，缺乏专业知识和技能素养。不仅理、工、医、农等专业毕业的辅导员存在这个问题，文科专业包括思想政治教育专业毕业的辅导员也存在这个问题。这使得不少辅导员难以达到“专业化”的要求，许多新任辅导员更是处在“不知所措”的盲目状态。为解决这个突出问题，教育部决定在全国创建高校辅导员培训和研修基地，首批建了21个。这一重大举措能否奏效，要看我们的辅导员是否具有学习专业知识和训练专业技能的强烈意识。同时还应当看到，要想达到“专业化”的要求，仅仅依靠这样的培训，包括今后的基地研修是远远不够的，关键是功在平时、志在自己，凭借强烈的专业学习和训练意识，抓好平时的学习与积累。

三是在马克思主义理论和思想政治教育学科的范围内进行科学研究的意识。如上所说，学科和专业是两个不同又相互关联的概念。面向大学生开展的思想政治教育，既是高校德育专业体系中的一种具体专业，也是马克思主义理论一级学科所属的一门二级学科，因此，辅导员应当具备马克思主义理论和思想政治教育的学科意识，以及在学科范围内从事科学研究的意识。科学研究是一切专业和学科建设与发展的根本动力所在，也是提升从业人员素质的基本途径。就思想政治教育作为辅导员的一种具体专业和一门学科而论，没有思想政治教育的科学研究，就不可能提升辅导员的“专业化”的职业素质，不可能增强思想政治教育的实效性。事实证明，那些工作比较出色的现任辅导员，在领导岗位或智育专业领域发展比较好的历任辅导员，都具有比较明晰的科学研究意识。

从事面向大学生思想政治教育专业和学科建设的辅导员应当研究什么？按照国务院学位办《关于调整增设马克思主义理论一级学科及所属二级学科的通知》的描述，主要包括：“思想政治教育的性质、规律、功能、内容、方法研究，中国共产党思想政治工作史与基本经验研究，马克思主义理论教育研究，中国化马克思主义教育研究，思想政治教育创新与发展研究，新时期世界观、人生观、价值观教育规律与特点研究，经济全球化条件下爱国主义教育与民族精神培养研究，思想政治教育案例研究，高校学生思想政治教育与管理工作研究，大学生职业道德教育研究，未成年人思想道德建设研究，干部与群众思想政治工作研究。”

二、规划与发展意识

发展，作为哲学术语是一种过程概念，指的是事物由小到大、由简到繁、由低级到高级、由旧质到新质的运动变化过程，也就是事物内部矛盾不断产生、演变和解决的过程。辅导员的职业生涯自然也是一个发展过程，发展的情况如何取决于我们对发展过程的自觉和规划，而规划意识则是把握发展过程的认识前提。

恩格斯说：“在社会历史领域内进行活动的，是具有意识的、经过思虑或凭激情行动的、追求某种目的的人；任何事情的发生都不是没有自觉的意图，没有预期的目的的。”[①]恩格斯在这里所说的“意识”“思虑”“目

①《马克思恩格斯选集》第4卷，北京：人民出版社1995年版，第247页。

的”“意图”等，就是规划意识。规划和规划意识，不仅是人区别于动物的根本标志，也是人才区别于一般人的重要标志；没有清晰的规划意识，人的一切行动都会处在一种盲动盲从之中。规划，从形态来看有集体和个人两种基本类型，从内涵来看有职业和生活两个基本方面，我们这里所说的规划主要是从个人职业活动意义上说的。个人的职业规划即有关职业人生发展的长期打算，反映的是一个职业人员关于职业生涯的目的、目标和价值实现的基本方略等重大设想，本质上是关于发展的预设，带有全面性和全程性的特点。与规划相关的还有计划，个人的职业计划一般也就是人们平常所说的工作计划，它是具体的、明确的，具有阶段性和可操作性的特点。工作计划应在职业生涯规划的指导下制订和实施，职业生涯规划要依靠计划来逐步实现，这是两者的逻辑关系。如此看来，发展与规划都要通过计划来落实和实现，因此计划意识对于发展与规划来说也是十分重要的。对于高校辅导员来说，适时培育和确立职业生涯发展与规划意识，并通过具体的执行计划加以实施，显得尤其重要。

首先，要懂得规划的依据和意义。规划与发展的依据主要是党和国家教育主管部门对辅导员职业提出的要求及工作职责、关于辅导员队伍建设的方针和政策，辅导员个人的职业志向和兴趣及其职业发展的素质条件，以及辅导员所在学校的队伍结构情况。规划与发展的意义集中体现在使党和国家有关高校辅导员队伍建设的方针、政策和基本精神落到实处，有助于人尽其才、才尽其用，充分发挥人的潜能和价值。

其次，要明白规划的目标和内容。主要包括专业学习研究和训练的目标与内容、工作质量和水平的发展目标和内容、个人职业身份和地位的发展目标和内容等。比如，在现职岗位上是向擅长做个别思想政治教育工作方向发展还是向心理咨询师方向发展，从长远考虑是向领导管理行业发展还是回归智育专业队伍，等等，都需要有适合个人条件和发展可能的规划。没有这方面的意识，势必就会不知不觉地陷入盲目与被动的状态。

再次，要掌握规划的原则和方法。最重要的有两点，一是要运用系统分析的原则和方法，就目标推进的时序而言要做到纵向分段，就内容描述的类别而言要做到横向分层。前者如担任过一届辅导员之后是否准备继续担任、在这一届期间具体的发展目标是什么等，后者如专业知识学习和技能训练要达到什么样的水准、所带的学生和班级在教育管理和班风建设等方面要达到什么样的标准等。二是要掌握自我评估的原则和方法，也就是要定期给自己的规划进行测评，检查规划实现和计划执行的情况。任何职业生涯的规划和发展计划，都不可能是尽善尽美的，加上个人条件和职业环境总是处在不断变化之中，因此辅导员对自己的规划要有自我评估的意识，注意适时检查和调整自己的规划。

最后，要把组织规划与个人规划结合起来。为了加强辅导员队伍建设，逐步实现这一队伍职业化、专业化的建设和发展目标，高校应当有自己的规划及其执行计划，这种规划和计划也应当在“潜意识”中涉及辅导员的个人发展，但这并不等于说辅导员不需要个人规划。在一些缺乏规划意识和能力的高校，辅导员更应当重视个人的职业生涯规划，这不仅有益于个人的发展和人生价值的实现，也是对所在高校负责的表现。

三、传承与创新意识

人类文明发展至今，丰富多彩，洋洋大观，这是一代代人类不断传承和创新的结果。传承与创新是相辅相成的，传承是创新的逻辑基础，创新是传承的逻辑方向。

新中国成立以来，高校辅导员工作积累了丰富的经验，需要传承同时也面临着严峻的挑战，需要创新。在这种意义上完全可以说，高校辅导员职业既是一种需要继承和发扬传统的职业，也是一种需要改革创新的职业，因此，需要具备把传承与创新结合起来的职业意识。

其一，要具备把关爱学生和平等爱生结合起来的意识。有史以来的学校教育，由于社会制度不同而在教育培养目标和内容等方面存在差别，甚至有根本的不同，但在关心爱护下一代、培育塑造下一代这一点上是相同的。从这种价值理解的传统角度看，教育的真谛就在于关爱下一代，教育本身就是一种爱的事业。如果说关爱学生是其他专业教师的基本素质的话，那么就更是德育专业的辅导员的基本素质，甚至可以说是第一素质。严格说来，对学生没有关爱之心的人是不能担任教师的，更不能担任辅导员（“范跑跑”的错误，首先就在于他对学生缺乏起码的爱心，不具备担任教师的基本的道德素质）。同时，还应当看到，关爱学生本身也是一种重要的教育因素，因为它可以培育学生良好的接受心理，营造良好的教育情境，所以缺乏爱心的人即使当了辅导员也不可能受到学生应有的尊重和爱戴，不可能在师生之间建造有效开展工作的心理基础。

但是，对关爱大学生仅停留于如上所说的传统意义的价值理解是不够的，还应当在此前提之下，强调善于运用平等的态度和方式。在基础教育阶段，教师（班主任）对学生的关爱多持长者的情怀和态度，学生一般都能接受，这是合乎教育规律的。但是，大学生多数不能接受来自辅导员的“长者”式的关爱，他们希望辅导员关心和爱护自己时能够持有一种平等的态度和宽容的情怀。这首先是因为，关爱本身具有两面性，一方面可以让人感到温暖、催人奋进，另一方面也可能让人感到难堪、伤人自尊，究竟如何要看关爱的主体、对象及方式。其次，大学生的知识结构、价值诉求、心理特点和生活情境使他们独立意识很强，接受爱的时候比较关注平等、公平的氛围。最后，大学生和辅导员多属于同龄人，价值观和心理特点相近或相似，如果辅导员不能以“同龄人”的平等态度表达自己的关爱之情，可能就会引起他们的反感。从平等关爱的角度看，辅导员与大学生的理想关系应当是亦师亦友。

其二，要具备把忠于职守和敢于流动结合起来的意识。忠于职守、爱岗敬业，是自从有职业文明以来一切国家和民族都提倡的职业道德的基本原则，高校辅导员对待自己的职业更应该具备这样的职业意识和道德情操。不过，应当注意的是，提倡忠于职守和爱岗敬业并不是主张一定要“从一而终”，不然就与现代社会开放的职业理念相违背了。30年来的改革开放所取得的举世瞩目的辉煌成就，在很大程度上得益于人才流动，如今的事实表明，越是发达的地区，人才流动的频率越高。辅导员队伍本来就是一潭活水，如果没有敢于流动的职业意识，就可能会时而感到“前途无望”，失去工作的动力。由此看来，忠于职守、爱岗敬业的现代理解应当是在岗一天、忠于此职，与敢于流动是并不矛盾的。

其三，要具备把尊重权威和服从理性结合起来的意识。尊重权威、服从领导，是我国高校辅导员工作的优良传统，这是由辅导员这一职业所承担的特定的责任和特殊的性质决定的。从这点看，辅导员对上级组织与部门的指示和统一性的工作部署，尤其诸如维护校园和社会稳定这样的工作指示和部署，一定要有尊重和服从的意识，认真贯彻执行，切不可以个人有不同看法为由而阳奉阴违，更不可加以抵制或另搞一套。《普通高等学校辅导员队伍建设规定》所强调的“政治强、业务精、纪律严、作风正”，主要就是在这种意义上说的。当然，这样说并不是主张墨守成规、唯命是从。上级组织部门的指示和工作部署有时也不一定就科学合理，也可能会发生脱离客观实际的情况，这时就需要我们从实际出发，尊重具体情况具体分析的原则，这叫服从理性。不难理解，这种服从理性的过程也是创造性劳动的过程，有助于改善我们的思维品质，保障和增强思想政治教育效果。

综上所述，从职业化的要求出发，高校辅导员应具备专业与学科意识、规划与发展意识、传承与创新意识，三者缺一不可。三者之间是一种相互联系的逻辑递进关系，有了专业与学科意识，自然就会生发规划与发展意识，有了规划与发展意识，自然就会激发传承与创新意识。因此应当看到，培育和确立这三种职业意识是高校辅导员建功立业最重要的心理基础，也是高校辅导员队伍职业化建设最重要的思想认识基础。

“做学问”要有问题意识*

——兼谈高校辅导员的人生成长

众所周知，高校专业学科建设与发展离不开专业教师的“做学问”，即从事专业科学研究。很多教师因为潜心专业领域的科学研究而成为某些方面的专家，其中有些人还成长为国家某些科学领域的领军人物，其所在高校也因得益于他们的成长和成就而成为著名的高等学府。那么，高校辅导员要不要“做学问”？回答无疑应是肯定的。因为辅导员是高校教师队伍的一个重要组成部分，他们是否做学问和如何“做学问”在根本上反映了高校思想政治教育工作的水平和质量。一些人至今依然认为辅导员“做学问”是不务正业、不安心本职工作，显然这种偏见否认了思想政治教育是一门科学，干扰着辅导员专业化、职业化的队伍建设及其人生成长与价值实现，因而必须加以纠正，但是它在今天已经不占主流，我们没有必要纠缠于此，如今需要探讨的是高校辅导员应当怎样“做学问”，这是一个比较复杂的问题，展开来说不是一两篇文章就可以说得清楚的，但高校辅导员“做学问”最重要的应是要有问题意识，这是辅导员“做学问”的立足点，也是辅导员人生成长和价值实现的基本理路。

问题的哲学术语是矛盾。唯心辩证法大师黑格尔说过，事物除了“运动”什么也不存在，而运动来自先验的矛盾即“对立统一”的演绎法则。马克思主义创始人包括后来的列宁将黑格尔这种“倒置的唯物主义”颠倒

* 原载《高校辅导员学刊》2010年第1期。

过来，恢复了事物矛盾的本来面目，最终创建了唯物辩证法。唯物辩证法认为：矛盾即“对立统一”规律不是某种先验概念或法则演绎的结果，而是事物本身固有的本质属性，既是事物存在的基本方式，也是事物运动发展和变化的内在动因，矛盾是客观的，普遍的，绝对的。人类所面对的矛盾，总是以“问题”的形态出现的，矛盾世界其实就是问题世界、问题自然、问题社会、问题历史、问题现实、问题人生、问题他人、问题自我，因此，人生在世要有问题意识。

问题意识的意义在于为社会和人的发展与进步提供逻辑前提。人类从古到今是带着问题意识，在发现问题、面对问题，进而认识问题、解决问题的过程中走过来的；一个人的一生是带着问题意识、在由被动到主动发现问题、面对问题，进而认识问题、解决问题的过程中走过来的。历史发展证明：一个民族在自己的历史发展过程中是否带着问题意识以及相遇的问题量、问题的难易度、解决问题的智慧与能力如何决定了这个民族繁荣和进步的水平如何。人生经验证明：一个人在自己的人生道路上是否带着问题意识以及相遇的问题量、问题的难易度、解决问题的智慧与能力及结果如何决定了这个人的人生成长、成功和成就如何。

社会进步和人生发展的进程没有问题的情况其实是不存在的，没有问题不过是一种主观上的感觉而已。感觉上没有问题的民族（社会）其实可能就是一个真正的“问题民族（社会）”，感觉上没有问题的人其实可能就是一个真正的“问题人（人生）”。带着问题意识，在认识问题中提升自己的思维品质，丰富自己的知识宝库，在解决问题中培育自己的实践智慧，提升自己的实践能力，是一切民族（社会）和人成长与成功的实际轨迹，也是人类不断走向文明进步的基本经验（包括人生经验）。作为一种人生经验，其真谛就是：一个人的成长、成功和成就，必然是一种磨难和磨炼的过程，此即所谓“自古英雄多磨难”。这种人生经验也为那些曾经担任过高校辅导员工作、如今活跃在各行各业的成功人士的人生经历所证明。他们的成长与成功在于他们一直坚持“做学问”，干什么，学什么，研究什么，表现什么，而他们“做学问”又总是与持有明晰的问题意识密切相关的。

人作为认识和实践主体所遇到和面对的问题复杂多样。从形态特征来看，大体上有困难与困扰的问题、挫折与错误（包括缺失）的问题。困难是客观存在的问题，困扰属于思想（心理）上的主观问题，其产生往往与客观存在的困难有关。挫折与错误（包括缺失）都是主观见之于客观的问题，一般属于实践范畴，是在实践的过程中出现的。从问题的内涵来看，有大问题与小问题之别。大问题，有社会全局或个体人生抉择意义上的困难与困扰、挫折与错误，小问题则是具体的困难、困扰与挫折等。从性质来划分，有真问题和伪问题之别。真问题，是确实存在并往往是不易解决的实际困难，或是百思百行而难得其解的思想（心理）困扰，或是需要认真对待的挫折与错误。伪问题，多为可以迎刃而解的“小困难”即人们平常所说的不是问题的问题，或是以假象（包括假设、假说的形式）而存在的问题，或为“庸人自扰”的心理过程。如此等等，更需要有“学问”意识，都是“做学问”的立足点。

如果“做学问”看不到这些真实存在的问题，没有确立相应的问题意识，所谓“做学问”就无从谈起了。应当特别注意的是，这些问题本身内涵的“学问”，解决这些问题所需要的“学问”，都属于辅导员专业化、职业化建设和发展视野内的“学问”。从这点看，所谓“做学问”的问题意识本质上就是辅导员专业化和职业化的人生成长意识。回到本文前面的立论意见，也就是要立足于问题意识，通过“做学问”解决自己在专业化和职业化人生成长道路上的一个个问题，使自己发展成为高校思想政治教育方面的专家和学者。

问题意识有正确与否之别，“做学问”要有正确的问题意识，而要培育正确的问题意识就要学会运用科学的方法认识问题。最重要的方法有两点，一是历史唯物主义的方法。高校辅导员“做学问”，要学会运用历史唯物主义的方法论原理观察和思考当代中国社会出现的问题及其对高校思想政治教育工作的影响。我国社会的改革和发展在取得辉煌成就的同时也出现了不少问题，如利己主义、拜金主义及“道德失范”和“道德困惑”

等。在历史唯物主义视野里，这种两面性形成的根本原因是经济体制改革及由此触发的上层建筑包括观念形态的上层建筑的深刻变化，出现的问题是前进中的问题，带有某种必然性，是不足为怪的。

当代中国大学生身上存在的这样那样的问题，高校思想政治教育面临的诸多困难及由此产生的困扰，都直接或间接地与出现的这些问题有关。就加强和改进思想政治教育工作而言，出现这些问题既是严峻的挑战，又是极佳的机遇。如果不能从这个根本的方法论视野里认识和把握这些问题，我们“做学问”的问题意识就可能是不正确的，本身就可能会成为一种问题，不仅做不了真正的学问，难以排解我们面临的困难和困扰，相反还会在逻辑起点上迷失“做学问”的方向，无助于加强和改进高校的思想政治教育工作，自然也就难以赢得辅导员自身的人生成长与价值实现。

二是社会意识形态的方法。辅导员“做学问”要学会在意识形态的视野里观察和分析思想政治教育领域内的大问题，自觉维护中国特色社会主义意识形态的安全。马克思在分析社会结构时指出，生产关系的总和构成社会的经济结构，即有法律的和政治的上层建筑竖立其上并有一定的社会意识形式与之相适应的现实基础。马克思在这里所说的“社会意识形式”，属于社会意识形态范畴，即与经济形态相对应，系统地、自觉地、直接地反映社会经济形态和政治制度的思想体系，是社会意识诸形式中构成观念上层建筑的部分。从对经济基础的不同关系可分为社会意识形态和非意识形态的其他社会意识形式。社会意识形态是对一定社会经济基础和政治制度的自觉反映，包括政治思想、道德、文学艺术、宗教、哲学和社会科学等。思想政治教育的“学问”，核心问题无疑是关于中国特色社会主义意识形态的学问，“做学问”的基本立场和价值取向无疑是要贯彻党和国家有关方针和政策，促使大学生实现健康全面的发展，使之成为中国特色社会主义现代化建设事业的合格接班人。20世纪90年代以来，在西方后现代主义思潮的影响下，我国学界一些人包括一些有影响的学者刻意要将“社会意识形式”与“社会意识形态”区别开来，鼓吹在当代中国推行

“非意识形态化”“去意识形态”的“现实意义和必要性”[①]。这种“做学问”的问题意识显然是不正确的，其错误也影响到一些高校辅导员的“做学问”。如有的辅导员“做学问”恪守“不愿跟风跑”的“原则”，保持所谓个人的“独立人格”；有的辅导员“做学问”随意发表歪曲党和国家关于辅导员队伍建设的方针政策的错误言论，甚至撰文批评中央马克思主义理论研究与建设工程组织编写的思想政治理论课教材；有的辅导员“做学问”力避所谓“‘左’的一套”，执着于用心理学的方法分析和研究大学生中存在的法理学和伦理学意义上的思想道德问题等，这些都是缺乏正确的问题意识的表现。当然，我们强调辅导员“做学问”要运用意识形态的方法观察和思考问题和具有维护中国特色社会主义意识形态安全的自觉意识，是针对目前存在的“非意识形态化”“去意识形态”的问题而言的，并不是主张要在“意识形态化”的视野里看问题。

高校辅导员“做学问”要培育问题意识。正确的问题意识，除了注意学会运用如上所说的历史唯物主义和意识形态的方法之外，还应当注意学会和运用理论联系实际的方法，“他山之石，为我所用”的方法等。在“做学问”的问题上，这两种方法有助于纠正偏爱空谈书本和生吞活剥“他山之石”的“无问题意识”的倾向。综上所述，高校辅导员“做学问”要有问题意识，要学会运用科学的方法培育正确的问题意识；运用正确的问题意识面对自己的问题，以“做学问”的态度来研究和解决问题，在这样的过程中加强和改进高校思想政治教育工作，促使自己不断成长，逐渐成为高校思想政治教育方面的专业化人才。

① 万军:《意识形态与国家利益关系研究综述》,《当代世界与社会主义》2007年第4期。

后　记

总结和提炼是人们成就事业的重要方法和手段，是推动事物发生质变的重要环节，任何人都概莫能外。通观钱老师的这套文集，也正是在总结和提炼的基础上形成的重大成果。从微观看，老师在伦理学、思想政治教育、辅导员工作等领域的研究，多是以总结的方式用专业的话语表达出来的。从宏观看，老师的总结和提炼站位高远、视野宽阔、格局恢弘。这又成就了老师在理论上的纵横捭阖、挥洒自如，呈现出老师深厚的学术底蕴和坚实的理论功底。

比如在谈到思想政治教育整体有效性问题的时候，老师说：马克思主义认为，世界是不同事物普遍联系的整体，某一特定的事物也是其内部各要素之间普遍联系的整体，事物内部各要素之间的关系是怎样的，事物的整体就是怎样的。恩格斯说："当我们通过思维来考察自然界或人类历史或我们自己的精神活动的时候，首先呈现在我们眼前的，是一幅由种种联系和相互作用无穷无尽地交织起来的画面。"[①]为了"足以说明构成这幅总画面的各个细节"，"我们不得不把它们从自然的或类似的联系中抽出来"[②]。就是说，人们只是为了细致分析和把握事物某部分的个性，也是为了进而把握事物的整体，才"不得不"在许多情况下把事物某部分从整体关联中"抽出来"。然而，这样的认识规律却往往给人们一种错觉和误

①《马克思恩格斯文集》第9卷，北京：人民出版社2009年版，第385页。

②《马克思恩格斯文集》第3卷，北京：人民出版社2009年版，第539页。

导：轻视以至忽视从整体上把握事物内在的本质联系，惯于就事论事，自说自话。这种缺陷，在思想政治教育有效性的研究中也曾同样存在。

20世纪80年代初，中国改革开放和社会转型的序幕拉开后，由于受到国内外各种因素的影响和激发，人们特别是青年学生的思想道德和政治观念发生着急剧的变化，传统的思想政治教育面临严峻挑战，受到挑战的核心问题就是思想政治教育的“缺效性”以至“反效性”问题。思想政治教育作为一门科学、进而作为一种特殊专业和学科的当代话题由此而被提了出来。因此，在这种意义上完全可以说，推进新时期思想政治教育走向科学化的原动力，正是思想政治教育有效性问题的研究。然而，起初的思想政治教育有效性问题的研究只是围绕思想政治工作展开的，关注的问题只是思想政治教育实际工作的原则和方法，缺乏从思想政治教育专业和学科整体上来把握有效性问题的意识。而当思想政治教育作为一门学科的“原理”基本建构起来之后，关于思想政治工作有效性问题的学术话语却又多被搁置在“原理”之外，渐渐地被人们淡忘，以至于渐渐退出学科的研究视野。不能不说，这是一种缺憾。

推进思想政治教育科学化是解决这一问题的根本途径。思想政治教育科学化本质上反映的是全面贯彻党和国家的教育方针，培养和造就一代代社会主义事业的合格建设者和可靠接班人提出的理论与实践要求，具体表现为大学生思想政治素质的全面发展、协调发展和可持续发展，即凸显整体有效性。这种整体有效性，不只是大学生思想政治教育单个要素的有效性，也不是各个要素有效性的简单相加，而是思想政治教育要素、过程和结果的整体有效性；大学生思想政治教育要素、过程和结果的整体有效性不是静态有效，也不是各个阶段有效性的简单叠加，而是各个要素在各个阶段有效性的有机统一，是整体有效性的全面协调可持续提升。

…………

当我们合上老师的文集，类似的宏论一定会在我们的脑海里不断涌现，或似深蓝大海上的朵朵浪花，或似微风吹皱的湖面上的粼粼波光，令人醍醐灌顶、振聋发聩。

在老师的文集付梓之际，我们深深感谢为此付出过辛勤劳动的同学们。在整理文稿期间，一群活泼阳光的思想政治教育专业的同学通过逐字逐句的阅读、录入和校对，为文集的出版做了大量的最基础的工作。

感谢安徽师范大学副校长彭凤莲教授为文集的出版所做的大量努力。

感谢安徽师范大学马克思主义学院领导给予的高度关注和大力支持。

感谢安徽师范大学出版社，在文集出版的过程中，从策划、编校到设计、印制，同志们付出了许多的心血。

感谢我们的师母，在老师病重期间对老师的温暖陪伴和精心呵护。一个老人是一个家庭的精神支柱，一个老师是一个师门的定盘星。我们衷心祝福老师健康长寿，带着愉悦的心情看到自己的理论成果在民族复兴的伟大征程中发光发热，能够在中华民族伟大复兴即将来临之际，安享晚年。

执笔人　路丙辉

二〇二二年八月